# 花境赏析 2021

中国园艺学会球宿根花卉分会　成海钟　魏　钰　主编

中国林业出版社
China Forestry Publishing House

**图书在版编目（CIP）数据**

花境赏析. 2021 / 中国园艺学会球宿根花卉分会，成海钟，魏钰主编. -- 北京：中国林业出版社，2021.10
ISBN 978-7-5219-1285-2

Ⅰ.①花…　Ⅱ.①中…②成…③魏…　Ⅲ.①园林植物—花境—设计　Ⅳ.①S688.3

中国版本图书馆CIP数据核字（2021）第149086号

责任编辑：贾麦娥
电　　话：010–83143562

出版发行　中国林业出版社 (100009 北京市西城区刘海胡同7号)
　　　　　http://www.forestry.gov.cn/lycb.html
经　　销　新华书店
制　　版　北京时代澄宇科技有限公司
印　　刷　河北京平诚乾印刷有限公司
版　　次　2021年10月第1版
印　　次　2021年10月第1次印刷
开　　本　889mm×1194mm　1/16
印　　张　15.5
字　　数　412千字
定　　价　108.00元

## 理论创新　多彩花境

　　花境是美丽中国的主要途径，实际上是"唯一"途径。在城乡绿化的基础上，怎样实现美丽中国？答案就是绿上添花——这不就是花境吗！在党中央倡导的生态文明建设中，"花境热"是必然趋势。在此我先对花境提三点建议。

　　一是花境的规范化，包括植物名称的规范化、效果图的规范化、更换比例的要求，等等。规范化是各位花境人的基本功，需要自己努力提高。还需要制定或修订花境营建的技术规程，希望我们的花境专家委员会在此能有所作为。

　　花境是植物景观的一种形式，向一二年生草本方向发展，如更换频繁，就可能成了花坛！当然，同样是一二年生花卉，花境是花卉从小到大生长的地方，花坛则只是花卉盛花期展示的地方。要尽力避免花境的花坛化，这是我想讲的第二点。

　　花境向乔灌木方向发展，就是植物组合或树丛。混合花境是中国花境的特色，但花境的木本化也是

要尽力避免的，这是我讲的第三点。

　　再对花境大赛说一句。花境的理论、方法，大家都很熟悉，花境师的成长重在实践，这就是我们举办中国花境大赛的初衷。我们会逐步扩大获奖作者晋升高一级花境师的名额。我们的要求很简单，不限地点，只要有三季的实景照片就行，当然也不收费。今年的参赛作品数有较大的增加，欢迎大家持续、踊跃参赛！

中国园艺学会球宿根花卉分会会长
中国农业大学园艺学院教授

刘青林　博士

2020 年 11 月 27 日

# 目 录

# 醉白池公园"鹿夕园"主题花境

## 上海恒艺园林绿化有限公司

吴芝音　范菲菲　李龙

## 春季实景

**夏季实景**

秋季实景

## 醉白池公园"鹿夕园"主题花境

白池春醉，十鹿九回。

醉白池是江南著名的古典园林之一，已有九百余年历史，是上海的旅游胜地。相传园子建成时，园主心想，若诗仙李白来此，也定会被园中景色吸引迷醉。园主同时也非常崇拜白居易，常陶醉在白居易的诗的优美意境中，于是将园林命名为"醉白池"。

醉白池内有一石碑，上刻有10头梅花鹿。古传松江天上有10头仙鹿下凡，留恋松江景色，结果9头不肯返回天上，民间曰十鹿九回头。现今在此处建造花境景观，取园名典故"白池春醉"，取石碑寓意"十鹿九回头"，在此处以鹿为主题，加入梅花鹿的造型小景，打造"白池春醉，十鹿九回"主题花境景观，为园中增添点睛之笔，使游人到此处时真能春醉白池，流连忘返。

设计原则：整体花境为混合型花境。主体骨架植物选择多年生、同时具备生长强健、成熟稳定、观赏效果好等特点的植物品种，搭配不同季节开放的宿根花卉，做到四季有景、三季有花的效果。

布置手法：整体花境以远观为主，更加注重植物的群落美、自然美。为确保花境的长效性，整体增加常绿植物的品种。常绿植物与落叶宿根类植物的比例为6：4，两种类型的植物交替出现，确保冬季的效果。植物错落有致，花儿色彩缤纷，每个季节都能展现出不一样的美。

# 设计阶段图纸

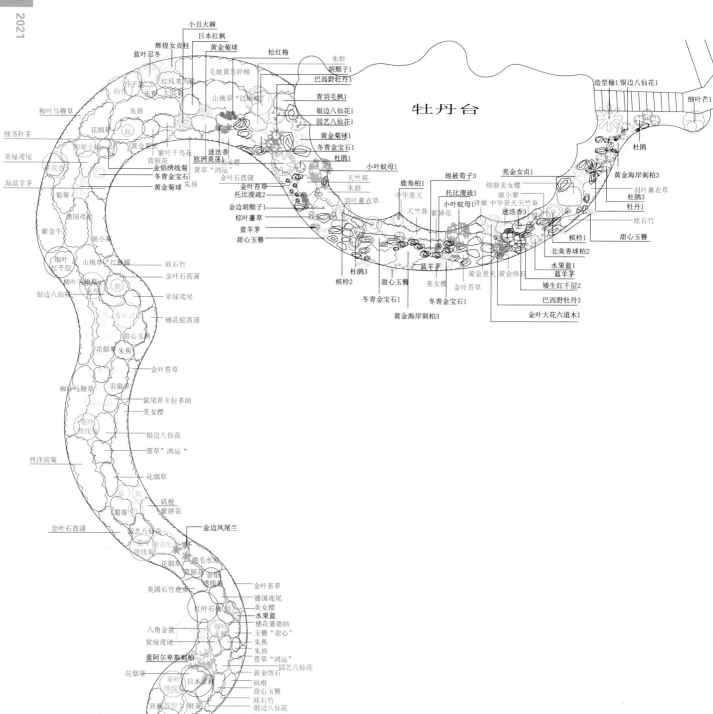

牡丹台

# 花境植物材料

| 序号 | 植物名称 | 植物科科属 | 拉丁名 | 花（叶）色 | 开花期及持续时间（月） | 长成高度（cm） | 规格 | 种植面积（m²） | 种植密度（株/m²） | 株数（株） |
|---|---|---|---|---|---|---|---|---|---|---|
| 1 | 彩纹美人蕉 | 美人蕉科美人蕉属 | Canna indica | 红、粉、黄、白色 | 6~10 | 高50~120 | 2加仑 | 0.5 | 9 | 5 |
| 2 | 三角梅 | 紫茉莉科叶子花属 | Bougainvillea spectabilis | 暗红、淡紫红色 | 5~9 | 高100~150 | 350红盆 | 0.8 | 2 | 2 |
| 3 | 姜荷花 | 姜科姜黄属 | Curcuma alismatifolia | 紫色、黄色 | 6~10 | 高40~60 | 2加仑 | 1.5 | 6 | 9 |
| 4 | 大叶薹草 | 禾本科薹草属 | Carex tristachya | 绿色 | 5~6 | 高60~80 | 5加仑 | 0.6 | 4 | 2 |
| 5 | 香彩雀 | 玄参科香彩雀属 | Angelonia angustifolia | 紫、淡紫、粉紫、白 | 1~12 | 高30~70 | 150红盆 | 3.8 | 36 | 136 |
| 6 | 粉黛乱子草 | 禾本科乱子草属 | Muhlenbergia capillaris | 粉色 | 9~11 | 高30~90 | 1加仑 | 1.2 | 16 | 19 |
| 7 | 红巨人朱蕉 | 龙舌兰科朱蕉属 | Cordyline fruticosa | 花淡红色、青紫色、黄色 | 11~12 | 高100~300 | 2加仑 | 0.5 | 9 | 4 |
| 8 | 八仙花 | 虎耳草科八仙花属 | Hydrangea macrophylla | 蓝色、粉色 | 6~8 | 高100~400 | 2加仑 | 2 | 9 | 3 |
| 9 | 常绿鸢尾 | 鸢尾科鸢尾属 | Iris tectorum | 紫色 | 5~6 | 高4.5~6 | 1加仑 | 1.3 | 16 | 26 |
| 10 | 大花海棠 | 蔷薇科苹果属 | Malus spp. | 大红色、粉红色 | 4~5 | 高250~300 | 180红盆 | 2.8 | 25 | 70 |
| 11 | 黄金络石 | 夹竹桃科络石属 | Trachelospermum asiaticum 'Ougon Nishiki' | 叶、黄色 | | 长2~6m | 180红盆 | 3.8 | 25 | 95 |
| 12 | 金叶佛甲草 | 景天科景天属 | Sedum lineare | 黄色 | 4~5 | 高10~20 | 150红盆 | 1.2 | 36 | 43 |
| 13 | 硫华菊 | 菊科秋英属 | Cosmos sulphureus | 黄色 | 4~5 | 高10~20 | 150红盆 | 0.8 | 36 | 29 |
| 14 | 紫叶山桃草 | 柳叶菜科山桃草属 | Gaura lindheimeri | 紫红色 | 5~8 | 高60~100 | 1加仑 | 0.3 | 16 | 5 |
| 15 | 白晶菊 | 菊科白晶菊属 | Mauranthemum paludosum | 白色 | 5~6 | 高5~20 | 180红盆 | 2.6 | 25 | 65 |
| 16 | 天竺葵 | 牻牛儿苗科天竺葵属 | Pelargonium hortorum | 橙红色 | 5~7 | 高30~60 | 150红盆 | 0.9 | 36 | 32 |
| 17 | 长春花（粉） | 夹竹桃科长春花属 | Catharanthus roseus | 白色 | 1~12 | 长20~30 | 200红盆 | 0.7 | 12 | 2 |
| 18 | 西洋鹃（韩国粉） | 杜鹃花科杜鹃花属 | Rhododendron spp. | 粉色、大红色 | 9~12 | 高30~40 | 15cm×17cm营养钵 | 2.5 | 16 | 40 |
| 19 | 金叶石菖蒲 | 天南星科菖蒲属 | Acorus gramineus 'Ogan' | 绿色 | 4~5 | 高30~40 | 1加仑 | 1.5 | 16 | 24 |
| 20 | 蓝雪花 | 白花丹科白花丹属 | Ceratostigma plumbaginoides | 紫色 | 7~9 | 高20~30 | 180红盆 | 0.4 | 25 | 10 |
| 21 | 细裂美女樱 | 马鞭草科美女樱属 | Glandularia tenera | 白、粉红、玫瑰红、大红、紫、蓝等色 | 4~10 | 高20~30 | 150红盆 | 1.2 | 36 | 43 |
| 22 | 玉簪 | 天门冬科玉簪属 | Hosta plantaginea | 白色 | 8~10 | 高40~80 | 1加仑 | 0.6 | 16 | 10 |
| 22 | 黄金菊 | 菊科疏黄菊属 | Euryops pectinatus | 黄色 | 4~8 | 高50~60 | 2加仑 | 0.2 | 9 | 2 |
| 23 | 金叶薹草 | 禾本科薹草属 | Carex 'Evergold' | 观叶植物 | 4~5 | 高20 | 150红盆 | 2.4 | 25 | 60 |
| 24 | 朝雾草 | 菊科蒿属 | Artemisia schmidtiana | 白色 | 7~8 | 高10~20 | 150红盆 | 0.3 | 25 | 7.5 |
| 25 | 五色梅 | 马鞭草科马缨丹属 | Lantana camara | 花冠黄色/橙黄色 | 4月至翌年2月 | 高40~60 | 180红盆 | 2.5 | 36 | 90 |
| 26 | 醉蝶花 | 白花菜科醉蝶花属 | Cleome spinosa | 花瓣粉红色 | 6~8 | 高40~60 | 180红盆 | 1.7 | 25 | 43 |
| 27 | 千叶兰 | 蓼科千叶兰属 | Muehlenbeckia complexa | 小白花 | 6~8 | 长25~30 | 220红盆 | 2.2 | 16 | 35 |
| 28 | 多花石竹 | 石竹科石竹属 | Dianthus chinensis | 粉红、紫白、纯白、红色等 | 4~10 | 高30~40 | 150红盆 | 2.1 | 36 | 76 |
| 29 | 地被菊 | 菊科菊属 | Chrysanthemum morifolium | 紫色 | 9~10 | 高25~35 | 150红盆 | 1.1 | 36 | 40 |

# 滋兰树蕙

## 北京市园林学校

程超　周大凤　曲文静　高原　孙贺楠

### 春季实景

**夏季实景**

花境赏析 2021

## 滋兰树蕙

### 一、场地与主题

"滋兰树蕙"花境位于北京市园林学校岩石园西北角，占地约187m²。花境北侧和西侧紧临学校要道，该区域景观元素较丰富，以乔灌木和假山构成花境的竖向背景；地形由外至内逐渐升高，高度差近1m，临路中心区域散置有黄石，这些都为花境提供了很好的先天条件。作品西部区域光照充足，夏季有西晒问题，东部区域乔木较多，略微荫蔽。

"滋兰树蕙"语出《楚辞·离骚》："余既滋兰之九畹兮，又树蕙之百亩"，比喻培养很多有美好品质的人才。我校正是遵循这样的教育理念，珍视每一位学生，让所有的学生都成为行业有用的人才。

### 二、建设意义

秉承"修德强技、树木树人"的校训，学校景观绿化区自建设以来，一直服务于专业教学。通过此次花境作品的设计与建设，旨在达到以下目标：促进学校专业教育与园林行业同步发展，进一步探索校园景观功能由"绿化"向"美化"升级的新方式；学校乔灌木种类较多，但草本花卉种类有限，通过此次花境作品落地，为园林类专业的学生提供实践场地，同时也为学校科普工作提供资源。

该花境于2019年施工建设和养护管理，取得一定的花境建设及管理经验。2020年为继续推动学校与园林行业发展紧密结合，提升专业教师业务素质，促进校园景观"美化"升级，提高园林专业学生参与度和专业技能，保障花境的长效性，积极总结2019年花境建设经验与不足，在原有建设的基础上进一步对"滋兰树蕙"花境进行改造和提升。

### 三、花境分区及立意

本花境主要通过主题雕塑和景观内宿根花卉的搭配来描述职业学校培育人才的过程。根据场地条件和主题需要，将花境分为三个主景观展示区来营造氛围，表达主题。另外在其他区域通过植物群落设计建设四个副景观区，使花境景观内容更加丰富。整个花境由园路将展示区和雕塑串联成有机的整体。

## 平面图

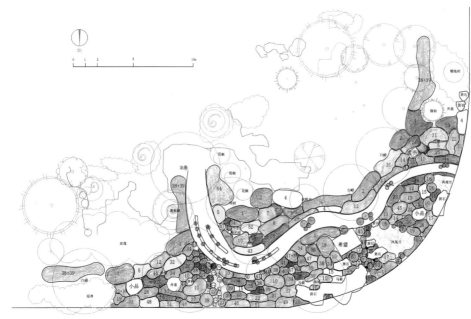

北

0 1 2　　5　　　10m

1. '花叶'美人蕉
2. 美人蕉
3. 矮生美人蕉
4. 柳叶白菀
5. 黄菖蒲
6. 芦竹
7. 毛地黄
8. '落紫'千屈菜
9. '小尖塔'分药花
10. '无尽夏'绣球
11. 蛇鞭菊
12. '蓝运'霍香
13. 松果菊
14. '粉美人'假龙头
15. '雪冠'假龙头
16. 钓钟柳
17. 绵毛水苏
18. 细叶芒
19. '小兔子'狼尾草
20. 针茅
21. 蓝羊茅
22. 八宝景天
23. '芒果棒冰'火炬花
24. 蜀葵
25. '闪耀的玫瑰'西伯利亚鸢尾
26. 鸢尾
27. 金边阔叶麦冬
28. '夏日浆果'千叶蓍
29. '蓝色忧伤'荆芥
30. '辣椒小姐'福禄考
31. '月神'芙蓉葵
32. '焰火'一枝黄花
33. 紫菀
34. 荚果蕨
35. '银瀑'日本蹄盖蕨
36. '大父'玉簪
37. '蓝叶'玉簪
38. '中秋月'玉簪
39. 玉簪
40. '狼獾'玉簪
41. '蓝鼠斗'土簪
42. 金叶过路黄
43. '金色风暴'全缘叶金光菊
44. 落新妇
45. 绣线菊
46. '幸运符'紫露草
47. '光环'箱根草
48. '精灵'灰毛费菜
49. 常夏石竹
50. 矾根
51. '华彩球'美女樱
52. '骄阳'赛菊芋
53. "萨百克黄金"桧柏
54. 柳枝稷
55. '蓝山'林荫鼠尾草
56. 穗花婆婆纳
57. 大花秋海棠

## 效果图

**18**

# 花境植物材料

| 序号 | 植物名称 | 植物科属 | 拉丁名 | 花（叶）色 | 开花期及持续时间（月） | 长成高度（cm） | 种植面积（m²） | 种植密度（株/m²） | 株数（株） |
|---|---|---|---|---|---|---|---|---|---|
| 1 | '花叶'美人蕉 | 美人蕉科美人蕉属 | Cannaceae generalis 'Striatus' | 红色 | 5~10 | 150~200 | 12 | 9 | 108 |
| 2 | 美人蕉 | 美人蕉科美人蕉属 | Canna indica | 黄色 | 5~10 | 90~130 | 7 | 4 | 28 |
| 3 | 矮生美人蕉 | 美人蕉科美人蕉属 | Canna cv. | 红色 | 5~10 | 40~50 | 1 | 4 | 4 |
| 4 | 柳叶白菀 | 菊科马兰属 | Kalimeris pinnatifida 'Hortensis' | 白色 | 10~11 | 130~150 | 5 | 5 | 25 |
| 5 | 黄菖蒲 | 鸢尾科鸢尾属 | Iris pseudacorus | 黄色 | 5~6 | 120~150 | 3 | 16 | 48 |
| 6 | 芦竹 | 禾本科芦竹属 | Arundo donax | 黄色 | 4~11 | 150~200 | 3 | 16 | 48 |
| 7 | 毛地黄 | 玄参科毛地黄属 | Digitalis purpurea | 混色 | 5~6 | 60~120 | 2 | 5 | 10 |
| 8 | '落紫'千屈菜 | 千屈菜科千屈菜属 | Lythrum salicaria 'Dropmore Purple' | 紫色 | 6~7 | 60~70 | 2 | 16 | 32 |
| 9 | '小头塔'分药花 | 唇形科分药花属 | Perovskia atriplicifolia 'Little Spire' | 蓝紫色 | 5~10 | 70~80 | 2 | 16 | 32 |
| 10 | '无尽夏'绣球 | 虎耳草科八仙花属 | Hydrangea macrophylla var. maculata | 粉、蓝色 | 6~8 | 50~100 | 10 | 16 | 160 |
| 11 | 蛇鞭菊 | 菊科蛇鞭菊属 | Liatris spicata | 紫色 | 7~8 | 70~120 | 1 | 16 | 16 |
| 12 | '蓝运'藿香 | 唇形科藿香属 | Agastache 'Blue Fortune' | 蓝色 | 6~8 | 60~80 | 4 | 16 | 64 |
| 13 | 松果菊 | 菊科松果菊属 | Echinacea purpurea | 玫红色 | 7~9 | 30~50 | 3 | 16 | 48 |
| 14 | '粉美人'假龙头 | 唇形科假龙头花属 | Physostegia virginiana 'Red Beauty' | 白色 | 7~8 | 50~60 | 2 | 16 | 32 |
| 15 | '雪冠'假龙头 | 唇形科假龙头花属 | Physostegia viriginiana 'Crown of Snow' | 白色 | 7~8 | 50~60 | 3 | 16 | 48 |
| 16 | 钓钟柳 | 玄参科钓钟柳属 | Penstemon campanulatus | 紫色 | 4~5 | 15~45 | 5 | 16 | 80 |
| 17 | 绵毛水苏 | 唇形科水苏属 | Stachys lanata | 白色 | 5~10 | 20~30 | 3 | 16 | 48 |
| 18 | 细叶芒 | 禾本科芒属 | Miscanthus sinensis | — | 5~11 | 100~150 | 4 | 5 | 20 |
| 19 | '小兔子'狼尾草 | 禾本科狼尾草属 | Pennisetum alopecuroides 'Little Bunny' | — | 6~11 | 30~50 | 3 | 16 | 48 |
| 20 | 针茅 | 禾本科针茅属 | Stipa capillata | — | 5~7 | 30~60 | 2 | 16 | 32 |
| 21 | 蓝羊茅 | 禾本科羊茅属 | Festuca glauca | 粉红色 | 5~11 | 30~35 | 3 | 16 | 48 |
| 22 | 八宝景天 | 景天科八宝属 | Hylotelephium erythrostictum | 粉红色 | 7~10 | 30~50 | 4 | 16 | 64 |
| 23 | '芒果棒冰'火炬花 | 百合科火把莲属 | Kniphofia 'Mango Popsicle' | 橙色 | 6~7 | 30 | 4 | 16 | 64 |
| 24 | 蜀葵 | 锦葵科蜀葵属 | Althaea rosea | 混色 | 6~8 | 100~200 | 2 | 5 | 10 |
| 25 | '闪耀的玫瑰'西伯利亚鸢尾 | 鸢尾科鸢尾属 | Iris sibirica 'Sparkling Rose' | 紫色 | 4~5 | 40~60 | 2 | 16 | 32 |
| 26 | 鸢尾 | 鸢尾科鸢尾属 | Iris tectorum | 蓝色 | 4~5 | 30~40 | 2 | 16 | 32 |
| 27 | 金边阔叶麦冬 | 百合科山麦冬属 | Liriope muscari 'Variegata' | 紫色 | 4~12（观花7~8，观果8~10） | 30 | 4 | 16 | 64 |
| 28 | '夏日浆果'千叶蓍 | 菊科蓍属 | Achillea millefolium 'Summer Berries' | 粉色 | 6~8 | 40~50 | 2 | 9 | 18 |
| 29 | '蓝色忧伤'荆芥 | 唇形科荆芥属 | Nepeta cataria 'Walker's Low' | 蓝紫色 | 5~7 | 45~60 | 2 | 16 | 32 |
| 30 | '辣椒小姐'福禄考 | 花荵科天蓝绣球属 | Phlox paniculata 'Miss Pepper' | 玫红色 | 6~9 | 50~60 | 2 | 16 | 32 |
| 31 | '月神'芙蓉葵 | 锦葵科木槿属 | Hibiscus moscheutos 'Luna' | 混色 | 7~8 | 60~90 | 3 | 4 | 12 |
| 32 | '焰火'一枝黄花 | 菊科一枝黄花属 | Solidago rugosa 'Fireworks' | 黄色 | 9~10 | 90~120 | 2 | 9 | 18 |

（续）

| 序号 | 植物名称 | 植物科科属 | 拉丁名 | 花（叶）色 | 开花期及持续时间（月） | 长成高度（cm） | 种植面积（m²） | 种植密度（株/m²） | 株数（株） |
|---|---|---|---|---|---|---|---|---|---|
| 33 | 紫苑 | 菊科科紫苑属 | Aster dumosus | 玫红色 | 9~10 | 35~45 | 1 | 5 | 5 |
| 34 | 荚果蕨 | 球子蕨科荚果蕨属 | Matteuccia struthiopteris | 绿色 | 4~11 | 70~110 | 4 | 4 | 16 |
| 35 | '银濑'日本蹄盖蕨 | 蹄盖蕨科蹄盖蕨属 | Athyrium niponicum 'Silver Falls' | 银白色 | 4~11 | 30~45 | 2 | 5 | 10 |
| 36 | '大父'玉簪（大型） | 百合科玉簪属 | Hosta 'Big Daddy' | 白色 | 7~9 | 70~80（开花） | 2 | 4 | 8 |
| 37 | '蓝叶'玉簪（中型） | 百合科玉簪属 | Hosta 'Blue Cadet' | 白色 | 4~10（观花7~9） | 70~80（开花） | 2 | 4 | 8 |
| 38 | '中秋月'玉簪（中型） | 百合科玉簪属 | Hosta 'August Moon' | 白色 | 4~10（观花7~9） | 50~70（开花） | 10 | 4 | 40 |
| 39 | 玉簪（中型） | 百合科玉簪属 | Hosta plantaginea | 白色 | 4~10（观花7~9） | 50~70（开花） | 10 | 4 | 40 |
| 40 | '狼獾'玉簪（中小型） | 百合科玉簪属 | Hosta 'Wolverine' | 白色 | 4~10（观花7~9） | 40~60（开花） | 2 | 4 | 8 |
| 41 | '蓝鼠耳'玉簪（小型） | 百合科玉簪属 | Hosta 'Blue Mouse Ears' | 白色 | 4~10（观花7~9） | 40~60（开花） | 2 | 4 | 8 |
| 42 | 金叶过路黄 | 报春花科珍珠菜属 | Lysimachia nummularia 'Aurea' | 黄色 | 4~10 | 5 | 8 | 16 | 128 |
| 43 | '金色风暴'全缘叶金光菊 | 菊科金光菊属 | Rudbeckia fulgida 'Goldsturm' | 黄色 | 7~8 | 45~50 | 2 | 16 | 32 |
| 44 | 落新妇 | 虎耳草科落新妇属 | Astilbe chinensis | 粉色 | 6~7 | 25~35 | 2 | 16 | 32 |
| 45 | 绣线菊 | 蔷薇科绣线菊属 | Spiraea salicifolia | 粉色 | 6~7 | 100~200 | 2 | 2 | 4 |
| 46 | '幸运符'紫露草 | 鸭跖草科紫露草属 | Tradescantia 'Lucky Charm' | 蓝色 | 6~7 | 30~40 | 2 | 16 | 32 |
| 47 | '光环'箭根草 | 禾本科画眉草属 | Eragrostis ferruginea 'Aureola' | 黄色 | 5~10 | 30~45 | 2 | 4 | 8 |
| 48 | '精灵'灰毛费菜 | 景天科景天属 | Sedum selskianum 'Sprint' | 黄色 | 5~9 | 10~15 | 1 | 16 | 16 |
| 49 | 常夏石竹 | 石竹科石竹属 | Dianthus plumarius | 粉色 | 5~10 | 30 | 4 | 16 | 64 |
| 50 | 矾根 | 虎耳草科矾根属 | Heuchera micrantha | 混色 | 4~11 | 25 | 4 | 16 | 64 |
| 51 | '华彩球'美女樱 | 马鞭草科美女樱属 | Glandularia hybrida 'Temari Pink' | 粉色 | 5~10 | 15~30 | 5 | 16 | 80 |
| 52 | '骄阳'赛菊芋 | 菊科赛菊芋属 | Heliopsis scabra 'Summer Sun' | 黄色 | 7~9 | 60~70 | 1 | 5 | 5 |
| 53 | '萨百克黄金'桧柏 | 柏科桧柏属 | Juniperus chinensis 'Saybrook Gold' | 黄、绿色 | — | — | 2 | 2 | 4 |
| 54 | 柳枝稷 | 禾本科黍属 | Panicum virgatum | 绿色 | 6~10 | 90~100 | 5 | 5 | 25 |
| 55 | '蓝山'林荫鼠尾草 | 唇形科鼠尾草属 | Salvia nemorosa 'Blauhvgel' | 蓝色 | 5~7,9~10 | 35~40 | 1 | 16 | 16 |
| 56 | 穗花婆婆纳 | 玄参科婆婆纳属 | Veronica spicata | 蓝色 | 7~9 | 50~60 | 0.2 | 5 | 1 |
| 57 | 大花秋海棠 | 秋海棠科秋海棠属 | Begonia semperflorens | 玫红色 | 5~10 | 40~50 | 2 | 16 | 32 |

## 花境植物更换表

| 序号 | 植物名称 | 植物科科属 | 拉丁名 | 花（叶）色 | 开花期及持续时间（月） | 长成高度（cm） | 种植面积（m²） | 种植密度（株/m²） | 株数（株） |
|---|---|---|---|---|---|---|---|---|---|
| 1 | 金光菊 | 菊科金光菊属 | Rudbeckia fulgida | 黄色 | 7~9 | 40~50 | 2 | 16 | 32 |
| 2 | 荷兰菊 | 菊科紫苑属 | Aster novi-belgii | 蓝紫色 | 9~10 | 40~55 | 2 | 8 | 16 |

# 花趣野集

## 苏州农业职业技术学院

王荷　顾聪聪　杨芷毓

**春季实景**

**夏季实景**

## 花趣野集

　　"花趣野集"花境选址于苏州农业职业技术学院园林技术馆南侧基础绿地，面积129.7m²。花境设计类型为混合花境/单面观+两面观花境，考虑花境观赏和课程教学的需要，花境中设置小径。花境设计、植物材料购买、施工及养护均由师生共同完成。

　　花境为混合花境，以小乔木、灌木构成花境的骨架，以藤本月季'安吉拉'形成的花墙作为背景。

　　春季的花境效果以不同的株形、叶色和质感的对比和组合形成花境的背景，如丛生型的'红巨人'朱蕉、直立型的木贼，在株形上形成对比。常色叶的蓝叶忍冬、亮晶女贞，斑色叶的花叶栀子、花叶香桃木等，局部采用叶色的对比色设计，形成生动的景观效果。主体宿根花卉萌发生长，生机盎然。开花种类的配色主要为粉紫色的近似色，景观主角为藤本月季'安吉拉'、毛地黄钓钟柳、大滨菊、裂叶美女樱等。

　　宿根花卉是夏季"花趣野集"花境的景观主体，花境开花植物种类32种，此起彼伏绽放，色彩为多色配色，呈现丰富的色彩效果。花境主色系为蓝紫色，局部采用近似色或对比色的色彩方案，如深蓝鼠尾草、天蓝鼠尾草、裂叶美女樱和荆芥的近似色处理，百子莲和蒲棒菊的对比色处理。同时采用白色系植物种类，提亮花境色彩，和园林技术馆墙体色彩相呼应。利用不同种类的株形和成花高度，形成花境的立面起伏变化，使花境呈现自然之美。

　　秋季火焰卫矛呈现出美丽的秋色，在绿色植物的映衬下明亮而鲜艳，以黄冠马利筋和大麻叶泽兰形成秋季的景观骨架，粉色和紫红色的紫菀，紫红色的油点草、粉色和蓝紫色的矮生翠芦莉形成景观主角，营造了秋意盎然的景象。

　　冬季花境以常绿小乔木、灌木，如厚皮香、菲油果、六月雪，常绿宿根花卉，如紫娇花、蒲棒菊等形成景观的骨架，同时结合一些种类宿存的果实或枝干，如槭叶红葵的果实、红瑞木的枝干，构成冬季特有的景观效果。

　　"花趣野集"花境的设计特色：①以教师、学生为主体，自主完成花境设计、施工及养护，实现课程教学和实践的结合；②花境考虑识别类教学的需要，采用了较多的种类和品种，在花境中设置了园路，形成单面观和两面观相结合的可进入式花境小花园；③花境探索了与苏州风格建筑主体结合的设计方法，在主要色彩上采取了蓝紫、白色；④花境施工完成后生态效益显著，已观察到鸟类筑巢和一定数量的蝴蝶。

## 秋季实景

## 平面图

N

**5M**

0 0.5 1 2

### 花境平面图

| 序号 | 植物名称 |
|---|---|
| 1 | 月季'安吉拉' |
| 2 | 花叶栀子 |
| 3 | 木贼 |
| 4 | 厚皮香 |
| 5 | 醉鱼草 |
| 6 | 小花木槿'优雅女士' |
| 7 | 穗花牡荆 |
| 8 | 水果蓝 |
| 9 | 红巨人朱蕉 |
| 10 | 紫叶马兰'喜雅' |
| 11 | 红端木 |
| 12 | 翠芦莉(紫) |
| 13 | 粉花绣线菊 |
| 14 | 兰花三七 |
| 15 | 马利筋 |
| 16 | 橄榄叶红葵 |
| 17 | 深蓝鼠尾草 |
| 18 | 细叶萼距花 |
| 19 | 毛地黄钓钟柳 |
| 20 | 庭菖蒲 |
| 21 | 紫叶筋骨草 |
| 22 | 裂叶美女樱 |
| 23 | 山桃草 |
| 24 | 安酷杜鹃 |

| 序号 | 植物名称 |
|---|---|
| 25 | 金叶六道木 |
| 26 | 百子莲 |
| 27 | 玉簪 |
| 28 | 银边山菅兰 |
| 29 | 花叶香桃木 |
| 30 | 皮球柏 |
| 31 | 狐尾天门冬 |
| 32 | 石竹(白) |
| 33 | 龙胆 |
| 34 | 香蜂草 |
| 35 | 紫娇花 |
| 36 | '黄金海岸'刺柏 |
| 37 | 亮晶女贞 |
| 38 | 无花果 |
| 39 | 石斑木 |
| 40 | 大麻叶泽兰 |
| 41 | 菲油果 |
| 42 | 六月雪 |
| 43 | 朝雾草 |
| 44 | 大花酢浆草 |
| 45 | 石竹(粉) |
| 46 | 蓝雪花 |
| 47 | 禾叶大戟 |

| 序号 | 植物名称 |
|---|---|
| 48 | 翠芦莉(粉) |
| 49 | 五色菊 |
| 50 | 林地鼠尾草 |
| 51 | 紫菀 |
| 52 | 蒲棒菊 |
| 53 | 油点草 |
| 54 | 八宝景天 |
| 55 | 紫松果菊 |
| 56 | 荆芥 |
| 57 | 美人蕉 |
| 58 | 赤胫散 |
| 59 | 银纹沿阶草 |
| 60 | 银香菊 |
| 61 | 黄金香柳 |
| 62 | 新西兰麻 |
| 63 | 喷雪花 |
| 64 | 德国鸢尾 |
| 65 | 花叶锦带 |
| 66 | 紫叶风箱果 |
| 67 | 麻叶绣线菊 |
| 68 | 火焰卫矛 |
| 69 | 墨西哥鼠尾草 |
| 70 | 蓝叶忍冬 |

**花境植物材料**

| 序号 | 植物名称 | 植物科属 | 拉丁名 | 花（叶）色 | 开花期及持续时间 | 长成高度（cm） | 种植面积（m²） | 种植密度（株/m²） | 株数（株） |
|---|---|---|---|---|---|---|---|---|---|
| 1 | 菲油果 | 桃金娘科菲油果属 | Feijoa sellowiana | 花红色 | 花期5~6月 冬季常绿 | 110 | — | — | 3 |
| 2 | 厚皮香 | 五列木科厚皮香属 | Ternstroemia gymnanthera | 花色淡黄色 | 花期5~7月 常绿 | 100~110 | — | — | 3 |
| 3 | 黄金香柳 | 桃金娘科白千层属 | Melaleuca bracteata | 叶色黄绿色 | 常绿 | 110~120 | — | — | 3 |
| 4 | 金边剑麻 | 阿福花科麻兰属 | Phormium colensoi | 中边缘金黄色 | 常绿 | 30 | — | — | 3 |
| 5 | 五色梅 | 马鞭草科马缨丹属 | Lantana camara | 花色玫红色、红色、橙色、黄色 | 花期5~10月 | 40 | — | — | 24 |
| 6 | '红巨人'朱蕉 | 百合科朱蕉属 | Cordyline fruticosa | 叶色红色 | 常绿 | 40 | — | — | 7 |
| 7 | '花叶'香桃木 | 桃金娘科香桃木属 | Myrtus communis 'Variegata' | 叶带白色条纹 | 花色5~6月 | 50 | — | — | 3 |
| 8 | '花叶'栀子 | 茜草科栀子属 | Gardenia jasminoides 'Variegata' | 叶绿色 叶色黄绿色 | 花期6~7月 常绿 | 50~80 | — | — | 15 |
| 9 | 亮晶女贞 | 木樨科女贞属 | Ligustrum x vicaryi | 叶色黄绿色 | 常绿 | 50 | — | — | 2 |
| 10 | '皮球'柏 | 柏科圆柏属 | Sabina 'Globosa' | 叶色绿色 | 常绿 | 30~50 | — | — | 4 |
| 11 | '黄金海岸'刺柏 | 柏科刺柏属 | Juniperus 'Gold Coast' | 叶色黄绿色 | 常绿 | 30~60 | — | — | 4 |
| 12 | '火焰'卫矛 | 卫矛科卫矛属 | Euonymus alatus 'Compactus' | 秋季叶色深绿转红色 | 花期5~6月 秋色叶11月 | 50 | — | — | 4 |
| 13 | 醉鱼草 | 马钱科醉鱼草属 | Buddleja lindleyana | 花色紫色、粉紫复色 | 花期4~10月 | 50~70 | — | — | 4 |
| 14 | 穗花牡荆 | 唇形科牡荆属 | Vitex agnus-castus | 花色蓝紫色 | 花期7~8月 | 80~90 | — | — | 5 |
| 15 | 木本绣球 | 忍冬科荚蒾属 | Viburnum macrocephalum | 花色白色 | 花期4~5月 | 90 | — | — | 3 |
| 16 | 蓝叶忍冬 | 忍冬科忍冬属 | Lonicera korolkowi | 花色粉红 | 花期4~5月 | 80~90 | — | — | 3 |
| 17 | 六月雪 | 茜草科六月雪属 | Serissa japonica | 花色白色 | 花期5~7月 | 60 | — | — | 4 |
| 18 | 紫叶风箱果 | 蔷薇科风箱果属 | Physocarpus opulifolius 'Summer Wine' | 叶色紫色 | 花期5月 | 110~120 | — | — | 3 |
| 19 | 喷雪花 | 蔷薇科绣线菊属 | Spiraea thunbergii | 花色白色 | 花期3月 | 80 | — | — | 5 |
| 20 | 红瑞木 | 山茱萸科山茱萸属 | Cornus alba | 花色白色、茎干红色 | 花期4~5月 | 40~50 | — | — | 3 |
| 21 | 红叶蓖麻 | 大戟科蓖麻属 | Ricinus communis 'Sanguineus' | 叶色红色 | 花期6~9月 | 80~150 | — | — | 10 |
| 22 | 月季'安吉拉' | 蔷薇科蔷薇属 | Rosa chinensis 'Angelea' | 花色玫红色 | 花期 | 60~120 | — | — | 30 |
| 23 | 细叶萼距花 | 千屈菜科萼距花属 | Cuphea hyssopifolia | 花色紫色 | 花期全年 | 25 | 3 | 17 | 51 |
| 24 | 宿根六倍利 | 桔梗科半边莲属 | Lobelia speciosa | 花色粉紫色 | 花期6~7月 | 60~70 | 3 | 16 | 48 |

（续）

| 序号 | 植物名称 | 植物科属 | 拉丁名 | 花（叶）色 | 开花期及持续时间 | 长成高度（cm） | 种植面积（m²） | 种植密度（株/m²） | 株数（株） |
|---|---|---|---|---|---|---|---|---|---|
| 25 | 林地鼠尾草 | 唇形科鼠尾草属 | *Salvia nemorosa* | 花色蓝紫、粉色 | 花期5~7月 | 40 | 3 | 25 | 75 |
| 26 | '深蓝'鼠尾草 | 唇形科鼠尾草属 | *Salvia guaranitica* 'Black and Blue' | 花色深蓝色 | 花期4~12月 | 60 | 3 | 25 | 75 |
| 27 | 紫菀 | 菊科紫菀属 | *Aster tataricus* | 花色蓝紫色 | 花期7~9月 | 40~50 | 2 | 36 | 78 |
| 28 | 木贼 | 木贼科木贼属 | *Equisetum hyemale* | 茎干绿色 | 常绿 | 50~60 | 4 | 9 | 36 |
| 29 | 油点草 | 百合科油点草属 | *Tricyrtis macropoda* | 花色粉紫色 | 花期6~10月 | 30~40 | 5 | 16 | 80 |
| 30 | '天堂之门'金鸡菊 | 菊科金鸡菊属 | *Coreopsis basalis* 'Heaven's Gate' | 花色粉红色、橙黄色、黄色 | 花期5~10月 | 30~40 | 4 | 25 | 100 |
| 31 | 姬小菊 | 菊科鹅河菊属 | *Brachyscome angustifolia* | 花色粉紫色 | 花期5~11月 | 15 | 3 | 36 | 108 |
| 32 | 百子莲 | 石蒜科百子莲属 | *Agapanthus africanus* | 花色蓝色 | 花期7~9月 | 50~120 | 3 | 9 | 27 |
| 33 | 矮生翠芦莉（紫） | 爵床科芦莉草属 | *Ruellia simplex* cv. | 花色紫色 | 花期3~10月 | 20~30 | 3 | 16 | 48 |
| 34 | 矮生翠芦莉（粉） | 爵床科芦莉草属 | *Ruellia simplex* cv. | 花色粉色 | 花期3~10月 | 20~30 | 3 | 16 | 48 |
| 35 | 蓝雪花 | 白花丹科蓝雪花属 | *Ceratostigma plumbaginoides* | 花色蓝色 | 花期7~10月 | 30~40 | 4 | 16 | 30 |
| 36 | 紫娇花 | 石蒜科紫娇花属 | *Tulbaghia violacea* | 花色红色 | 花期5~7月 | 30~40 | 8 | 25 | 100 |
| 37 | 日本血草 | 禾本科白茅属 | *Imperata cylindrical* 'Rubra' | 叶色红色 | 观叶期夏季 | 50 | 2 | 16 | 32 |
| 38 | 兰花三七 | 百合科山麦冬属 | *Liriope cymbidiomorpha* | 叶色绿色 | 花期7~8月，常绿 | 30~35 | 2 | 9 | 18 |
| 39 | 大花美人蕉 | 美人蕉科美人蕉属 | *Canna generalis* | 花色、叶色红色 | 花期6~10月 | 40 | 3 | 16 | 48 |
| 40 | 蒲棒菊 | 菊科金光菊属 | *Rudbeckia maxima* | 叶色蓝绿色、花色黄色 | 花期5~7月 | 30 | 3 | 16 | 48 |
| 41 | 庭菖蒲 | 鸢尾科庭菖蒲属 | *Sisyrinchium rosulatum* | 花色黄色 | 花期5月 | 50~60 | 3 | 25 | 75 |
| 42 | 荆芥 | 唇形科荆芥属 | *Nepeta cataria* | 叶色蓝绿色、花色淡紫色 | 花期7~9月 | 35 | 4 | 25 | 100 |
| 43 | 槭叶红葵 | 锦葵科木槿属 | *Hibiscus coccineus* | 叶色红色、花色红色 | 花期7~9月 | 100~150 | 4 | 16 | 64 |
| 44 | '银纹'沿阶草 | 百合科沿阶草属 | *Ophiopogon jaburan* 'Argenteo-Vittatus' | 叶色银白、绿色 | 常绿 | 30~40 | 3 | 9 | 27 |
| 45 | '黄冠'马利筋 | 萝藦科马利筋属 | *Asclepias curassavica* | 花色黄色 | 花期5~11月 | 40~50 | 3 | 9 | 27 |
| 46 | 墨西哥鼠尾草 | 唇形科鼠尾草属 | *Salvia leucantha* | 花蓝紫色 | 花期9~11月 | 20~40 | 3 | 16 | 48 |
| 47 | 紫松果菊 | 菊科松果菊属 | *Echinacea purpurea* | 花色红、黄、粉色 | 花期5~9月 | 40~50 | 5 | 16 | 80 |
| 48 | 裂叶美女樱 | 马鞭草科马鞭草属 | *Verbena tenera* | 花色淡紫色 | 花期5~11月 | 15~20 | 4 | 16 | 64 |
| 49 | 毛地黄钓钟柳 | 玄参科毛地黄属 | *Digitalis purpurea* | 花色粉、白色 | 花期5~6月 | 90~110 | 4 | 9 | 36 |
| 50 | 大滨菊 | 菊科滨菊属 | *Leucanthemum maximum* | 花色白色 | 花期5~9月 | 15~20 | 4 | 16 | 64 |
| 51 | 大麻叶泽兰 | 菊科泽兰属 | *Eupatorium cannabinum* | 花色粉色 | 花期5~11月 | 100 | 4 | 9 | 36 |
| 52 | 香蜂草 | 唇形科蜜蜂花属 | *Melissa officinalis* | 花冠乳白色 | 花期6~8月 | 50~60 | 4 | 16 | 64 |

# 花境植物更换表

| 序号 | 植物名称 | 植物科属 | 拉丁名 | 花（叶）色 | 开花期及持续时间 | 长成高度（cm） | 种植面积（m²） | 种植密度（株/m²） | 株数（株） |
|---|---|---|---|---|---|---|---|---|---|
| 1 | 紫叶马蓝'喜雅' | 爵床科板蓝根属 | Strobilanthes anisophyllus 'Brunetthy' | 花色浅紫色 | 花期3～5月 常绿 | 60～90 | — | — | 3 |
| 2 | 无花果 | 桑科榕属 | Ficus carica | 果实绿色 | 花期5～7月 | 90～120 | — | — | 1 |
| 3 | 花叶玉蝉花 | 鸢尾科鸢尾属 | Iris ensata | 花色深紫 | 花期6～7月 | 30～80 | 1 | 9 | 9 |
| 4 | 大花飞燕草 | 毛茛科翠雀属 | Delphinium grandiflorum | 花色蓝紫色 | 花期5～10月 | 60～100 | 2 | 16 | 32 |
| 5 | 柳叶马鞭草 | 马鞭草科马鞭草属 | Verbena officinalis | 花色淡紫色 | 花期6～10月 | 30～120 | 4 | 16 | 48 |
| 6 | 德国鸢尾 | 鸢尾科鸢尾属 | Iris germanica | 花色紫、淡紫色 | 花期4～5月 | 60～90 | 2 | 9 | 18 |
| 7 | 玛格丽特菊'格兰黛丝' | 菊科木茼蒿属 | Argyranthemum frutescens cv. | 花色粉色 | 花期2～10月 | 15～60 | 2 | 9 | 18 |

注：2020年寒假因疫情无法返校期间，出现部分种类死亡或成果不佳，5月进行了调整。

| 序号 | 植物名称 | 植物科属 | 拉丁名 | 花（叶）色 | 开花期及持续时间 | 长成高度（cm） | 种植面积（m²） | 种植密度（株/m²） | 株数（株） |
|---|---|---|---|---|---|---|---|---|---|
| 1 | 石斑木 | 蔷薇科石斑木属 | Raphiolepis indica | 花色白色或淡红色 | 花期4月 常绿 | 40 | — | — | 1 |
| 2 | 花叶锦带 | 忍冬科锦带花属 | Weigela florida 'Variegata' | 花色淡粉色 | 花期4～5月 | 30～90 | — | — | 1 |
| 3 | 粉花绣线菊 | 蔷薇科绣线菊属 | Spiraea japonica | 花色粉红色 | 花期6～7月 | 30～90 | — | — | 8 |
| 4 | 水果蓝 | 唇形科香科属 | Teucrium fruticans | 花色淡紫色 全株蓝灰色 | 花期3～4月 常绿 | 20～60 | — | — | 3 |
| 5 | 安酷杜鹃 | 杜鹃花科杜鹃花属 | Rhododendron azalea | 花色粉色 | 花期4～6月 | 60～80 | — | — | 2 |
| 6 | 麻叶绣线菊 | 蔷薇科绣线菊属 | Spiraea cantoniensis | 花色白色 | 花期4～5月 | 30～90 | — | — | 1 |
| 7 | 金叶六道木 | 忍冬科六道木属 | Abelia grandiflora 'Francis Mason' | 花色淡粉色 春季叶金黄，夏季转为绿色 | 花期5～11月 | 30～60 | — | — | 1 |
| 8 | 禾叶大戟 | 大戟科大戟属 | Euphorbia graminea | 花色白色 | 花期6～8月 | 30～80 | — | — | 2 |
| 9 | 狐尾天门冬 | 百合科天门冬属 | Asparagus densiflorus 'Myers' | | 常绿 | 30～60 | — | — | 3 |
| 10 | 赤胫散 | 蓼科蓼属 | Polygonum runcinatum | 花色白色 | 花期6～7月 | 30～50 | — | — | 2 |
| 11 | '银边'山管兰 | 阿福花科山管兰属 | Dianella ensifolia 'White Variegated' | 花色淡紫色 | 花果期3～8月 | 30～80 | — | — | 3 |
| 12 | 玉簪 | 百合科玉簪属 | Hosta plantaginea | 花色白色 | 花期6～8月 | 15～60 | — | — | 3 |
| 13 | 银香菊 | 菊科银香菊属 | Santolina chamaecyparissus | 花色黄 | 花期6～7月 | 50 | — | — | 1 |
| 14 | 朝雾草 | 菊科蒿属 | Artemisia schmidtianai | 叶色灰绿 | 常绿 | 15～20 | — | — | 4 |
| 15 | 山桃草 | 柳叶菜科山桃草属 | Gaura lindheimeri | 花色白色或淡粉色 | 花期5～8月 | 60～100 | 1 | 16 | 16 |
| 16 | 紫叶筋骨草 | 唇形科筋骨草属 | Ajuga ciliate | 花色紫色 | 花期4～8月 | 25～40 | 3 | 25 | 75 |
| 17 | 龙胆 | 桔梗科沙参属 | Adenophora capillaris | 花色粉色 | 花期5～11月 | 15～30 | 0.5 | 16 | 8 |
| 18 | 石竹 | 石竹科石竹属 | Dianthus chinensis | 花色粉、白色 | 花期5～6月 | 15～30 | 2 | 25 | 50 |
| 19 | 大花酢浆草 | 酢浆草科酢浆草属 | Oxalis bowiei | 花色粉色 | 花期5～8月 | 7～10 | 1.5 | 16 | 24 |
| 20 | 八宝景天 | 景天科八宝属 | Hylotelephium erythrostictum | 花色粉色 | 花期8～9月 | 60～70 | 1 | 16 | 16 |
| 21 | 五色菊 | 菊科五色菊属 | Brachycome iberidifolia | 紫色、粉色 | 花期6～10月 | 30～45 | 2 | 25 | 50 |

注：2020年暑假因校园基建施工，花境部分区域破坏，9月进行了调整。

# 伊缘

## 丽水市小虫园艺有限公司

沈洪涛　张灵智　章凯敏　金永富

### 伊缘

花境作品位于县政府停车场附近的一个花园中，花园面积在 $5000m^2$ 左右，花境作品占地 $500m^2$。属于花园的中心区。

花境采用多年生宿根花卉为主，观赏草为辅。利用植物本身的株高差异来构建高低错落的四面观的立面景观。花期设计以春季景观为主，兼顾夏季、秋季和冬季。

初春，百花苏醒。细裂美女樱、欧石竹、紫叶山桃草、紫娇花等紫色系率先在初春绽放。大滨菊、大布尼狼尾草等白花系随后在紫色的花海中竞相交错。紫叶美人蕉、彩纹美人蕉、花叶玉蝉花、花叶芒、八宝景天、金叶薹草等以靓丽的叶姿成为花境中不可替代的种类，映衬春的多姿。

仲春，大花花菖蒲、重瓣金鸡菊、柳叶马鞭草、卡拉多纳鼠尾草、蓝剑塔鼠尾草、花叶玉蝉花等加入到花的序列，这一时期花境层次最多、颜色最丰富，景观效果达到最佳的状态。

初夏，天蓝鼠尾草、修剪复花的山桃草、柳叶马鞭草、金鸡菊、松果菊、黑心菊等依旧繁花不断，经过修剪，可以不断复花。

仲夏，千屈菜、美人蕉、大麻叶泽兰进入盛花期，夏季景观达到高潮。

随着秋季的来临，迷雾草、小兔子狼尾草开出梦幻般的花序。随后，矮蒲苇、花叶蒲苇、花叶芒进入盛花，秋季景观呼之欲出。

冬季，是花境最萧条的季节，宿根花卉进入休眠状态，运用了常绿的矮蒲苇、花叶蒲苇作为整个花境的骨架，细裂美女樱、金叶薹草、金叶石菖蒲、紫叶山桃草依旧焕发生机，小兔子狼尾草、花叶芒等观赏草的冬态也是一种美。

**春季实景**

## 夏季实景

## 秋季实景

# 设计阶段图纸

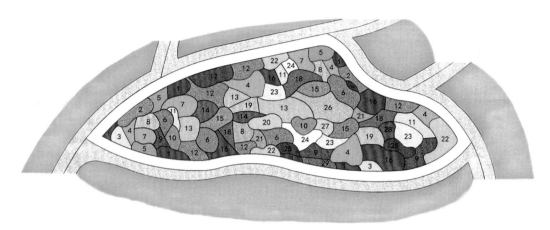

春季

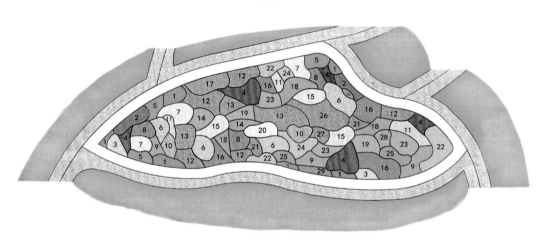

夏季

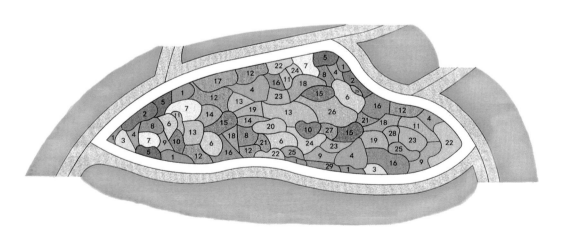

秋季

| | | | |
|---|---|---|---|
| 1. 欧石竹 | | | |
| 2. 细裂美女樱 | 8. 大花花菖蒲 | | |
| 3. 迷雾草 | 9. 卡拉多纳鼠尾草 | 14. 柳叶马鞭草 | 19. 黑心菊 | 24. 大滨菊 |
| 4. 八宝景天 | 10. 花叶芒 | 15. 矮蒲苇 | 20. 花叶蒲苇 | 25. 花叶玉蝉花 |
| 5. 荷兰菊 | 11. 重瓣金鸡菊 | 16. 紫叶山桃草 | 21. 松果菊 | 26. 千屈菜 |
| 6. 彩纹美人蕉 | 12. 紫娇花 | 17. 紫叶酢浆草 | 22. 金叶薹草 | 27. 天蓝鼠尾草 |
| 7. 小兔子狼尾草 | 13. 大麻叶泽兰 | 18. 蓝剑塔鼠尾草 | 23. 大布尼狼尾草 | 28. 紫叶美人蕉 |

**31**

## 花境植物材料

| 序号 | 植物名称 | 植物科属 | 拉丁名 | 花（叶）色 | 开花期及持续时间 | 长成高度（cm） | 种植面积（m²） | 种植密度（株/m²） | 株数（株） |
|---|---|---|---|---|---|---|---|---|---|
| 1 | 欧石竹 | 石竹科石竹属 | Dianthus 'Carthusian Pink' | 深粉红色 | 春季 | 15～20 | 14.7 | 64 | 941 |
| 2 | 彩纹美人蕉 | 美人蕉科美人蕉属 | Canna indica | 红色 | 5～10月 | 150 | 18.3 | 5 | 92 |
| 3 | 荷兰菊 | 菊科联毛紫菀属 | Symphyotrichum novi-belgii | 蓝紫色，粉红色 | 10月 | 50～100 | 11.4 | 36 | 410 |
| 4 | 细裂美女樱 | 马鞭草科马鞭草属 | Verbena tenera | 紫色 | 5～11月 | 20～30 | 10.2 | 16 | 163 |
| 5 | 八宝景天 | 景天科八宝属 | Hylotelephium erythrostictum | 淡粉红色 | 7～10月 | 30～50 | 26.2 | 9 | 236 |
| 6 | 大花花菖蒲 | 鸢尾科鸢尾属 | Iris ensata var. hortensis | 深紫色 | 6～7月 | 40～100 | 12 | 9 | 108 |
| 7 | '花叶'芒 | 禾本科芒属 | Miscanthus sinensis 'Variegatus' | 深粉色 | 7～9月 | 120～180 | 8 | 9 | 72 |
| 8 | 重瓣金鸡菊 | 菊科金鸡菊属 | Coreopsis basalis | 金黄色 | 5～6月 | 25～45 | 11.1 | 25 | 278 |
| 9 | 柳叶马鞭草 | 马鞭草科马鞭草属 | Verbena bonariensis | 淡紫色 | 5～9月 | 60～120 | 8.4 | 16 | 134 |
| 10 | '小兔子'狼尾草 | 禾本科狼尾草属 | Pennisetum alopecuroides 'Little Bunny' | 黄色 | 6～8月 | 30～120 | 16.4 | 16 | 262 |
| 11 | '卡拉多纳'鼠尾草 | 唇形科鼠尾草属 | Salvia nemorosa 'Caradonna' | 紫红色 | 5～10月 | 30～50 | 14.6 | 9 | 131 |
| 12 | 紫娇花 | 石蒜科紫娇花属 | Tulbaghia violacea | 紫粉色 | 5～7月 | 30～60 | 25.5 | 16 | 408 |
| 13 | 大麻叶泽兰 | 菊科泽兰属 | Eupatorium cannabinum | 紫红色，粉红色或淡白色 | 夏秋 | 50～150 | 23.2 | 12 | 278 |
| 14 | 紫叶酢浆草 | 酢浆草科酢浆草属 | Oxalis triangularis subsp. papilionacea | 叶紫红色，花淡紫色或白色 | 5～11月 | 15～30 | 8.2 | 16 | 131 |
| 15 | 矮蒲苇 | 禾本科蒲苇属 | Cortaderia selloana 'Pumila' | 银白色 | 9～10月 | 120 | 16.6 | 3 | 50 |
| 16 | 蓝剑塔鼠尾草 | 唇形科鼠尾草属 | Salvia japonica | 蓝紫色 | 4～10月 | 30～60 | 15.8 | 5 | 79 |
| 17 | 紫叶山桃草 | 柳叶菜科山桃草属 | Gaura lindheimeri 'Crimson Bunny' | 粉红色 | 5～8月 | 80～130 | 24.4 | 9 | 220 |
| 18 | 花叶蒲苇 | 禾本科蒲苇属 | Cortaderia selloana 'Evergold' | 叶带白色条纹，白色 | 7～9月 | 200～300 | 5.7 | 1 | 6 |
| 19 | 松果菊 | 菊科松果菊属 | Echinacea purpurea | 紫红色，粉红色 | 6～7月 | 50～150 | 5.2 | 49 | 255 |
| 20 | 黑心菊 | 菊科金光菊属 | Rudbeckia hirta | 金黄色 | 5～10月 | 80～100 | 9.9 | 9 | 89 |
| 21 | '大布尼'狼尾草 | 禾本科狼尾草属 | Pennium orientale 'Tall' | 浅白色 | 6～8月 | 60～150 | 15.1 | 6 | 91 |
| 22 | 大滨菊 | 菊科滨菊属 | Leucanthemum maximum | 白色 | 5～6月 | 70 | 8.5 | 9 | 77 |
| 23 | '金叶'薹草 | 莎草科薹草属 | Carex 'Evergold' | 两边为绿色，中央有黄色纵条纹 | 4～5月 | 20 | 18.1 | 16 | 290 |
| 24 | 紫花美女樱 | 马鞭草科马鞭草属 | Verbena hybrida | 紫色 | 5～11月 | 20～25 | 3.2 | 8 | 26 |
| 25 | 天蓝鼠尾草 | 唇形科鼠尾草属 | Salvia uliginosa | 蓝紫色至粉紫色 | 6～9月 | 30～90 | 3 | 9 | 27 |
| 26 | 迷雾草 | 莎草科薹草属 | Carex spp. | 丰富多彩 | 8～9月 | | 6.4 | 9 | 58 |
| 27 | 紫叶美人蕉 | 美人蕉科美人蕉属 | Canna warszewiczii | 红色 | 5～10月 | 150 | 3 | 8 | 24 |
| 28 | 花叶玉蝉花 | 鸢尾科鸢尾属 | Iris ensata | 深紫色 | 6～7月 | 40～100 | 7.4 | 12 | 89 |
| 29 | 千屈菜 | 千屈菜科千屈菜属 | Lythrum salicaria | 淡紫色或红紫色 | 7～8月 | 30～100 | 14.1 | 12 | 169 |

# 岁月如歌

## 盐城市大丰区裕丰绿化工程有限公司

胡平　曹忠海　季晓娇

**春季实景**

## 夏季实景

**秋季实景**

## 岁月如歌

以植物的特性展现四季色彩的丰富，是"岁月如歌"的设计初衷，将植物本质淋漓尽致地展现，变幻出层次丰富的景观。通过木绣球、鸡爪槭、紫玉兰、紫薇、金边枸骨等骨架树，茶梅、红花檵木、龟甲冬青等花灌木，不同季节的球根花卉如郁金香、百合、蛇鞭菊等，以及四季色彩丰富的一二年生花卉，营造四季不同的景象，展现唯美的姿态迎接生命的繁衍。而油橄榄寓意历史、沧桑、生命的顽强；草本植物寓意勃发、兴旺、生命的延续。

春天的花海姹紫嫣红，近1000万株郁金香组成的花海中，在油橄榄高大而雄伟的衬托下，展现出了春天生机勃勃的生命气息。

夏季的花海回归平静，以冷色调的花卉植物色彩勾勒出夏日里的清凉，展示生如夏花般的绚烂景色。通过多处水景增加空气湿度，给游客营造凉爽舒适的观赏环境。

秋季的花海静谧惬意，植物的生长疏密有致，夏日盛开的花朵结出希望的硕果，以唯美的姿态迎接生命的繁衍。以红、黄、粉和紫为主的花色描绘花海的秋日。

春、夏、秋之景观，让整个作品犹如一首生生不息的生命赞歌。

## 设计阶段图纸

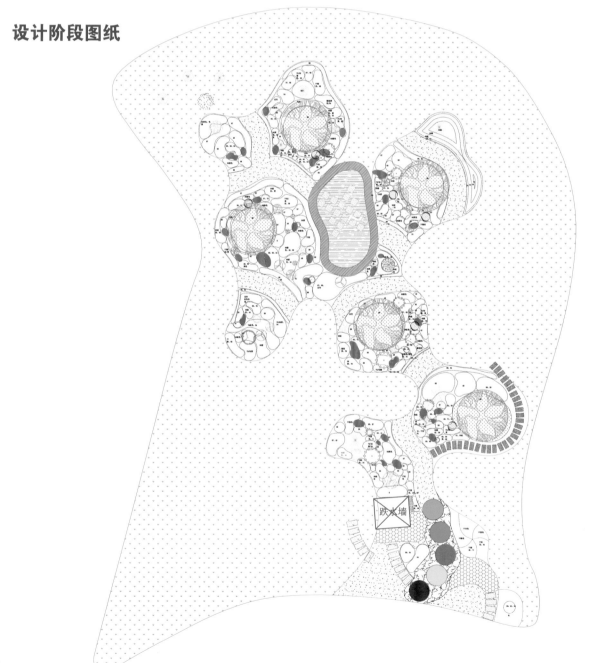

# 花境植物材料

| 序号 | 植物名称 | 植物科属 | 拉丁名 | 花(叶)色 | 开花期及持续时间(月) | 长成高度(cm) | 种植面积(m²) | 种植密度(株/m²) | 株数(株) |
|---|---|---|---|---|---|---|---|---|---|
| 1 | 油橄榄 | 木樨科木樨榄属 | Olea europaea | 蓝色 | | 500~700 | | 孤植 | 5 |
| 2 | 鸡爪槭 | 槭树科槭属 | Acer palmatum | | | 180~220 | | 孤植 | 1 |
| 3 | 紫玉兰 | 木兰科木兰属 | Magnolia liliflora | 紫色 | 4~5 | | | 孤植 | 1 |
| 4 | 丛生紫薇 | 千屈菜科紫薇属 | Lagerstroemia indica | 白色 | 7~8 | | | 孤植 | 1 |
| 5 | 茶梅(造型) | 山茶科山茶属 | Camellia sasanqua | 粉红色 | 12月至翌年2月 | | | 孤植 | 1 |
| 6 | 直立冬青 | 冬青科冬青属 | Ilex purpurea | | | | | 孤植 | 8 |
| 7 | 木绣球 | 忍冬科荚蒾属 | Viburnum macrocephalum | 白色 | 6~7 | 200~250 | | 孤植 | 3 |
| 8 | 绣球 | 虎耳草科绣球属 | Hydrangea macrophylla | 粉/蓝色 | | 60~80/120 | 2.3 | | 19 |
| 9 | 西洋杜鹃 | 杜鹃花科杜鹃花属 | Rhododendron hybridum | | | 70~80 | | 孤植 | 2 |
| 10 | 安酷杜鹃'红樱桃' | 杜鹃花科杜鹃花属 | Rhododendron azalea cv. | 玫红色 | 5~6 | 70~75 | | 孤植 | 4 |
| 11 | 红花檵木(球) | 金缕梅科檵木属 | Loropetalum chinense var. rubrum | 红色 | | 60~80 | | 孤植 | 5 |
| 12 | 龟甲冬青(球) | 冬青科冬青属 | Ilex crenata f. convexa | | | 75~80 | | 孤植 | 5 |
| 13 | 茶梅(球) | 山茶科山茶属 | Camellia sasanqua | 红色 | | 75~80 | | 孤植 | 3 |
| 14 | 亮晶女贞 | 木樨科女贞属 | Ligustrum × vicaryi | 黄色 | | 25~30 | 1 | 20 | 20 |
| 15 | 三角梅 | 紫茉莉科叶子花属 | Bougainvillea spectabilis | | | 140~160 | | 孤植 | 5 |
| 16 | 无刺枸骨 | 冬青科冬青属 | Ilex cornuta var. fortunei | | | 120~130 | | 孤植 | 1 |
| 17 | 大花六道木(球) | 忍冬科六道木属 | Abelia chinensis × Abelia uniflora | 金边 | | 90~100 | | 孤植 | 1 |
| 18 | 金边枸骨 | 冬青科冬青属 | Ilex aquifolium 'Aurea marginata' | 金边 | | 200~220 | | 孤植 | 2 |
| 19 | 香桃木 | 桃金娘科香桃木属 | Myrtus communis | 金边 | | 70~80 | | 孤植 | 2 |
| 20 | 树状月季 | 蔷薇科蔷薇属 | Rosa chinensis | 粉色 | | 150~160 | | 孤植 | 1 |
| 21 | 米兰 | 楝科米仔兰属 | Aglaia odorata | 白色 | | 40 | | 孤植 | 1 |
| 22 | 冬青金宝石 | 冬青科冬青属 | Ilex crenata cv. | 黄色 | 1~12 | 50~60 | | 孤植 | 1 |
| 23 | 喷雪花 | 蔷薇科绣线菊属 | Spiraea thunbergii | 白色 | 2~3 | 80~100 | | 孤植 | 1 |
| 24 | 滨柃 | 山茶科柃木属 | Eurya emarginata | | | 60~80 | | 孤植 | 3 |
| 25 | 黄杨(造型) | 黄杨科黄杨属 | Buxus sinica | 花叶 | | 180~200 | | 孤植 | 1 |
| 26 | 南天竹'弯流' | 小檗科南天竹属 | Nandina domistica cv. | 花叶 | 1~12 | 25/60 | | 孤植 | 2 |
| 27 | 朱蕉 | 百合科朱蕉属 | Cordyline fruticosa | | | 45~65 | | 孤植 | 2 |
| 28 | 大花萱草 | 百合科萱草属 | Hemerocallis hybrida | 黄色 | 6~8 | 55~65 | | 孤植 | 2 |
| 29 | 毛鹃 | 杜鹃花科杜鹃花属 | Rhododendron pulchrum | 粉色 | 5 | 25~35 | 6.5 | 45 | 300 |
| 30 | 圆球柏 | 柏科圆柏属 | Sabina chinensis 'Globosa' | | | 30~40 | | 孤植 | 3 |
| 31 | 火棘 | 蔷薇科火棘属 | Pyracantha fortuneana | 花叶 | | 60~70 | | 孤植 | 1 |
| 32 | 迷迭香 | 唇形科迷迭香属 | Rosmarinus officinalis | | | 80~100 | 2 | | 30 |
| 33 | 百子莲 | 石蒜科百子莲属 | Agapanthus africanus | 蓝色 | 8~9 | 80~100 | 1.2 | 15 | 20 |

（续）

| 序号 | 植物名称 | 植物科属 | 拉丁名 | 花（叶）色 | 开花期及持续时间（月） | 长成高度（cm） | 种植面积（m²） | 种植密度（株/m²） | 株数（株） |
|---|---|---|---|---|---|---|---|---|---|
| 34 | 郁金香 | 百合科郁金香属 | Tulipa gesneriana | 各色 | 3~5月 | 40~55 | 100 | 30 | 3000 |
| 35 | 细叶芒 | 禾本科芒属 | Miscanthus sinensis cv. | 绿色 | 9~11月 | 160 | | | 3 |
| 36 | 小兔子狼尾草 | 禾本科狼尾草属 | Pennisetum alopecuroides 'Little Bunny' | 白色 | 8~10月 | 50~60 | | | 2 |
| 37 | 蜜糖草 | 禾本科糖蜜草属 | Melinis nerviglumis | 粉色 | 7~11月 | 60~70 | 3.5 | 16 | 54 |
| 38 | 矮蒲苇 | 禾本科蒲苇属 | Cortaderia selloana 'Pumila' | 白色 | 9~11月 | 160~200 | | | 4 |
| 39 | 粉黛乱子草 | 禾本科乱子草属 | Muhlenbergia capillaris | 粉红色 | 9~11月 | 110 | | | 10 |
| 40 | 蓝羊茅 | 禾本科羊茅属 | Festuca glauca | 蓝色 | 1~12月 | 25 | | | 3 |
| 41 | 绵毛水苏 | 唇形科水苏属 | Stachys lanata | 蓝灰色 | | 35~45 | | | 2 |
| 42 | 大吴风草 | 菊科大吴风草属 | Farfugrium japonicum | 黄色 | 9~11月 | 70~100 | | | 2 |
| 43 | 黄金雀 | 豆科金雀儿属 | Cytisus scoparius | 黄色 | 4~5月 | 45~60 | 5 | 16 | 90 |
| 44 | 文竹 | 天门冬科天门冬属 | Asparagus setaceus | | | 70 | | | 3 |
| 45 | 千叶蓍草 | 菊科蓍属 | Achillea wilsoniana | 黄色、粉色 | 5~6月 | 40~50 | 0.3 | | 5 |
| 46 | 溲疏 | 虎耳草科溲疏属 | Deutzia scabra | 粉色 | 5~6月 | 60~80 | | | 1 |
| 47 | 穗花牡荆 | 马鞭草科牡荆属 | Vitex agnus-castus | 紫色 | 6~8月 | 70~80 | | | 1 |
| 48 | 大麻叶泽兰 | 菊科泽兰属 | Eupatorium cannabinum | 粉色 | 10~11月 | 160 | | | 3 |
| 49 | 蛇鞭菊 | 菊科蛇鞭菊属 | Liatris spicata | 紫色 | 9~10月 | 60~70 | 1.8 | 25 | 45 |
| 50 | 百合 | 百合科百合属 | Lilium brownii var. viridulum | 红、黄、粉色 | 9~10月 | 80~100 | 4.8 | 25 | 120 |
| 51 | 金叶满天星 | 千屈菜科萼距花属 | Cuphea hookeriana | 玫红色 | 6~10月 | 30~40 | 1.5 | | 30 |
| 52 | 菱叶绣线菊 | 蔷薇科绣线菊属 | Spiraea vanhouttei | 白色 | 4~5月 | 100~110 | | | 2 |
| 53 | 普通薄荷 | 唇形科薄荷属 | Mentha haplocalyx | | | | 1.2 | | 40 |
| 54 | 薰衣草 | 唇形科薰衣草属 | Lavandula angustifolia | 紫色 | 5~6月 | 45~55 | 3 | 36 | 100 |
| 55 | 碰碰香 | 唇形科延命草属 | Plectranthus 'Cerveza's Lime' | | | 25~35 | 0.4 | 35 | 15 |
| 56 | 西班牙薰衣草 | 唇形科薰衣草属 | Spanish lavender | 紫色 | 5~6月 | 45~55 | 2.5 | 25 | 50 |
| 57 | 芳香万寿菊 | 菊科万寿菊属 | Tagetes lemmonii | | | 180 | 1.5 | | 30 |
| 58 | 藿香蓟 | 菊科藿香蓟属 | Ageratum conyzoides | 蓝色 | 3~5月 | 20~25 | 1.5 | 32 | 50 |
| 59 | 花毛茛 | 毛茛科花毛茛属 | Ranunculus asiaticus | 各色 | 4~5月 | 30~40 | 8 | 25 | 200 |
| 60 | 黄金菊 | 菊科梳黄菊属 | Euryops pectinatus 'Viridis' | 黄色 | 5~11月 | 120~150 | 1.8 | | 20 |
| 61 | 柑橘 | 芸香科柑橘属 | Citrus reticulata | | | 160 | | | 1 |
| 62 | 角堇 | 堇菜科堇菜属 | Viola cornuta | 各色 | 3~5月 | 10~15 | 10.6 | 40 | 424 |
| 63 | 风铃草 | 桔梗科风铃草属 | Campanula medium | 粉色、蓝色 | 4~5月 | 35~40 | 1.5 | 16 | 24 |
| 64 | 银叶菊 | 菊科千里光属 | Centaurea cineraria | 粉色、银色 | 3~6月 | 35~40 | 6.8 | 40 | 272 |
| 65 | 欧石竹 | 石竹科石竹属 | Dianthus 'Carthusian Pink' | 玫红 | 4~11月 | 10~15 | 1.2 | 60 | 72 |
| 66 | 佛甲草 | 景天科景天属 | Sedum lineare | 黄色 | 4~5月 | 5~10 | 5.2 | 100 | 520 |
| 67 | 红草 | 苋科莲子草属 | Alternanthera bettzickiana | 红色 | | 5~10 | 3.7 | 100 | 370 |

| 序号 | 植物名称 | 植物科属 | 拉丁名 | 花（叶）色 | 开花期及持续时间（月） | 长成高度（cm） | 种植面积（m²） | 种植密度（株/m²） | 株数（株） |
|---|---|---|---|---|---|---|---|---|---|
| 68 | 矾根 | 虎耳草科矾根属 | Heuchera micrantha | 红、绿、橙色 | 6~7月 | 20~25 | 2.2 | 40 | 88 |
| 69 | 玉龙草 | 百合科沿阶草属 | Ophiopogon japonicus 'Nanus' | | | 5~8 | 37 | 160 | 5920 |
| 70 | 香雪球 | 十字花科香雪球属 | Lobularia maritima | 紫、白色 | 3~6月/9~11月 | 15~20 | 4.2 | 40 | 168 |
| 71 | 福禄考 | 花荵科天蓝绣球属 | Phlox drummondii | 红色 | 3~5月 | 25~30 | 1.6 | 25 | 40 |
| 72 | 羽扇豆 | 豆科羽扇豆属 | Lupinus micranthus | 红黄紫白 | 4月下旬至5月 | 60~80 | 3.5 | 16 | 56 |
| 73 | 飞燕草 | 毛茛科飞燕草属 | Consolida ajacis | 蓝色 | 4月下旬至6月 | 60~80 | 1.5 | 16 | 24 |
| 74 | 毛地黄 | 玄参科毛地黄属 | Digitalis purpurea | 玫红 | 4月下旬至6月 | 60~80 | 2.6 | 20 | 50 |
| 75 | 南非万寿菊 | 菊科骨子菊属 | Osteospermum ecklonis | 黄橙紫色 | 4月下旬至6月 | 25~30 | 1.2 | 30 | 36 |
| 76 | 天竺葵 | 牻牛儿苗科天竺葵属 | Pelargonium hortorum | 红色 | 4~6月/9~11月 | 30~40 | 6.6 | 25 | 165 |
| 77 | 矮牵牛 | 旋花科牵牛属 | Pharbitis nil | 玫红、紫、浅紫色 | 5~11月 | 15~25 | 8.8 | 25 | 220 |
| 78 | 白晶菊 | 菊科白晶菊属 | Mauranthemum paludosum | 白色 | 3~5月 | 25~30 | 1.8 | 25 | 45 |
| 79 | 黄晶菊 | 菊科菊属 | Chrysanthemum multicaule | 黄色 | 3~5月 | 25~30 | 2.7 | 30 | 80 |
| 80 | 大花海棠 | 秋海棠科秋海棠属 | Begonia cucullata cv. | 红色、粉色 | 5~11月 | 35~45 | 21 | 16 | 336 |
| 81 | 四季海棠 | 秋海棠科秋海棠属 | Begonia cucullata cv. | 红色、粉色 | 5~11月 | 20~30 | 13 | 25 | 325 |
| 82 | 万寿菊 | 菊科万寿菊属 | Tagetes erecta | 黄、橙色 | 5~11月 | 35~40 | 10.8 | 25 | 270 |
| 83 | 大丽花 | 菊科大丽花属 | Dahlia pinnata | 玫红色 | 6~8月 | 45~65 | 0.7 | | 10 |
| 84 | 千日红 | 苋科千日红属 | Gomphrena globosa | 紫色 | 7~11月 | 55~65 | 1 | 16 | 16 |
| 85 | 香彩雀 | 玄参科香彩雀属 | Angelonia angustifolia | 淡紫色 | 6~11月 | 35~40 | 10.2 | 25 | 255 |
| 86 | 彩叶草 | 唇形科鞘蕊花属 | Plectranthus scutellarioides | 橙红色 | | 40~50 | 3.5 | 16 | 56 |
| 87 | 穗状鸡冠 | 苋科青葙属 | Celosia cristata | 红色 | 8~11月 | 60~80 | 8 | 16 | 128 |
| 88 | 蓝雪花 | 白花丹科蓝雪花属 | Ceratostigma plumbaginoides | 蓝色 | 8~11月 | 35~45 | 0.3 | | 6 |
| 89 | 美人蕉 | 美人蕉科美人蕉属 | Canna indica | 黄色 | 8~10月 | 150~190 | 1.6 | 9 | 20 |
| 90 | 小菊 | 菊科母菊属 | Epaltes australis | 黄、红、粉色 | 9~10月 | 30~40 | 8.3 | 25 | 210 |
| 91 | 繁星花 | 茜草科五星花属 | Pentas lanceolata | 红、粉色 | 7~10月 | 30~40 | 2.2 | 25 | 55 |
| 92 | 夏堇 | 玄参科玄参属 | Torenia fournieri | 粉白 | 7~10月 | 25~35 | 0.8 | 25 | 20 |
| 93 | 大花马齿苋 | 马齿苋科马齿苋属 | Portulaca grandiflora | 橙色 | 7~9月 | 20~30 | 0.6 | 25 | 15 |
| 94 | 维多利亚鼠尾草 | 唇形科鼠尾草属 | Salvia japonica | 蓝色 | 4~6月/9~11月 | 35~45 | 2.2 | 25 | 55 |
| 95 | 墨西哥鼠尾草 | 唇形科鼠尾草属 | Salvia leucantha | 紫色 | 9月下旬至11月 | 60~80 | 1.5 | 25 | 40 |
| 96 | 蓝霸鼠尾草 | 唇形科鼠尾草属 | Salvia 'Mystic Spires Blue' | 蓝色 | 6~11月 | 60~80 | 3 | 16 | 48 |
| 97 | 一串红 | 唇形科鼠尾草属 | Salvia splendens | 红白 | 9~11月 | 25~35 | 3.2 | 25 | 80 |
| 98 | 过路黄 | 报春花科珍珠菜属 | Lysimachia christinae | 黄色 | | 5 | 2.6 | 40 | 100 |
| 99 | 黑草 | 苋科莲子草属 | Alternanthera bettzickiana | 紫黑色 | | 5~8 | 1.5 | 40 | 60 |
| 100 | 鸟巢蕨 | 铁角蕨科巢蕨属 | Asplenium nidus | 绿色 | | | | | 2 |
| 合计 | | | | | | | 348.5 | | 15022 |

# 觅野寻踪

## 上海梵繁园艺有限公司

刘坤良　朱燕兰　王肖刚　李昭毅　刘思维

### 春季实景

## 觅野寻踪

　　觅野溪位于上海市奉贤区泡泡公园西侧，濒临浦南运河，按照场地地势自东向西自然弯曲，长度约250m，宽度3~6m。在觅野溪与公园主园路之间设置有5~10m的缓冲区。2019年5月进行整地、景石布置及乔木种植，6月初完成中下层溪流区域花境施工。设计初衷是为3~12岁儿童提供自然教育活动的良好场地。

　　按照适生为先、观赏为主、生物友好、儿童友爱的基本原则进行植物选择。引种植物100余种。涵盖观花、观叶、观果、蜜源等多种植物类型。尤其是种植色彩艳丽、形态特别的植物，如植株高大可达2m的蒲棒菊，种子可做串珠的薏苡等。植物配置既遵循花境营造一般的团块化种植，又结合溪流和景石自然点缀，形成点状、线状与团块状的自然组合和有机镶嵌。人工配置手法融于环境、近于自然，使这一自然溪流成为植物生长、动物栖息、儿童游玩的生态溪流。让孩子走近花境，回归自然，体验美好。

## 夏季实景

**秋季实景**

## 花境植物材料

| 序号 | 植物名称 | 植物科属 | 拉丁名 | 花（叶）色 | 观赏期及持续时间 | 长成高度（cm） | 种植密度（株/m²） | 种植面积（m²） | 规格 | 株数 | 单位 |
|---|---|---|---|---|---|---|---|---|---|---|---|
| 1 | 芳香万寿菊 | 菊科万寿菊属 | Tagetes lemmonii | 金黄色 | 12月 | 180~200 | 1 | 10 | 35×30美植袋 | 10 | 盆 |
| 2 | 多花红千层 | 桃金娘科红千层属 | Callistemon viminalis | 红色 | 4月，9月/30天 | 200~500 | 1 | 2 | 70×50美植袋 | 2 | 盆 |
| 3 | 金叶大花六道木 | 忍冬科六道木属 | Abelia × grandiflora 'Francis Mason' | 白色，淡粉色 | 6~11月/60天 | 150~200 | 1 | 2 | 40×30美植袋 | 2 | 盆 |
| 4 | 寿星桃 | 蔷薇科李属 | Prunus persica 'Densa' | 粉红色 | 3~4月/10天 | 150~200 | 1 | 2 | 35×30美植袋 | 2 | 盆 |
| 5 | 花叶锦带 | 忍冬科锦带花属 | Weigela florida 'Nana Variegata' | 淡粉色 | 4~5月/10天 | 150~200 | 1 | 5 | 5加仑 | 5 | 盆 |
| 6 | 紫叶锦带 | 忍冬科锦带花属 | Weigela florida 'Alexander' | 深紫色 | 4~5月/10天 | 150~200 | 1 | 5 | 5加仑 | 5 | 盆 |
| 7 | 金山绣线菊 | 蔷薇科绣线菊属 | Spiraea japonica 'Gold Mound' | 淡粉色 | 6~8月/40天 | 150~200 | 1 | 10 | 5加仑 | 10 | 盆 |
| 8 | 金焰绣线菊 | 蔷薇科绣线菊属 | Spiraea japonica 'Flame' | 淡粉色 | 6~8月/40天 | 150~200 | 1 | 10 | 5加仑 | 10 | 盆 |
| 9 | 菱叶绣线菊 | 蔷薇科绣线菊属 | Spiraea vanhouttei | 淡粉色 | 6~8月/40天 | 150~200 | 1 | 5 | 5加仑 | 5 | 盆 |
| 10 | 郁香忍冬 | 忍冬科忍冬属 | Lonicera fragrantissima | 白或淡红色 | 2月中旬至4月/20天 | 150~200 | 1 | 2 | 5加仑 | 2 | 盆 |
| 11 | 红花鼷葵 | 锦葵科木槿属 | Hibiscus coccineus | 鲜红色 | 7~8月/20天 | 200~300 | 1 | 30 | 5加仑 | 30 | 盆 |
| 12 | 金光菊 | 菊科金光菊属 | Rudbeckia laciniata 'Herbstsonne' | 黄色 | 7~8月/20天 | 150~200 | 3 | 2 | 5加仑 | 5 | 盆 |
| 13 | 香桃木 | 桃金娘科香桃木属 | Myrtus communis | 花白色，果蓝黑色 | 花6月/10天 | 150~200 | 1 | 2 | 40×30美植袋 | 2 | 盆 |
| 14 | 双荚决明 | 豆科决明属 | Cassia bicapsularis | 黄色 | 10~11月/20天 | 200~300 | 1 | 3 | 35×30美植袋 | 3 | 盆 |
| 15 | 紫穗槐 | 豆科紫穗槐属 | Amorpha fruticosa | 紫色 | 5月/10天 | 200~300 | 1 | 3 | 40×30美植袋 | 3 | 盆 |
| 16 | 花叶异叶海桐~ | 海桐花科海桐花属 | Pittosporum parvilimbum | 观叶 | 全年 | 150~200 | 1 | 1 | 40×30美植袋 | 1 | 盆 |
| 17 | 主教红瑞木 | 山茱萸科梾木属 | Cornus sericea 'Cardinal' | 观枝 | 12月至翌年1月/60天 | 200~300 | 1 | 2 | 40×30美植袋 | 2 | 盆 |
| 18 | 卡纳多纳鼠尾草 | 唇形科鼠尾草属 | Salvia nemorosa 'Caradonna' | 紫色 | 5~7月/60天 | 30~50 | 9 | 13 | 2加仑 | 120 | 盆 |
| 19 | 密实卫矛 | 卫矛科卫矛属 | Euonymus alatus 'Compacta' | 叶鲜红色 | 10~11月/20天 | 150~300 | 1 | 150 | 5加仑 | 150 | 盆 |
| 20 | 鹰爪豆 | 豆科鹰爪豆属 | Spartium junceum | 黄色 | 5月/15天 | 200~300 | 1 | 12 | 25L | 12 | 盆 |
| 21 | 花叶香桃木 | 桃金娘科香桃木属 | Myrtus communis 'Variegata' | 花白色，果蓝黑色 | 5月/15天 | 150~200 | 1 | 1 | 7加仑 | 1 | 盆 |
| 22 | 红果金丝桃 | 藤黄科金丝桃属 | Hypericum × inodorum 'Excellent Flair' | 花金黄色，果红色 | 6~8月/15天 | 150~200 | 1 | 10 | 35×30美植袋 | 10 | 盆 |
| 23 | 萼状金丝桃 | 藤黄科金丝桃属 | Hypericum calycinum | 花亮黄色 | 6~8月/15天 | 30~50 | 9 | 2 | 1加仑 | 20 | 盆 |
| 24 | 直立迷迭香 | 唇形科迷迭香属 | Rosmarinus officinalis | 淡蓝色 | 11月/10天 | 50~80 | 2 | 3 | 25×20美植袋 | 6 | 盆 |
| 25 | 欧洲荚蒾 | 五福花科荚蒾属 | Viburnum opulus | 黄白色 | 5~6月/10天 | 150~500 | 1 | 2 | 30×30美植袋 | 2 | 盆 |
| 26 | 水果蓝 | 唇形科香科科属 | Teucrium fruticans | 粉白色 | 4月/30天 | 150~200 | 1 | 2 | 30×30美植袋 | 2 | 盆 |
| 27 | 银姬小蜡 | 木樨科女贞属 | Ligustrum sinense 'Variegatum' | 叶花白色 | 全年 | 150~200 | 1 | 2 | 30×30美植袋 | 2 | 盆 |
| 28 | 黄荆 | 唇形科牡荆属 | Vitex negundo | 淡蓝色 | 6~7月/30天 | 200~300 | 1 | 2 | 30×30美植袋 | 2 | 盆 |
| 29 | 银边八仙花 | 虎耳草科八仙花属 | Hydrangeam acrophylla | 蓝白色 | 6~7月/20天 | 50~80 | 1 | 15 | 25×20美植袋 | 15 | 盆 |
| 30 | 冰生溲疏 | 绣球花科溲疏属 | Deutzia gracilis 'Nikko' | 白色 | 5~6月/20天 | 40~60 | 5 | 1 | 5加仑 | 6 | 盆 |
| 31 | 金叶莸 | 唇形科莸属 | Caryopteris × clandonensis 'Worcester Gold' | 蓝色 | 7~8月/30天 | 80~100 | 2 | 10 | 30×25美植袋 | 20 | 盆 |
| 32 | 金叶接骨木 | 五福花科接骨木属 | Sambucus racemosa 'Plumosa Aurea' | 白色 | 5~6月/20天 | 200~300 | 1 | 1 | 40×30美植袋 | 1 | 盆 |
| 33 | 地王玉簪 | 天门冬科玉簪属 | Hosta 'Ground Master' | 白色 | 7~8月/10天 | 40~80 | 3 | 17 | 25×20美植袋 | 50 | 盆 |
| 34 | 甜心玉簪 | 天门冬科玉簪属 | Hosta plantaginea 'So-sweet' | 白色 | 7~8月/10天 | 40~80 | 9 | 1 | 25×20美植袋 | 10 | 盆 |
| 35 | 法兰西玉簪 | 天门冬科玉簪属 | Hosta fortunei 'Francee' | 白色 | 7~8月/10天 | 40~80 | 3 | 10 | 21×26盆 | 30 | 盆 |

（续）

| 序号 | 植物名称 | 植物科名属 | 拉丁名 | 花（叶）色 | 观赏期及持续时间 | 长成高度（cm） | 种植密度（株/m²） | 种植面积（m²） | 规格 | 株数 | 单位 |
|---|---|---|---|---|---|---|---|---|---|---|---|
| 36 | 紫萼 | 天门冬科玉簪属 | Hosta ventricosa | 白色 | 7~8月/10天 | 40~80 | 3 | 2 | 40×30美植袋 | 5 | 袋 |
| 37 | 金边埃比胡颓子 | 胡颓子科胡颓子属 | Elaeagnus × ebbingei | 叶黄色 | 全年 | 150~200 | 1 | 3 | 40×30美植袋 | 3 | 盆 |
| 38 | 大花山梅花 | 绣球花科山梅花属 | Philadelphus incanus 'Natchez' | 白色 | 5~6月/20天 | 120~200 | 1 | 1 | 5加仑 | 1 | 盆 |
| 39 | 蓝湖柏 | 柏科扁柏属 | Chamaecyparis pisifera 'Boulevard' | 叶蓝色 | 全年 | 200~300 | 1 | 6 | 25×20美植袋 | 6 | 盆 |
| 40 | 金线柏 | 柏科扁柏属 | Chamaecyparis pisifera 'Filifera Aurea' | 叶黄色 | 全年 | 200~300 | 1 | 5 | 25×20美植袋 | 5 | 盆 |
| 41 | 洛杉矶刺柏 | 柏科刺柏属 | Juniperus formosana | 叶黄色 | 全年 | 200~300 | 1 | 3 | 25×20美植袋 | 3 | 盆 |
| 42 | 皮球柏 | 柏科扁柏属 | Chamaecyparis thyoides 'Heatherbun' | 叶蓝色 | 全年 | 100~150 | 1 | 8 | 30×30盆 | 8 | 盆 |
| 43 | 高绿刺柏 | 柏科刺柏属 | Juniperus formosana 'Hayata' | 叶绿色 | 全年 | 800~1000 | 1 | 5 | 25×20美植袋 | 5 | 盆 |
| 44 | 黄金海岸刺柏 | 柏科刺柏属 | Juniperus chinensis 'Plumosa Aurea' | 叶黄色 | 全年 | 100~200 | 1 | 1 | 25×20美植袋 | 1 | 盆 |
| 45 | 辉煌女贞 | 木樨科女贞属 | Ligustrum lucidum 'Excelsum Superbum' | 叶黄色 | 全年 | 400~500 | 1 | 2 | 50×40美植袋 | 2 | 盆 |
| 46 | 喷雪花 | 蔷薇科绣线菊属 | Spiraea thunbergii | 花白色 | 4~5月/20天 | 100~150 | 1 | 5 | 40×40美植袋 | 5 | 盆 |
| 47 | 黄金冬青 | 冬青科冬青属 | Ilex × attenuata 'Sunny Foster' | 叶金黄色 | 全年 | 200~300 | 1 | 5 | 5加仑 | 5 | 盆 |
| 48 | 野迎春 | 木樨科素馨属 | Jasminum mesnyi | 黄色 | 花期11月至翌年8月 | 150~200 | 1 | 2 | 30×25美植袋 | 2 | 盆 |
| 49 | 小丑火棘 | 蔷薇科火棘属 | Pyracantha fortuneana 'Harlequin' | 金黄、粉红色 | 全年 | 150~200 | 1 | 3 | 40×30美植袋 | 3 | 盆 |
| 50 | 银边卫矛 | 卫矛科卫矛属 | Euonymus japonicus 'Albomarginatus' | 叶银白色 | 全年 | 200~300 | 1 | 10 | 5加仑 | 10 | 盆 |
| 51 | 紫珠 | 马鞭草科紫珠属 | Callicarpa bodinieri | 果紫色 | 9~10月/30天 | 200~300 | 1 | 10 | 35×30美植袋 | 10 | 盆 |
| 52 | 毛叶山桐子 | 大风子科山桐子属 | Idesia polycarpa | 果红色 | 10~11月/40天 | 500~600 | 1 | 6 | 35×30美植袋 | 6 | 盆 |
| 53 | 亮金女贞 | 木樨科女贞属 | Ligustrum × vicaryi 'Lomon and Lime' | 叶黄色 | 全年 | 200~300 | 1 | 5 | 40×30美植袋 | 5 | 盆 |
| 54 | 湖北十大功劳 | 小檗科十大功劳属 | Mahonia eurybracteata | 花黄色果蓝色 | 花期8~11月，果期11月至翌年5月 | 50~200 | 1 | 12 | 30×25美植袋 | 12 | 盆 |
| 55 | 花叶栀子花 | 茜草科栀子属 | Gardenia jasminoides 'Variegata' | 白色 | 5~6月/30天 | 80~150 | 1 | 6 | 30×25美植袋 | 6 | 盆 |
| 56 | 毛地黄钓钟柳 | 车前科钓钟柳属 | Penstemon laevigatus subsp. digitalis | 粉白色 | 5~6月/30天 | 80~100 | 9 | 6 | 130红盆 | 50 | 盆 |
| 57 | 金叶石菖蒲 | 天南星科菖蒲属 | Acorus gramineus 'Ogan' | 叶金黄色 | 全年 | 30~50 | 9 | 11 | 1加仑 | 100 | 盆 |
| 58 | 石菖蒲 | 天南星科菖蒲属 | Acorus gramineus | 叶绿色 | 全年 | 30~50 | 9 | 9 | 130红盆 | 80 | 盆 |
| 59 | 胎生狗脊蕨 | 乌毛蕨科狗脊属 | Woodwardia prolifera | 叶绿色 | 全年 | 80~200 | 1 | 20 | 30×30盆 | 20 | 盆 |
| 60 | 常绿山姜 | 姜科姜花属 | Hedychium coronarium | 白色 | 8~12月/50天 | 150~200 | 1 | 5 | 40×30美植袋 | 5 | 盆 |
| 61 | 细茎针茅 | 禾本科针茅属 | Stipa tenuissima | 白色 | 6~8月/40天 | 30~50 | 9 | 11 | 130红盆 | 100 | 盆 |
| 62 | 银穗芒 | 禾本科芒属 | Miscanthus sinensis 'Variegatus' | 叶白色条纹 | 10~11月/30天 | 150~200 | 2 | 10 | 21×26盆 | 20 | 盆 |
| 63 | 白盛醉鱼草 | 马钱科醉鱼草属 | Buddleja davidii 'White Profussion' | 白色 | 5~6月/20天 | 150~300 | 1 | 17 | 5加仑 | 17 | 盆 |
| 64 | 紫花醉鱼草 | 马钱科醉鱼草属 | Buddleja davidii 'Purple' | 紫色 | 5~6月/30天 | 200~300 | 1 | 0 | | | 盆 |
| 65 | 刚直红千层 | 桃金娘科红千层属 | Callistemon salignus | 红色 | 6~8月/20天 | 150~200 | 1 | 5 | 35×30美植袋 | 5 | 盆 |
| 66 | 品霞桃 | 蔷薇科李属 | Prunus persica × davidiana 'Pin Xia' | 粉红色 | 3~4月/10天 | 300~500 | 1 | 9 | 30×30美植袋 | 9 | 盆 |
| 67 | 无尽夏绣球 | 绣球花科绣球属 | Hydrangea 'Endless Summer' | 粉红或蓝紫色 | 6~8月/30天 | 150~200 | 1 | 30 | 30×25美植袋 | 30 | 盆 |
| 68 | 金娃娃萱草 | 百合科萱草属 | Hemerocallis fulva 'Golden Doll' | 黄色 | 5~6月/30天 | 30~50 | 9 | 6 | 21×26盆 | 50 | 盆 |
| 69 | 红运萱草 | 百合科萱草属 | Hemerocallis 'Baltimore Oriole' | 红色 | 5~6月/30天 | 30~50 | 9 | 6 | 21×26盆 | 50 | 盆 |
| 70 | 大麻叶泽兰 | 菊科泽兰属 | Eupatorium cannabinum | 淡粉 | 9~10月/30天 | 150~200 | 2 | 10 | 2加仑 | 20 | 盆 |
| 71 | 伞房决明 | 豆科番泻决明属 | Senna corymbosa | 黄色 | 9~10月/30天 | 150~250 | 1 | 2 | 29×25美植袋 | 2 | 盆 |

| 序号 | 植物名称 | 植物科科属 | 拉丁名 | 花（叶）色 | 观赏期及持续时间 | 长成高度（cm） | 种植密度（株/m²） | 种植面积（m²） | 规格 | 株数 | 单位 |
|---|---|---|---|---|---|---|---|---|---|---|---|
| 72 | 蒲棒菊 | 菊科松果菊菊属 | *Rudbeckia maxima* | 黄色 | 6~7月/30天 | 150~200 | 5 | 6 | 180红盆 | 30 | 盆 |
| 73 | 紫叶象草 | 禾本科狼尾草草属 | *Pennisetum purpureum* | 叶紫色 | 2~11月/260 | 200~300 | 1 | 3 | 25×30美植袋 | 3 | 盆 |
| 74 | 澳洲朱蕉 | 天门冬科朱蕉属 | *Cordyline australis* 'Red Star' | 叶紫红色 | 全年 | 100~200 | 1 | 10 | 23×29盆 | 10 | 盆 |
| 75 | 百子莲 | 石蒜科百子莲属 | *Agapanthus praecox* | 蓝紫色 | 5~6月/30天 | 80~100 | 3 | 10 | 1加仑 | 30 | 盆 |
| 76 | 河桦 | 桦木科桦木属 | *Betula nigra* | 观枝 | 全年 | 3000 | 1 | 1 | 40×40美植袋 | 1 | 盆 |
| 77 | 戟叶孔雀葵 | 锦葵科粉紫葵属 | *Pavonia hastata* | 粉红色 | 7~8月/30天 | 100~200 | 1 | 20 | 25×30美植袋 | 20 | 盆 |
| 78 | 穗花牡荆 | 马鞭草科牡荆属 | *Vitex agnus-castus* | 蓝紫色 | 5~6月/30天 | 300~500 | 1 | 5 | 40×40美植袋 | 5 | 盆 |
| 79 | 金姬小蜡 | 木樨科女贞属 | *Ligustrum sinense* 'Jinji' | 叶黄色 | 全年 | 200~300 | 1 | 3 | 地栽 | 3 | 盆 |
| 80 | 红花金银花 | 忍冬科忍冬属 | *Lonicera japonica* var. *chinensis* | 粉红色 | 4~5月/30天 | 100~200 | 1 | 3 | 30×35美植袋 | 3 | 盆 |
| 81 | 茴香 | 伞形科茴香属 | *Foeniculum vulgare* | 黄色 | 5~6月/30天 | 50~200 | 1 | 1 | 2加仑 | 1 | 盆 |
| 82 | 薏苡 | 禾本科薏苡属 | *Coix lacryma-jobi* | 果白、灰、蓝紫色 | 10~11月/30天 | 150~200 | 1 | 2 | 25×30美植袋 | 2 | 盆 |
| 83 | 洒银柏 | 柏科侧柏属 | *Platycladus orientalis* 'Franco' | 叶银白色 | 全年 | 150~200 | 1 | 2 | 25×30美植袋 | 2 | 盆 |
| 84 | 花叶芦竹 | 禾本科芦竹属 | *Arundo donax* 'Versicolor' | 叶白色条纹 | 2~11月/260 | 200~300 | 1 | 10 | 23×29盆 | 10 | 盆 |
| 85 | 蓝叶忍冬 | 忍冬科忍冬属 | *Lonicera korolkowi* 'Zabclii' | 玫瑰红色 | 5~6月/40天 | 200~300 | 1 | 10 | 30×35美植袋 | 10 | 盆 |
| 86 | 粉黛乱子草 | 禾本科乱子草属 | *Muhlenbergia capillaris* | 粉红色 | 9~10月/30天 | 30~90 | 3 | 10 | 180红盆 | 30 | 盆 |
| 87 | 变色玉带草 | 禾本科虉草草属 | *Phalaris arundinacea* var. *picta* 'Feesey' | 白色粉边 | 3~11月 | 100~120 | 2 | 50 | 180红盆 | 100 | 盆 |
| 88 | 丛生紫薇 | 千屈菜科紫薇属 | *Lagerstroemia indica* 'Monkie' | 紫色 | 7~9月 | 120~150 | 1 | 3 | 地栽 | 3 | 盆 |
| 89 | 矮蒲苇 | 禾本科蒲苇属 | *Cortaderia selloana* 'Pumila' | 白色 | 9~11月 | 100~120 | 1 | 6 | 23×29盆 | 6 | 盆 |
| 90 | 细叶芒 | 禾本科芒属 | *Miscanthus sinensis* 'Gracillimus' | 观赏草 | 9~11月 | 100~120 | 1 | 30 | 21×26盆 | 30 | 盆 |
| 91 | 天蓝鼠尾草 | 唇形科鼠尾草属 | *Salvia uliginosa* | 淡蓝色 | 6~9月 | 80~100 | 9 | 6 | 2加仑 | 50 | 盆 |
| 92 | 深蓝鼠尾草 | 唇形科鼠尾草属 | *Salvia guaranitica* 'Black and Blue' | 深蓝色 | 7~11月 | 80~100 | 3 | 7 | 21×26盆 | 20 | 盆 |
| 93 | 墨西哥鼠尾草 | 唇形科鼠尾草属 | *Salvia leucantha* | 紫色 | 9~11月 | 80~100 | 2 | 5 | 21×26盆 | 10 | 盆 |
| 94 | 重金属柳枝稷 | 禾本科黍属 | *Panicum virgatum* 'Heavy Metal' | 叶灰绿色 | 9~11月 | 90~100 | 3 | 3 | 23×29盆 | 10 | 盆 |
| 95 | 毛核木 | 忍冬科毛核木属 | *Symphoricarpos sinensis* | 果紫红色 | 9~11月观果 | 70~80 | 3 | 4 | 30×35美植袋 | 12 | 盆 |
| 96 | 老鸦糊 | 唇形科紫珠属 | *Callicarpa giraldii* | 果紫色 | 9~11月观果 | 200~300 | 1 | 6 | 地栽 | 6 | 盆 |
| 98 | 萱草 | 百合科萱草属 | *Hemerocallis fulva* |  | 5~7月 | 40~50 | 9 | 11 | 150红盆 | 100 | 盆 |
| 99 | 大布尼狼尾草 | 禾本科狼尾草草属 | *Pennisetum orientale* 'Tall Tails' |  | 9~11月 | 100~120 | 1 | 80 | 21×26盆 | 80 | 盆 |
| 100 | 莨力花 | 爵床科老鼠簕属 | *Acanthus mollis* |  | 5~7月 | 90~100 | 1 | 30 | 3加仑 | 30 | 盆 |
| 101 | 小兔子狼尾草 | 禾本科狼尾草草属 | *Pennisetum alopecuroides* 'Little Bunny' |  | 6~9月 | 50~60 | 5 | 40 | 21×26盆 | 200 | 盆 |
| 102 | 黄菖蒲 | 鸢尾科鸢尾属 | *Iris pseudacorus* |  | 4~5月 | 50~60 | 5 | 4 | 21×26盆 | 20 | 盆 |
| 103 | 薄荷 | 唇形科薄荷属 | *Mentha canadensis* |  | 6~9月 | 80~100 | 3 | 3 | 125红盆 | 10 | 盆 |
| 104 | 再力花 | 竹芋科再力花属 | *Thalia dealbata* |  | 7~8月 | 200~250 | 1 | 10 | 2加仑 | 10 | 盆 |
| 105 | 花叶芦竹 | 禾本科芦竹属 | *Arundo donax* 'Variegata' | 观叶 |  | 250~300 | 2 | 3 | 2加仑 | 5 | 盆 |
| 106 | 白及 | 兰科白及属 | *Bletilla striata* | 观叶 | 4~5月 | 60~70 | 3 | 10 | 200红盆 | 30 | 盆 |
| 107 | 扶芳藤 | 卫矛科卫矛属 | *Euonymus fortunei* | 观叶 |  | 150~200 | 1 | 20 | 14×16盆 | 20 | 盆 |
| 108 | 西洋滨菊 | 菊科滨菊属 | *Leucanthemum maximum* |  | 4~5月 | 80~100 | 0 | 0 | 1加仑 | 50 | 盆 |

45

（续）

| 序号 | 植物名称 | 植物科属 | 拉丁名 | 花（叶）色 | 观赏期及持续时间 | 长成高度（cm） | 种植密度（株/m²） | 种植面积（m²） | 规格 | 株数 | 单位 |
|---|---|---|---|---|---|---|---|---|---|---|---|
| 109 | 天人菊 | 菊科天人菊属 | Gaillardia pulchella | | 7~10月 | 50~60 | 9 | 3 | 1加仑 | 30 | 盆 |
| 110 | 金边丝兰 | 天门冬科丝兰属 | Yucca filamentosa 'Bright Edge' | | 观叶 | 50~60 | 1 | 6 | 23×29盆 | 6 | 盆 |
| 111 | 金边宽叶麦冬 | 天门冬科山麦冬属 | Liriope muscari 'Variegata' | | 7~8月 | 30~50 | 9 | 33 | 130红盆 | 300 | 盆 |
| 112 | 美女樱 | 马鞭草科美女樱属 | Glandularia tenera | | 6~9月 | 20~30 | 9 | 33 | 120盆 | 300 | 盆 |
| 113 | 随意草 | 唇形科假龙头花属 | Physostegia virginiana | | 5~7月 | 80~100 | 9 | 33 | 120盆 | 300 | 盆 |
| 114 | 紫娇花 | 石蒜科紫娇花属 | Tulbaghia violacea | | 5~7月 | 30~50 | 9 | 22 | 10×12盆 | 200 | 盆 |
| 115 | 千鸟花 | 柳叶菜科山桃草属 | Gaura lindheimeri | | 5~9月 | 100~150 | 9 | 11 | 150红盆 | 100 | 盆 |
| 116 | 翠芦莉 | 爵床科芦莉草属 | Ruellia simplex | 蓝紫色 | 6~10月/80 | 70~80 | 3 | 10 | 21×26盆 | 30 | 盆 |
| 117 | 粉花翠芦莉 | 爵床科芦莉草属 | Ruellia simplex 'Pink' | 粉红色 | 6~10月/80 | 70~80 | 5 | 6 | 21×26盆 | 30 | 盆 |
| 118 | 蛇鞭菊 | 菊科蛇鞭菊属 | Liatris spicata | 粉红色 | 6~7月 | 70~80 | 9 | 22 | 200红盆 | 200 | 盆 |
| 119 | 火炬花 | 黄脂木科火炬花属 | Kniphofia uvaria | 橙黄色 | 6~7月 | 80~100 | 9 | 11 | 200红盆 | 100 | 盆 |
| 120 | 紫叶酢浆草 | 酢浆草科酢浆草属 | Oxalis triangularis subsp. papilionacea | 紫红色 | 5~11月 | 20~30 | 9 | 22 | 130红盆 | 200 | 盆 |
| 121 | 黄金菊 | 菊科疏黄菊属 | Euryops pectinatus | | 6~11月/60天 | 100~130 | 1 | 7 | 30×25美植袋 | 7 | 袋 |
| 122 | 金叶佛甲草 | 景天科景天属 | Sedum mexicanum 'Gold Mound' | | 观叶 | 20~30 | 16 | 3 | 130红盆 | 50 | 盆 |
| 123 | 紫麟狼尾草 | 禾本科狼尾草属 | Pennisetum setaceum 'Rubrum' | | 9~11月 | 80~100 | 2 | 25 | 21×26盆 | 50 | 盆 |
| 124 | 天堂之门金鸡菊 | 菊科金鸡菊属 | Coreopsis rosea 'Heaven's Gate' | | 5~10月 | 60~80 | 9 | 6 | 120盆 | 50 | 盆 |
| 125 | 松果菊 | 菊科金光菊属 | Ratibida columnifera | | 6~7月 | 60~80 | 9 | 14 | 150红盆 | 130 | 盆 |
| 126 | 粉花钓钟柳 | 车前科钓钟柳属 | Penstemon 'Sour Grapes' | | 5~7月 | 60~80 | 9 | 11 | 10×12盆 | 100 | 盆 |
| 127 | 毛地黄钓钟柳 | 车前科钓钟柳属 | Penstemon laevigatus subsp. digitalis | | 5~7月 | 80~100 | 5 | 10 | 130红盆 | 50 | 盆 |
| 128 | 迷迭香 | 唇形科迷迭香属 | Rosmarinus officinalis | | 11月 | 80~100 | 1 | 20 | 21×26盆 | 20 | 盆 |
| 129 | 红线美人蕉 | 美人蕉科美人蕉属 | Canna 'Phasion' | | 6~7月 | 80~120 | 2 | 5 | 2加仑 | 10 | 盆 |
| 130 | 赤胫散 | 蓼科蓼属 | Polygonum runcinatum var. sinense | | 9~10月 | 100~120 | 1 | 5 | 23×29盆 | 5 | 盆 |
| 131 | 大吴风草 | 菊科大吴风草属 | Farfugium japonicum | | 10~11月 | 60~80 | 3 | 333 | 10×12盆 | 1000 | 盆 |
| 132 | 花叶蒲苇 | 禾本科蒲苇属 | Cortaderia selloana 'Silver Comet' | | 9~10月 | 150~200 | 1 | 5 | 5加仑 | 5 | 盆 |
| 133 | 滨柃 | 五列木科柃木属 | Eurya emarginata | | 观叶 | 100~150 | 1 | 2 | 5加仑 | 2 | 盆 |
| 134 | 紫花含笑 | 木兰科含笑属 | Michelia figo | | 3~5月 | 150~200 | 1 | 1 | 5加仑 | 1 | 盆 |
| 135 | 松红梅 | 桃金娘科澳洲茶属 | Leptospermum scoparium 'Burgundy Queen' | | 12月至翌年2月 | 100~120 | 1 | 1 | 5加仑 | 1 | 盆 |
| 136 | 蓝冰柏 | 柏科美洲柏木属 | Hesperocyparis glabra 'Blue Ice' | | 观叶 | 600~700 | 1 | 5 | 40美植袋 | 5 | 袋 |
| 137 | 亮绿忍冬 | 忍冬科忍冬属 | Lonicera ligustrina var. yunnanensis 'Maigrun' | | 观叶 | 80~100 | 1 | 8 | 2加仑 | 8 | 盆 |
| 138 | 小叶栀子 | 茜草科栀子属 | Gardenia jasminoides 'Radicans' | | 5~6月 | 80~100 | 1 | 8 | 2加仑 | 8 | 盆 |
| 139 | 紫叶风箱果 | 蔷薇科风箱果属 | Physocarpus opulifolius 'Lady in Red' | | 6月 | 120~160 | 1 | 2 | 5加仑 | 2 | 盆 |
| 140 | 金叶风箱果 | 蔷薇科风箱果属 | Physocarpus opulifolius 'Luteus' | | 6月 | 120~160 | 1 | 1 | 5加仑 | 1 | 盆 |
| 141 | 密枝千屈菜 | 千屈菜科千屈菜属 | Lythrum salicaria 'Morden Rose' | | 8~9月 | 120~150 | 1 | 4 | 5加仑 | 4 | 盆 |
| 142 | 欧石竹 | 石竹科石竹属 | Dianthus chinensis 'Carthusian Pink' | | 4~5月 | 20~30 | 9 | 11 | 150红盆 | 100 | 盆 |
| 143 | 朝雾草 | 菊科蒿属 | Artemisia schmidtiana | | 观叶 | 80~100 | 1 | 3 | 2加仑 | 3 | 盆 |
| 144 | 灯心草 | 灯心草科灯心草属 | Juncus effusus | 观叶 | 四季常绿 | 100~120 | 2 | 2 | 1加仑 | 3 | 盆 |
| 145 | 红枫 | 无患子科槭属 | Acer palmatum 'Atropurpureum' | 观叶 | 春、秋季 | 200~300 | 1 | 5 | 12加仑 | 5 | 盆 |

# 爱丽丝梦游仙境

## 沈阳蓝花楹花境景观工程有限公司

曲婧　王子一

**春季实景**

**夏季实景**

## 爱丽丝梦游仙境

主题：一日四季，日日四季，缤纷绚丽，次第花开。

设计理念：在同一个花园中可以呈现四季不同的景象。

白蓝区的"春之圆舞曲"，位于花园的入口，蓝色大花飞燕草、荆芥、白色冰岛虞美人和香雪球等花卉竞相绽放。

粉蓝区的"仲夏夜之梦"是花园品种最丰富的区域，粉色的毛地黄、蓝色的百子莲、粉红的落新妇、硕大的无尽夏绣球、银色的水果蓝、色彩艳丽的小丽花、梦幻的加拿大美女樱等。

红黄区的"秋日私语"，是花园里色彩最浓烈的区域，矮蒲苇、细叶芒、拂子茅等景观草类形态挺拔茂密，火炬花、麦秆菊、天竺葵、草原阳光菊、进口松果菊等颜色热烈奔放。

"冬日恋歌"，是咖啡色观赏植物的世界，红巨人朱蕉、紫叶美人蕉、黑色彩叶草，这些特殊的植物颜色如冬天般魔幻，萧瑟。

## 秋季实景

# 花境植物材料

| 序号 | 植物名称 | 植物科属 | 拉丁名 | 花（叶）色 | 开花期及持续时间 | 长成高度（cm） | 种植面积（m²） | 种植密度（株/m²） | 株数（株） |
|---|---|---|---|---|---|---|---|---|---|
| 1 | 矮蒲苇 | 禾本科蒲苇属 | *Cortaderia selloana* 'Pumila' | 绿色 | 5~10月 | 30~40 | 13.8 | 49 | 676 |
| 2 | 拂子茅 | 禾本科拂子茅属 | *Calamagrostis epigeios* | 绿色 | 5~9月 | 30~40 | 13.2 | 49 | 646 |
| 3 | 晨光芒 | 禾本科芒属 | *Miscanthus sinensis* 'Morning Light' | 绿色 | 5~10月 | 30~40 | 7.7 | 36 | 277 |
| 4 | 细叶芒 | 禾本科芒属 | *Miscanthus sinensis* cv. | 绿色 | 9~10月 | 40~50 | 1.8 | 36 | 65 |
| 5 | 小兔子狼尾草 | 禾本科狼尾草属 | *Pennisetum alopecuroides* 'Little Bunny' | 绿色 | 6~9月 | 30~40 | 1.6 | 64 | 102 |
| 6 | 墨西哥鼠尾草 | 唇形科鼠尾草属 | *Salvia japonica* | 粉紫色 | 6~9月 | 30~40 | 44.3 | 8 | 342 |
| 7 | 紫叶狼尾草 | 禾本科狼尾草属 | *Pennisetum setaceum* 'Rubrum' | 紫色 | | 50~70 | 27.3 | 64 | 1747 |
| 8 | 粉黛乱子草 | 禾本科乱子草属 | *Muhlenbergia capillaris* | 粉色 | 9月 | 20~30 | 20.0 | 100 | 2000 |
| 9 | 蓝羊茅 | 禾本科羊茅属 | *Festuca glauca* | 蓝色 | 5月 | 15~25 | 21.2 | 2 | 40 |
| 10 | 火焰柳枝稷 | 禾本科黍属 | *Panicum virgatum* | 红色 | 6~10月 | 40~60 | 4.2 | 36 | 151 |
| 11 | 火炬花 | 百合科火炬花属 | *Kniphofia uvaria* | 红色 | 6~10月 | 20~30 | 2.8 | 58 | 162 |
| 12 | 石竹 | 石竹科石竹属 | *Dianthus chinensis* | 粉白 | 5~9月 | 10~20 | 11.5 | 81 | 931 |
| 13 | 细叶美女樱 | 马鞭草科美女樱属 | *Glandularia tenera* | 混色 | 4~11月 | 10~20 | 7.5 | 80 | 600 |
| 14 | 六倍利（更换1次） | 桔梗科半边莲属 | *Lobelia sessilifolia* | 蓝色 | 4~6月 | 10~20 | 16.8 | 162 | 2721 |
| 15 | 艾武香茶菜 | 唇形科马刺花属 | *Plectranthus ecklonii* | | 5~9月 | 30~50 | 9.0 | 36 | 324 |
| 16 | 婆婆纳 | 玄参科婆婆纳属 | *Veronica didyma* | 蓝色 | 6~9月 | 20~30 | 9.7 | 84 | 812 |
| 17 | 薰衣草 | 唇形科薰衣草属 | *Lavandula angustifolia* | 紫色 | 6月 | 15~25 | 6.9 | 100 | 690 |
| 18 | 分药花 | 唇形科分药花属 | *Perovskia abrotanoides* | 紫色 | 6~8月 | 20~25 | 16.3 | 66 | 1075 |
| 19 | 藿香蓟（更换1次） | 菊科藿香蓟属 | *Ageratum conyzoides* | 粉紫色 | 5~10月 | 15~25 | 16.8 | 100 | 1680 |
| 20 | 天竺葵 | 牻牛儿苗科天竺葵属 | *Pelargonium hortorum* | 粉色 | 5~9月 | 15~25 | 2.2 | 81 | 178 |
| 21 | 香雪球（更换1次） | 十字花科香雪球属 | *Lobularia maritima* | 混色 | 4~9月 | 15~25 | 2.0 | 162 | 324 |
| 22 | 无尽夏绣球（更换1次） | 虎耳草科绣球属 | *Hydrangea macrophylla* 'Endless Summer' | 混色 | 5~9月 | 30~40 | 18.0 | 50 | 900 |
| 23 | 木绣球 | 五福花科荚蒾属 | *Viburnum macrocephalum* | 白色 | 5~9月 | 40~60 | 11.0 | 4 | 44 |
| 24 | 灌木欧月（奥斯汀） | 蔷薇科蔷薇属 | *Rosa* sp. | 粉紫色 | | 120~150 | 16.4 | 16 | 262 |
| 25 | 蓝雪花 | 白花丹科蓝雪花属 | *Ceratostigma plumbaginoides* | 白色 | 4~10月 | 40~60 | 6.7 | 36 | 241 |
| 26 | 大花飞燕草（更换1次） | 毛茛科翠雀属 | *Delphinium grandiflorum* | 蓝色 | 5~6月 | 20~30 | 8.0 | 72 | 576 |
| 27 | 大花芙蓉葵 | 锦葵科木槿属 | *Hibiscus grandiflorus* | 红色 | 7~10月 | 15~25 | 5.5 | 49 | 269 |

| 序号 | 植物名称 | 植物科属 | 拉丁名 | 花（叶）色 | 开花期及持续时间 | 长成高度（cm） | 种植面积（m²） | 种植密度（株/m²） | 株数（株） |
|---|---|---|---|---|---|---|---|---|---|
| 28 | 百子莲 | 石蒜科百子莲属 | Agapanthus africanus | 蓝色 | 6~7月 | 60~80 | 11.0 | 16 | 176 |
| 29 | 紫叶美人蕉 | 美人蕉科美人蕉属 | Canna warszewiczii | 紫色 | 6~9月 | 80~100 | 2.7 | 49 | 132 |
| 30 | 美人蕉（矮） | 美人蕉科美人蕉属 | Canna indica | 橘色 | 6~9月 | 20~30 | 2.0 | 64 | 128 |
| 31 | 紫色松果菊 | 菊科松果菊属 | Echinacea purpurea | 紫色 | 5~9月 | 15~25 | 2.8 | 81 | 226 |
| 32 | 勋章菊 | 菊科勋章菊属 | Gazania rigens | 黄色 | 5~10月 | 10~20 | 2.0 | 81 | 162 |
| 33 | 虞美人 | 罂粟科罂粟属 | Papaver rhoeas | 橘色 | 5~8月 | 15~25 | 3.8 | 81 | 307 |
| 34 | 毛地黄（更换1次） | 玄参科毛地黄属 | Digitalis purpurea | 混色 | 5~6月 | 20~30 | 6.1 | 128 | 780 |
| 35 | 羽扇豆（更换1次） | 蝶形花科羽扇豆属 | Lupinus micranthus | 混色 | 3~7月 | 15~25 | 10.3 | 128 | 1318 |
| 36 | 彩叶草 | 唇形科鞘蕊花属 | Coleus scutellarioides | 红色 | 7月 | 20~30 | 2.0 | 49 | 98 |
| 37 | 大花萱草（进口） | 百合科萱草属 | Hemerocallis middendorfii | 黄色 | 5~7月 | 50~60 | 3.0 | 64 | 192 |
| 38 | 薹草 | 莎草科薹草属 | Carex tristachya | 绿色 |  | 10~15 | 20.2 | 99 | 2000 |
| 39 | '法兰西'玉簪 | 百合科玉簪属 | Hosta plantaginea 'Francee' | 绿色 | 8~10月 | 20~30 | 9.8 | 25 | 245 |
| 40 | 矾根 | 虎耳草科矾根属 | Heuchera micrantha | 混色 | 4~10月 | 15~25 | 10.9 | 64 | 697 |
| 41 | 大花葱（日本） | 百合科葱属 | Allium giganteum | 粉紫 | 5~8月 | 30~40 | 1.0 | 36 | 36 |
| 42 | 绵毛水苏 | 唇形科水苏属 | Stachys lanata | 绿色 | 6~9月 | 20~40 | 3.9 | 49 | 191 |
| 43 | 水果蓝（球） | 唇形科香科科属 | Teucrium fruticans | 绿色 |  | 40~60 | 7.0 | 16 | 112 |
| 44 | 火焰南天竹（球） | 小檗科南天竹属 | Nandina domestica 'Firepower' | 红色 |  | 50~70 | 5.7 | 16 | 91 |
| 45 | 蓝霸鼠尾草 | 唇形科鼠尾草属 | Salvia japonica | 紫色 | 6~9月 | 15~25 | 14.3 | 81 | 1158 |
| 46 | 香彩雀（更换1次） | 车前科香彩雀属 | Angelonia angustifolia | 紫色 | 4~10月 | 20~30 | 6.1 | 162 | 988 |
| 47 | 桑蓓斯（更换1次） | 凤仙花科凤仙花属 | Impatiens 'Sunpatiens' | 混色 |  | 10~20 | 9.0 | 128 | 1152 |
| 48 | 细茎针茅 | 禾本科针茅属 | Stipa tenuissima | 绿色 |  | 20~30 | 6.9 | 100 | 690 |
| 49 | 堆心菊 | 菊科堆心菊属 | Helenium autumnale | 黄色 | 7~10月 | 15~25 | 4.8 | 64 | 307 |
| 50 | 千日红（焰火） | 苋科千日红属 | Gomphrena globosa | 红色 | 7~10月 | 15~25 | 4.1 | 49 | 200 |
| 51 | 柳叶马鞭草 | 马鞭草科马鞭草属 | Verbena officinalis | 紫色 | 6~10月 | 30~40 | 7.0 | 64 | 448 |
| 52 | 银叶菊 | 菊科千里光属 | Centaurea cineraria | 白色 | 6~9月 | 15~25 | 3.9 | 100 | 390 |
| 53 | 玛格丽特菊（更换1次） | 菊科木茼蒿属 | Argyranthemum frutescens | 粉色 | 4~6月 | 15~25 | 13.4 | 128 | 1714 |
| 54 | 聚花风铃草 | 桔梗科风铃草属 | Campanula glomerata | 粉紫 | 7~9月 | 20~30 | 2.8 | 64 | 179 |
| 55 | 南非万寿菊（更换1次） | 菊科骨子菊属 | Osteospermum ecklonis | 混色 | 4~10月 | 20~30 | 5.0 | 98 | 490 |

# 第四届中国绿化博览会湖北展园

## 成都精致园林景观工程有限公司
谢林珂　孙文博

### 春季实景

## 第四届中国绿化博览会湖北展园

此处花境位于贵州都匀第四届中国绿化博览会湖北园，整个湖北园项目背靠山前有河，自然环境十分优越，园中分为入口花境、小溪花境、静态花境三部分。

以植物生态及艺术相结合的理念来对园中花境植物进行设计，使园中绿化景观色彩丰富，为创建四季观赏和富有想象力的植物景观提供最大的可能。

以园林美学为指导，将美丽的宿根花卉及多种花灌木高低错落地组合搭配，充分表现植物本身的自然美、色彩美及群体美，不仅拥有更享受的视野，也给此地提供一个更佳的小生态环境，随时做好迎接青蛙、蝴蝶等小生命的到来，以此来展现出富有生命力的花境景观。

设计方式：平面上采用自然块状混植方式，每块为一组花丛，各花丛大小有变化。立面上植株高低错落有致、花色层次分明。植物选择上根据植物的生态习性，综合考虑植物的株高、花期、花色、质地等观赏特点。以能在当地露地越冬便于管理的宿根花卉为主。季相设计上达到了三季有花的效果。色彩设计上以蓝紫色为主，色彩与环境、季节相协调。

## 夏季实景

## 秋季实景

**花境植物材料**

| 序号 | 植物名称 | 植物科科属 | 拉丁名 | 花（叶）色 | 开花期及持续时间 | 长成高度（cm） | 种植面积（m²） | 种植密度（株/m²） | 规格 | 株数（株） | 单位 |
|---|---|---|---|---|---|---|---|---|---|---|---|
| 1 | 鸡爪槭 | 槭树科槭树属 | Acer palmatum | 黄叶 | 9~11月 | 300 | 3 | 1 | D10cm | 3 | 株 |
| 2 | 红枫 | 槭树科槭树属 | Acer palmatum 'Atropurpureum' | 红叶 | 3~5月，9~11月两季 | 250 | 4 | 1 | D8cm | 4 | 株 |
| 3 | 羽毛枫 | 槭树科槭树属 | Acer palmatum 'Dissectum' | 叶色复古棕色 | 3~11月 | 150 | 3 | 1 | D8cm | 3 | 株 |
| 4 | 南天竹 | 小檗科南天竹属 | Nandina domestica | 红叶 | 10~12月 | 150 | 0.25 | 4 | H120P80 | 1 | 株 |
| 5 | 金冠女贞 | 木樨科女贞属 | Ligustrum vicaryi | 叶片柠檬黄色 | 几乎全年保持叶片颜色 | 120 | 2 | 1 | H100P100 | 2 | 株 |
| 6 | 金姬小蜡 | 木樨科女贞属 | Ligustrum sinense | 叶片黄绿色、花白色 | 叶片4~12月，花期3月 | 120 | 2 | 1 | H100P80 | 2 | 株 |
| 7 | 完美冬青 | 冬青科冬青属 | Ilex crenata 'Compacta' | 叶片墨绿色 | 几乎全年保持叶片颜色 | 70~80 | 3 | 1 | H60P80 | 3 | 株 |
| 8 | 穗花牡荆 | 马鞭草科牡荆属 | Vitex agnus-castus | 花蓝色 | 6月、8月两季花 | 200 | 3 | 1 | H150P150 | 3 | 株 |
| 9 | 丛生天鹅绒紫薇 | 千屈菜科紫薇属 | Lagerstroemia indica cv. | 新叶红色，秋季叶片变黄、花色玫红色 | 花期6~9月 | 180 | 0.25 | 4 | H160P40 | 1 | 株 |
| 10 | 醉鱼草 | 马钱科醉鱼草属 | Buddleja lindleyana | 花色粉紫色 | 5~6月一季花、8~9月二季花 | 180 | 3 | 1 | H150P150 | 3 | 株 |
| 11 | 菲油果 | 桃金娘科菲油果属 | Feijoa sellowiana | 叶色冷色系、蓝绿色、花血红色 | 常绿，花期5~6月 | 200 | 3 | 1 | H150P150 | 3 | 株 |
| 12 | 紫叶锦带 | 忍冬科锦带花属 | Weigela florida 'Foliia purpureis' | 叶色深紫色、花色紫色 | 冬季落叶，花期3~4月 | 100 | 3 | 1 | H80P80 | 3 | 株 |
| 13 | 无尽夏绣球 | 虎耳草科绣球属 | Hydrangea macrophylla 'Endless Summer' | 花色蓝、粉色 | 花期5~6月、8~9月二季花 | 100 | 30 | 1 | H100P150 | 30 | 株 |
| 14 | 亮晶女贞棒棒糖 | 木樨科女贞属 | Ligustrum × vicaryi | 叶色金黄色 | 几乎全年保持叶片颜色 | 100 | 0.75 | 5 | H120P40 | 3 | 株 |
| 15 | 多头亮晶女贞造型 | 木樨科女贞属 | Ligustrum × vicaryi | 叶色金黄色 | 几乎全年保持叶片颜色 | 180~220 | 2 | 1 | H180P180 | 2 | 株 |
| 16 | 金宝石冬青 | 冬青科冬青属 | Ilex crenata 'Golden Gem' | 叶色金黄色 | 几乎全年保持叶片颜色 | 40 | 1 | 1 | H40P60 | 1 | 株 |
| 17 | 绵毛水苏 | 唇形科水苏属 | Stachys lanata | 叶片银灰色 | 花期7月 | 50 | 4.2 | 9 | H25P25 | 38 | 株 |
| 18 | 百子莲 | 石蒜科百子莲属 | Agapanthus africanus | 花蓝色、花蓝色 | 花期6~8月 | 开花120 | 13.2 | 5 | H40P40 | 66 | 株 |
| 19 | 粉花蜀葵 | 锦葵科蜀葵属 | Althaea rosea | 花粉色 | 花期4~6月 | 开花120 | 5.4 | 16 | H80P30 | 87 | 株 |
| 20 | 金叶石菖蒲 | 天南星科菖蒲属 | Acorus gramineus 'Ogan' | 叶片金黄色中夹着一条绿色 | 叶片全年保持 | 25 | 3.6 | 25 | H25P25 | 90 | 株 |
| 21 | 大花飞燕草 | 毛茛科翠雀属 | Delphinium grandiflorum var. chinense | 花色蓝色 | 花期3~5月 | 开花120 | 3.6 | 16 | H80P30 | 58 | 株 |
| 22 | 筋骨草 | 唇形科筋骨草属 | Ajuga reptans cv. | 花蓝色 | 花期3~4月 | 25 | 5 | 25 | H20P20 | 125 | 株 |
| 23 | 矾根 | 虎耳草科矾根属 | Heuchera micrantha | 叶红色 | 几乎全年保持叶片颜色 | 35 | 3.2 | 25 | H20P20 | 80 | 株 |
| 24 | 细叶美女樱 | 马鞭草科美女樱属 | Glandularia tenera | 花色浅紫色 | 花期4~5月、9~10月二季花 | 30 | 15.9 | 9 | H25P30 | 143 | 株 |
| 25 | 金边玉簪 | 百合科玉簪属 | Hosta plantaginea | 花色浅紫色 | 花期6~8月 | 开花50 | 3 | 5 | H20P25 | 15 | 株 |
| 26 | 狐尾天门冬 | 百合科天门冬属 | Asparagus densiflorus 'Myers' | 叶色翠绿色到深绿色 | 几乎全年保持叶片颜色 | 50 | 2 | 9 | H30P35 | 18 | 株 |

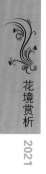

（续）

| 序号 | 植物名称 | 植物科属 | 拉丁名 | 花（叶）色 | 开花期及持续时间 | 长成高度（cm） | 种植面积（m²） | 种植密度（株/m²） | 规格 | 株数（株） | 单位 |
|---|---|---|---|---|---|---|---|---|---|---|---|
| 27 | 金线薹草 | 莎草科薹草属 | Carex oshimensis 'Evergold' | 叶片半边黄色半边绿色 | 几乎全年保持叶片颜色 | 30 | 5 | 9 | H25P30 | 45 | 株 |
| 28 | 埃弗里斯特薹草 | 莎草科薹草属 | Carex oshimensis 'Everest' | 叶色带淡黄色条纹 | 几乎全年保持叶片颜色 | 30 | 4 | 9 | H25P30 | 36 | 株 |
| 29 | 肾蕨 | 肾蕨科肾蕨属 | Nephrolepis auriculata | 叶色翠绿色 | 几乎全年保持叶片颜色 | 50 | 6 | 9 | H40P30 | 54 | 株 |
| 30 | 金边阔叶麦冬 | 百合科沿阶草属 | Liriope muscari 'Variegata' | 叶片边缘金黄色、花蓝紫色 | 春夏秋保持叶片颜色，花期7～8月 | 35 | 12 | 9 | H30P30 | 108 | 株 |
| 31 | 彩虹石竹 | 石竹科石竹属 | Dianthus chinensis | 叶片蓝灰色、花色玫红色 | 几乎全年保持叶片颜色，花期10月到翌年5月 | 25 | 5 | 16 | H15P20 | 80 | 株 |
| 32 | 紫叶千鸟花 | 柳叶菜科山桃草属 | Gaura lindheimeri 'Crimson Bunny' | 花粉红色 | 花期4～11月、可连续三次开花 | 开花80 | 7 | 9 | H45P30 | 63 | 株 |
| 33 | 矮蒲苇 | 禾本科蒲苇属 | Cortaderia selloana 'Pumila' | 叶片蓝绿色、花穗白色 | 几乎全年保持叶片颜色、花穗8～12月 | 开花150 | 3 | 1 | H100P100 | 3 | 株 |
| 34 | 花叶紫娇花 | 石蒜科紫娇花属 | Tulbaghia violacea | 花色粉紫色 | 花期3～11月 | 开花40 | 1.7 | 25 | H30P30 | 43 | 株 |
| 35 | 花叶玉蝉花 | 鸢尾科鸢尾属 | Iris ensata 'Variegata' | 花色蓝紫色 | 花期6～7月 | 80 | 4.1 | 9 | H50P30 | 37 | 株 |
| 36 | 花叶芒 | 禾本科芒属 | Miscanthus sinensis 'Variegatus' | 叶片浅绿色、有奶白色条纹、花穗白粉色 | 几乎全年保持叶片颜色、花穗8～12月 | 开花120～150 | 95 | 4 | H80P50 | 380 | 株 |
| 37 | 金叶泽薹草 | 莎草科薹草属 | Carex 'Bowles Golden' | 叶片金黄色 | 几乎全年保持叶片颜色 | 40 | 1 | 9 | H35P30 | 9 | 株 |
| 38 | 德国鸢尾 | 鸢尾科鸢尾属 | Iris germanica | 花色蓝紫色 | 花期4月 | 开花60～80 | 9.2 | 9 | H30P30 | 83 | 株 |
| 39 | 木贼 | 木贼科木贼属 | Equisetum hyemale | 叶墨绿色 | 冬季回苗 | 80 | 5 | 9 | H80P30 | 45 | 株 |
| 40 | 蛇鞭菊 | 菊科蛇鞭菊属 | Liatris spicata | 花色粉紫色 | 花期6～8月 | 开花100 | 16 | 9 | H60P30 | 144 | 株 |
| 41 | 彩虹美人蕉 | 美人蕉科美人蕉属 | Canna indica cv. | 叶片红色、花色橙红色 | 春夏秋保持叶片颜色、花期6～8月 | 80 | 6.3 | 9 | H50P30 | 57 | 株 |
| 42 | 翠芦莉 | 爵床科芦莉草属 | Ruellia simplex | 花色蓝紫色 | 花期5～10月开花不断 | 80 | 3.1 | 25 | H60P20 | 78 | 株 |
| 43 | 花叶美人蕉 | 美人蕉科美人蕉属 | Canna generalis 'Striatus' | 叶片镶嵌着土黄、奶黄、绿黄诸色、花色橙色 | 花期4月 | 80 | 5 | 9 | H50P30 | 45 | 株 |
| 44 | 密花千屈菜 | 千屈菜科千屈菜属 | Lythrum salicaria | 花色粉紫色 | 花期6～7月 | 120 | 1 | 9 | H60P30 | 9 | 株 |
| 45 | 金叶佛甲草 | 景天科景天属 | Sedum lineare | 叶金黄色、花色金黄色 | 几乎全年保持叶片颜色、花期3～5月 | 20 | 9.8 | 25 | H10P15 | 245 | 株 |
| 46 | 草莓田渡疏 | 虎耳草科溲疏属 | Deutzia ×hybrida 'Strawberry Fields' | 花色白中带粉 | 花期4～5月 | 50 | 1 | 9 | H40P30 | 9 | 株 |
| 47 | 常春藤 | 五加科常春藤属 | Hedera nepalensis var. sinensis | 常绿藤本 | 几乎全年保持叶片颜色 | 藤长80 | 3 | 9 | H60P30 | 27 | 株 |
| 48 | 松果菊'盛情' | 菊科松果菊属 | Echinacea purpurea 'Cheyene Spirit' | 花色黄、橙、红、粉混色 | 花期5～10月持续开放 | 开花40 | 7.4 | 9 | H30P30 | 67 | 株 |
| 49 | 圆锥绣球石灰灯 | 虎耳草科绣球属 | Hydrangea paniculata 'Limelight' | 花色奶白色 | 花期6～8月 | 开花100 | 6 | 4 | H50P50 | 24 | 株 |
| 50 | 九头狮子草 | 爵床科观音草属 | Peristrophe japonica | 花白色到淡紫色 | 花期5～6月 | 40 | 1 | 9 | H30P35 | 9 | 株 |
| 51 | 欧石竹 | 石竹科石竹属 | Dianthus 'Carthusian Pink' | 花色玫红色 | 花期3～11月 | 20 | 5 | 9 | H20P20 | 45 | 株 |

# 花倾岩语

华艺生态园林股份有限公司

潘会玲　倪德田　娄思雅　杨乐　周红燕　代传好　祝亮　许俊

## 春季实景

**夏季实景**

## 秋季实景

## 花倾岩语

　　设计结合合肥悠长的历史文化，将古代城墙元素融入花境，以高低错落的牙石来模拟古代城墙样式，草花斑斓绚烂绽放于牙石旁，有"一石百景，寸石丈情"之意，牙石两侧配以观赏草、宿根和冬季木本等，好似花儿倾听墙垣处石块间的窃窃私语，沿路而过的游客既可以观赏到石头的"刚"，又可以欣赏到狼尾草、水果蓝等植物的"柔"，刚柔结合宛如"松健根挐石，花繁树向阳"般岁月静好。

## 花境植物材料

| 序号 | 植物名称 | 植物科属 | 拉丁名 | 花（叶）色 | 开花期及持续时间（月） | 长成高度（cm） | 种植面积（m²） | 种植密度（株/m²） | 株数 |
|---|---|---|---|---|---|---|---|---|---|
| 1 | 亮金女贞球 | 木樨科女贞属 | Ligustrum × vicaryi | 白 | 3~5 | 120~150 | 4 | — | 4 |
| 2 | 喷雪花 | 蔷薇科绣线菊属 | Spiraea thunbergii | 白色 | 3~4 | 150 | 3 | — | 3 |
| 3 | 水果蓝 | 唇形科香科科属 | Teucrium fruticans | 淡紫 | 4 | 100~120 | 8 | — | 8 |
| 4 | 甜心玉簪 | 百合科玉簪属 | Hosta 'So Sweet' | 白色带紫色条纹 | 6~9 | 30~45 | 25 | — | 25 |
| 5 | 矮蒲苇 | 禾本科蒲苇属 | Cortaderia selloana 'Pumila' | 银白色，粉红色 | 9月至翌年2月 | 150~180 | 14 | — | 14 |
| 6 | 紫穗狼尾草 | 禾本科狼尾草属 | Pennisetum setaceum 'Rubrum' | 紫红色 | 7~11 | 50~80 | 21 | — | 21 |
| 7 | 花叶芒 | 禾本科芒属 | Miscanthus sinensis 'Variegatus' | 粉红色 | 9~12 | 100~150 | 7 | — | 7 |
| 8 | 菱叶绣线菊 | 蔷薇科绣线菊属 | Spiraea vanhouttei | 白 | 5~6 | 200 | 6 | — | 6 |
| 9 | 大花醉鱼草 | 马钱科醉鱼草属 | Buddleja colvilei | 紫、红、粉、白、黄、蓝 | 6~9 | 150~180 | 5 | — | 5 |
| 10 | 金边丝兰 | 龙舌兰科丝兰属 | Yucca aloifolia f. marginata | 白色，黄绿色 | 8~11 | 100~150 | 13 | — | 13 |
| 11 | 鳄梨萨拉王簪 | 百合科玉簪属 | Hosta plantaginea 'Guacamole' | 白 | 7~9 | 60 | 42 | — | 42 |
| 12 | 兰花三七 | 百合科山麦冬属 | Liriope cymbidiomorpha | 淡紫色，白色 | 7~8 | 30~40 | 48.7 | 36 | 1753 |
| 13 | 黄金络石 | 夹竹桃科络石属 | Trachelospermum asiaticum 'Summer Sunset' | 金黄色 | 常年 | 10~20 | 30.1 | 49 | 1475 |
| 14 | 火星花 | 鸢尾科雄黄兰属 | Crocosmia crocosmiflora | 红、橙、黄 | 6~7 | 30~50 | 3.3 | 25 | 83 |
| 15 | 铜钱草 | 伞形科天胡荽属 | Hydrocotyle chinensis | 黄色，紫红色 | 5~11 | 8~37 | 3 | 49 | 147 |
| 16 | 欧石竹 | 石竹科石竹属 | Dianthus 'Carthusian Pink' | 紫红、红、深粉红 | 5~7 | 20~30 | 6.3 | 49 | 309 |
| 17 | 赤胫散 | 蓼科蓼属 | Polygonum runcinatum | 白、粉红 | 6~7 | 30~50 | 4.2 | 36 | 151 |
| 18 | 常绿鸢尾 | 鸢尾科鸢尾属 | Iris hybrids 'Louisiana' | 粉红、深蓝、白 | 5~6 | 60~100 | 5.5 | 36 | 198 |
| 19 | 蛇鞭菊 | 菊科蛇鞭菊属 | Liatris spicata | 紫色 | 8~10 | 60~100 | 1.3 | 36 | 47 |
| 20 | 银纹沿阶草 | 百合科沿阶草属 | Ophiopogon intermedius 'Argenteo-marginatus' | 淡蓝色小花 | 8~9 | 25~30 | 26.2 | 49 | 1284 |
| 21 | 大花六道木 | 忍冬科六道木属 | Abelia × grandiflora | 粉白色 | 5~11 | 30~50 | 8.1 | 25 | 203 |
| 22 | 红王子锦带 | 忍冬科锦带花属 | Weigela florida 'Red Prince' | 红、粉红 | 4~6 | 120 | 7.7 | 25 | 193 |
| 23 | 彩纹美人蕉 | 美人蕉科美人蕉属 | Canna indica | 红色，黄色 | 3~12 | 50~70 | 4.7 | 25 | 118 |
| 24 | 金边麦冬 | 百合科山麦冬属 | Liriope spicata var. variegata | 红紫色 | 6~9 | 30~60 | 15 | 9 | 135 |
| 25 | 墨西哥鼠尾草 | 唇形科鼠尾草属 | Salvia leucantha | 紫红色 | 10~11 | 100~160 | 4.6 | 49 | 225 |
| 26 | 粉花绣线菊 | 蔷薇科绣线菊属 | Spiraea japonica | 粉红色 | 6~7 | 150 | 0.7 | 36 | 25 |
| 27 | 芙蓉菊 | 菊科芙蓉菊属 | Crossostephium chinense | 黄绿 | 花果期全年 | 10~40 | 1.3 | 36 | 47 |
| 28 | 金叶石菖蒲 | 天南星科菖蒲属 | Acorus gramineus 'Ogan' | 绿色 | 4~5 | 30~40 | 38.3 | 36 | 1379 |

# 春里山河——美丽山西

## 贵州综璟花境景观工程有限公司

伍环丽

## 春季实景

### 春里山河——美丽山西

　　山西园位于贵州省都匀市第四届中国绿化博览园内，左邻河南园，前看旋转餐厅，右则上行芳香花园，坐依大山下。

　　园子设计紧扣绿博会主题"以人为本，共建绿色家园"，以展示山西绿化成就为切入点，以山西晋商大院经典的建筑形态为文化载体，将美丽花境与山西精神融入美丽的山西建设，生动展示山西文化的深厚内涵和生态建设的多彩秀美。

　　山西园将现代混合式花境、英式花境、园林小景观式花境与极具山西特色的主景点观稼阁、晋阳湖、汾源灵沼、花墙影壁相结合，从空间与意境上体现山西特色园林景观。

## 夏季实景

**秋季实景**

# 设计阶段图纸

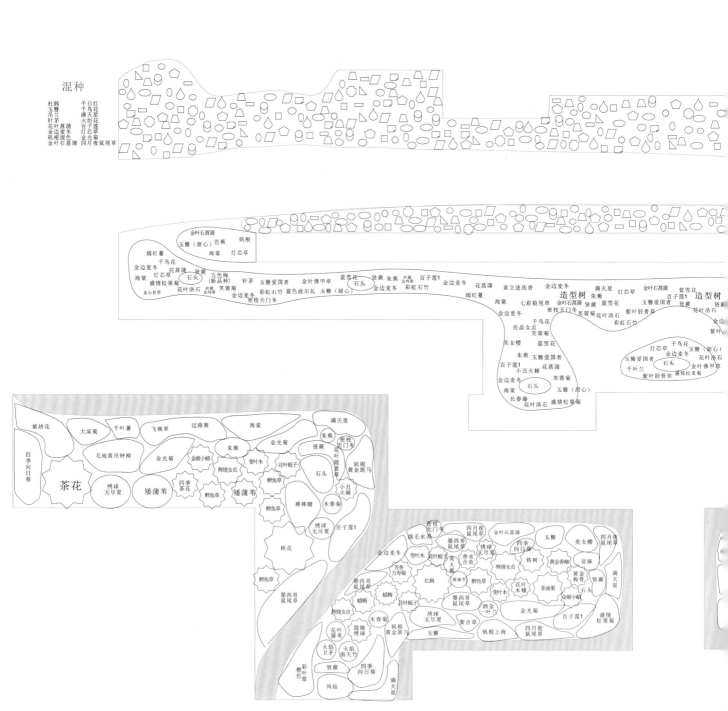

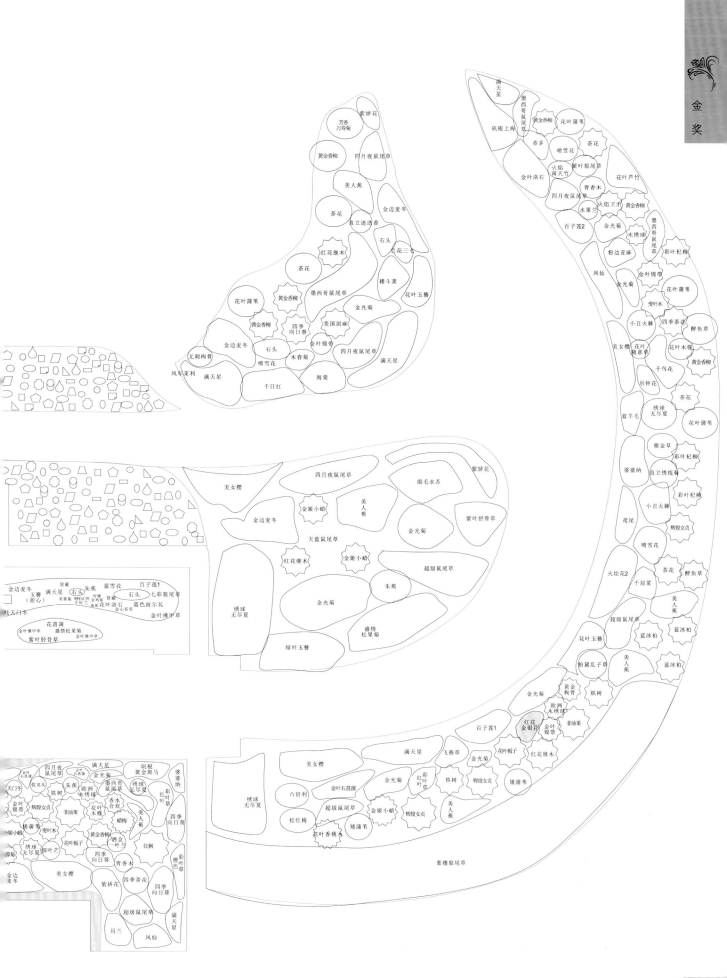

# 花境植物材料

| 序号 | 植物名称 | 拉丁名 | 规格 | 数量（盆） |
|---|---|---|---|---|
| 1 | 蓝冰柏 | *Cupressus* 'Blue Ice' | 50美植袋 | 3 |
| 2 | 松红梅 | *Leptospermum scoparium* | 3加仑 | 5 |
| 3 | 直立迷迭香 | *Rosmarinus officinalis* | 2加仑 | 20 |
| 4 | 喷雪花 | *Spiraea thunbergii* | 2加仑 | 14 |
| 5 | 彩叶栀子花 | *Gardenia jasminoides* 'Variegata' | 5加仑 | 9 |
| 6 | 辉煌女贞 | *Ligustrum lucidum* 'Excelsum Superbum' | 50美植袋 | 13 |
| 7 | 银姬小蜡 | *Ligustrum sinense* 'Variegatum' | 5加仑 | 9 |
| 8 | 四季茶花 | *Camellia azalea* | 240# | 2 |
| 9 | 水果蓝 | *Teucrium fruticans* | 3加仑 | 2 |
| 10 | 金姬小蜡 | *Ligustrum sinense* 'Golden Leaves' | 5加仑 | 5 |
| 11 | 清香木 | *Pistacia weinmannifolia* | 30红盆 | 2 |
| 12 | 变叶木 | *Codiaeum variegatum* | 30红盆 | 20 |
| 13 | 米兰 | *Aglaia odorata* | 30红盆 | 2 |
| 14 | 五色梅（新品种） | *Lantana camara* | 2加仑 | 5 |
| 15 | 火焰南天竹 | *Nandina domestica* 'Firepower' | 2加仑 | 20 |
| 16 | 黄金枸骨 | *Ilex* × *attenuata* 'Sunny Foster' | 50美植袋 | 3 |
| 17 | 金叶锦带 | *Weigela florida* 'Rubidor' | 7加仑 | 5 |
| 18 | 菲油果 | *Feijoa sellowiana* | 15加仑 | 4 |
| 19 | 醉鱼草 | *Buddleja colvilei* | 2加仑 | 20 |
| 20 | 黄金香柳 | *Melaleuca bracteata* 'Revolution Gold' | 7加仑 | 3 |
| 21 | 彩叶杞柳 | *Salix integra* 'Hakuro Nishiki' | 10加仑 | 4 |
| 22 | 火焰卫矛 | *Euonymus alatus* 'Compacta' | 7加仑 | 2 |
| 23 | 蓝色波尔瓦 | *Chamaecyparis pisifera* 'Boulevard' | 3加仑 | 13 |
| 24 | 小丑火棘 | *Pyracantha fortuneana* 'Harlequin' | 2加仑 | 10 |
| 25 | 木绣球（白玉） | *Hydrangea paniculata* cv. | 5加仑 | 7 |
| 26 | 欧洲木绣球 | *Viburnum opulus* | 40美植袋 | 2 |
| 27 | 花叶木槿 | *Hibiscus syriacus* cv. | 10加仑 | 3 |
| 28 | 花叶香桃木 | *Myrfus communis* 'Variegata' | 5加仑 | 2 |
| 29 | 香水合欢 | *Albizia julibrissin* cv. | 25美植袋 | |
| 30 | 小丑火棘 | *Pyracantha fortuneana* 'Harlequin' | 5加仑 | 6 |
| 31 | 中华绣线菊 | *Spiraea chinensis* | 2加仑 | 2 |
| 32 | 蜡梅 | *Chimonanthus praecox* | 55美植袋 | 3 |
| 33 | 亮晶女贞 | *Ligustrum* × *vicaryi* | 45美植袋 | 2 |
| 34 | 无尽夏绣球 | *Hydrangea macrophylla* 'Endless Summer' | 3加仑 | 110 |
| 35 | 无尽夏绣球 | *Hydrangea macrophylla* 'Endless Summer' | 5加仑 | 20 |
| 36 | 无刺枸骨 | *Ilex cornuta* var. *fortunei* | 45美植袋 | 2 |
| 37 | 日本枫'橙之梦' | *Acer palmatum* 'Orange Dream' | 45美植袋 | 3 |
| 38 | 金叶佛甲草 | *Sedum lineare* 'Variegata' | 180# | 64 |
| 39 | '金叶'过路黄 | *Lysimachia nummularia* 'Aurea' | 180# | 132 |
| 40 | 大滨菊 | *Leucanthemum maximum* | 180# | 20 |
| 41 | 火炬花 | *Kniphofia uvaria* | 1加仑 | 80 |
| 42 | 绵毛水苏 | *Stachys lanata* | 2加仑 | 25 |
| 43 | 盛情松果菊 | *Echinacea purpurea* cv. | 1加仑 | 100 |
| 44 | 美女樱 | *Verbena hybrid* | 1加仑 | 40 |
| 45 | 千叶蓍 | *Achillea sibirica* | 180# | 20 |
| 46 | 金光菊 | *Rudbeckia laciniata* | 1加仑 | 150 |
| 47 | 超级鼠尾草 | *Salvia* 'Mega wand' | 1加仑 | 130 |
| 48 | 天蓝鼠尾草 | *Salvia uliginosa* | 1加仑 | 30 |
| 49 | 墨西哥鼠尾草 | *Salvia leucantha* | 1加仑 | 110 |
| 50 | 千鸟花 | *Gaura lindheimeri* | 1加仑 | 60 |
| 51 | 矾根 | *Heuchera micrantha* | 1加仑 | 380 |
| 52 | 六倍利 | *Lobelia erinus* | 180# | 30 |
| 53 | 楼斗菜 | *Aquilegia viridiflora* | 1加仑 | 20 |
| 54 | 飞燕草 | *Consolida ajacis* | 1加仑 | 70 |
| 55 | 吊钟花 | *Enkianthus quinqueflorus* | 2加仑 | 5 |
| 56 | 四月夜鼠尾草 | *Salvia japonica* cv. | 2加仑 | 100 |
| 57 | 密枝天门冬 | *Asparagus sprengeri* | 2加仑 | 15 |
| 58 | 紫娇花 | *Tulbaghia violacea* | 180# | 50 |
| 59 | 四季向日葵 | *Helianthus annuus* | 2加仑 | 30 |
| 60 | 芳香万寿菊 | *Tagetes lemmonii* | 30美植袋 | 6 |
| 61 | 聚合草 | *Symphytum officinale* | 1加仑 | 3 |
| 62 | 假龙头 | *Physostegia virginiana* | 1加仑 | 10 |
| 63 | 毛地黄钓钟柳 | *Penstemon digitalis* | 1加仑 | |
| 64 | 紫叶筋骨草 | *Ajuga reptans* 'Atropurpurea' | 1加仑 | 30 |
| 65 | 海棠花 | *Malus spectabilis* | 120# | 45 |
| 66 | 满天星 | *Gypsophila paniculata* | 120# | 25 |
| 67 | 肾蕨 | *Nephrolepis auriculata* | 12红盆 | 40 |
| 68 | 芙蓉菊 | *Crossostephium chinense* | 2加仑 | 3 |
| 69 | 赤胫散 | *Polygonum runcinatum* | 1加仑 | 6 |
| 70 | 洒金一叶兰 | *Aspidistra elatior* cv. | 300# | 3 |
| 71 | 花叶随意草 | *Physostegia virginiana* 'Variegata' | 2加仑 | 2 |
| 72 | 雁金草 | *Caryopteris divaricata* | 2加仑 | |
| 73 | 蓝雪花 | *Ceratostigma plumbaginoides* | 2加仑 | 20 |
| 74 | 柠檬金鸡菊 | *Coreopsis* 'Tropical Lemonade' | 2加仑 | 10 |
| 75 | 彩虹石竹 | *Dianthus chinensis* cv. | 120# | 20 |
| 76 | 嫣红蔓 | *Hypoestes purpurea* | 120# | |
| 77 | 千叶兰 | *Muehlewnbeckia complexa* | 3加仑 | 3 |
| 78 | 百子莲 | *Agapanthus africanus* | 1加仑 | 65 |
| 79 | 花叶玉簪 | *Hosta plantaginea* cv. | 1加仑 | 100 |
| 80 | 绿叶玉簪 | *Hosta plantaginea* | 2加仑 | 40 |
| 81 | 玉簪爱国者 | *Hosta plantaginea* 'Patriot' | 3加仑 | 5 |
| 82 | 玉簪（甜心） | *Hosta* 'So Sweet' | 3加仑 | |
| 83 | 美人蕉 | *Canna indica* | 2加仑 | 105 |
| 84 | 鸢尾 | *Iris germanica* | 1加仑 | 60 |
| 85 | 芭蕉 | *Musa basjoo* | 40红盆 | 3 |
| 86 | 花菖蒲 | *Iris ensata* var. *hortensis* | 1加仑 | 15 |
| 87 | 灯心草 | *Juncus effusus* | 1加仑 | 10 |
| 88 | 七彩狼尾草 | *Pennisetum alopecuroides* cv. | 2加仑 | 6 |
| 89 | 金叶石菖蒲 | *Acorus gramineus* 'Ogan' | 1加仑 | 200 |
| 90 | 金心薹草 | *Carex oshimensis* cv. | 1加仑 | 35 |
| 91 | 金边麦冬 | *Liriope spicata* var. *variegata* | 1加仑 | 180 |
| 92 | 矮蒲苇 | *Cortaderia selloana* 'Pumila' | 1加仑 | 112 |
| 93 | 蓝羊毛 | *Festuca glauca* | 1加仑 | 20 |
| 94 | 紫穗狼尾草 | *Pennisetum alopecuroides* 'Purple' | 1加仑 | 80 |
| 95 | 粉黛乱子草 | *Muhlenbergia capillaris* | 1加仑 | 120 |
| 96 | 紫叶狼尾草 | *Pennisetum setaceum* 'Rubrum' | 1加仑 | 50 |
| 97 | 花叶蒲苇 | *Cortaderia selloana* 'Silver Comet' | 10加仑 | 3 |
| 98 | 细叶芒 | *Miscanthus sinensis* 'Gracillimus' | 2加仑 | 20 |
| 99 | 兰花三七 | *Liriope cymbidiomorpha* | 2加仑 | 5 |
| 100 | 香茅 | *Cymbopogon citratus* | 2加仑 | 10 |
| 101 | 针茅 | *Stipa capillata* | 1加仑 | 100 |
| 102 | 美国剑麻 | *Agave sisalana* | 40美植袋 | 5 |
| 103 | 亚麻 | *Linum perenne* | 40美植袋 | 7 |
| 104 | 粉边亚麻 | *Phormium tenax* cv. | 2加仑 | 2 |
| 105 | 朱蕉 | *Cordyline fruticosa* | 2加仑 | 28 |
| 106 | 红花金银花 | *Lonicera maackii* var. *erubescens* | 2加仑 | 5 |
| 107 | 络石 | *Trachelospermum asiaticum* | 2加仑 | 2 |
| 108 | 花叶络石 | *Trachelospermum jasminoides* 'Flame' | 450# | 5 |
| 109 | 金叶络石 | *Trachelospermum asiaticum* 'Summer Sunset' | 240# | 15 |
| 110 | 常春藤 | *Hedera nepalensis* var. *sinensis* | 210# | 50 |
| 111 | 千屈菜 | *Lythrum salicaria* | 2加仑 | 90 |
| 112 | 欧石竹 | *Dianthus* 'Carthusian Pink' | 160# | 50 |

# 五彩秘境

## 社旗县观赏草花木发展有限公司

余兴卫　余兴顺　李恩超

**春季实景**

## 五彩秘境

感受自然的多彩与芳香，放飞身心的自由和灵性；在洛邑小镇120m²地块上营造五彩缤纷的花境——五彩秘境。

主花境以5~6月呈现蓝色、白色和粉色为主，以红色、黄色点缀其间；鼠尾草和松果菊的粉，山桃草和大滨菊的白，无尽夏绣球和卡拉多纳鼠尾草的蓝搭配；营造出清新幽静、高雅大气的优雅环境。空间上辅以淡淡清香，为烈日炎夏增添一丝凉爽舒适；使经过的游人，如沐空灵自然的灵气。春季主要观赏花色、叶形和花形，三者相互协调，对比呼应。如新西兰亚麻、鼠尾草、墨西哥羽毛草等竖线条花序和剑形叶对比呼应，色彩清新协调，中间配置粉红玛格丽特，形成"似梦似幻有形而

又有彩色"的视觉效果。夏季深蓝鼠尾草、天蓝鼠尾草竖线条花序，配以团状花序的无尽夏绣球、百子莲、紫娇花和耐晒玉簪；其间配置白色大滨菊和松果菊，构成一幅丰富而不失幽静清凉的"优雅秘境画卷"。秋天，荷兰菊、紫娇花、紫松果菊、美女樱和柳叶马鞭草、醉鱼草和玫瑰木槿等大量花期较长的宿根花卉、木本花卉，组成块面感较强的组团，从晚春到冬天，三季有花，四季有景，满足较长时间花开不断的功能需求。冬季有花叶香桃木、花叶薄荷、迷迭香等芳香植物，配置于花境的各部分，除了常绿彩叶植物以外，又能让人四季感受到沁人心脾的香味，让人体会花境的五重景观——芳香之美。

运用花境植物的色彩，植物的花形、花色、叶色还有芳香，进行花境意境表达，我们一直在探寻"五彩秘境"的路上！

## 秋季实景

# 设计阶段图纸

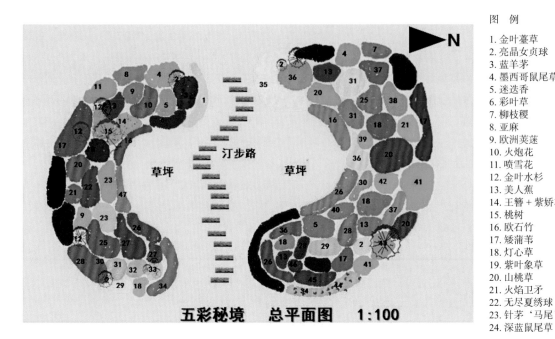

图 例

1. 金叶薹草
2. 亮晶女贞球
3. 蓝羊茅
4. 墨西哥鼠尾草
5. 迷迭香
6. 彩叶草
7. 柳枝稷
8. 亚麻
9. 欧洲荚蒾
10. 火炮花
11. 喷雪花
12. 金叶水杉
13. 美人蕉
14. 王簪 + 紫娇花
15. 桃树
16. 欧石竹
17. 矮蒲苇
18. 灯心草
19. 紫叶象草
20. 山桃草
21. 火焰卫矛
22. 无尽夏绣球
23. 针茅'马尾'
24. 深蓝鼠尾草
25. 紫叶鼠尾草
26. 天人菊
27. 松果菊
28. 紫薇
29. 金鸡菊
30. 金光菊
31. 金曲金光菊
32. 金叶连翘
33. 火焰南天竹
34. 桑托斯马鞭草
35. 薹草
36. 紫娇花
37. 蓝叶画眉草
38. 辉煌女贞
39. 金冠女贞
40. 鼠尾草
41. 歌舞芒
42. 毛核木
43. 寿星桃
44. 海棠
45. 萱草
46. 黄杨
47. 粉美女樱

五彩秘境　总平面图　1:100

# 花境植物材料

| 序号 | 名称 | 拉丁文 | 季相 | 规格 | 观赏特性及花期 | | | | | | | | | | | | | 特色及说明 | 数量 | 更换说明 |
|---|---|---|---|---|---|---|---|---|---|---|---|---|---|---|---|---|---|---|---|---|
| | | | | | 1 | 2 | 3 | 4 | 3 | 4 | 5 | 6 | 7 | 8 | 9 | 10 | 11 | 12 | | | |
| 1 | 矮蒲苇 | *Cortaderia selloana* 'Pumila' | 常绿 | 5加仑 | | | | | | | | | | | | | | | 9~11月银白色花 | 30 | |
| 2 | 灯心草 | *Juncus effusus* | 冬落 | 18杯 | | | | | | | | | | | | | | | 叶绿色 | 35 | |
| 3 | 紫娇花 | *Tulbaghia violacea* | 冬落 | 1加仑 | | | | | | | | | | | | | | | 5~7月紫色花 | 55 | |
| 4 | 迷迭香 | *Rosmarinus officinalis* | 冬落 | 2加仑 | | | | | | | | | | | | | | | 11月蓝紫色花 | 9 | |
| 5 | 小兔子狼尾草 | *Pennisetum alopecuroides* | 冬落 | 1加仑 | | | | | | | | | | | | | | | 7~11月白色花 | 30 | |
| 6 | 松果菊 | *Echinacea purpurea* | 冬落 | 18杯 | | | | | | | | | | | | | | | 4~10月粉红、黄色、紫红花 | 70 | |
| 7 | 墨西哥鼠尾草 | *Salvia leucantha* | 冬落 | 3加仑 | | | | | | | | | | | | | | | 8~11月紫红色 | 25 | |
| 8 | 无尽夏绣球 | *Hydrangea macrophylla* 'Endless Summer' | 冬落 | 2加仑 | | | | | | | | | | | | | | | 5~9月紫色花 | 15 | |
| 9 | 宿根亚麻 | *Linum perenne* | 常绿 | 5加仑 | | | | | | | | | | | | | | | 观叶植物 | 96 | |
| 10 | 柳枝稷 | *Panicum virgatum* | 冬枯 | 5加仑 | | | | | | | | | | | | | | | 未开花前观叶,夏秋开花,花由红变白 | 20 | |
| 11 | 金叶水杉 | *Metasequoia glyptostroboides* 'Gold Rush' | 冬落 | 50袋 | | | | | | | | | | | | | | | 观叶植物 | 3 | |
| 12 | 喷雪花 | *Spiraea thunbergii* | 冬落 | 5加仑 | | | | | | | | | | | | | | | 花期3~4月,花白色 | 10 | |
| 13 | 欧洲荚蒾 | *Viburnum opulus* | 常绿 | 7加仑 | | | | | | | | | | | | | | | 5~6月开花,果熟期9~10月 | 3 | |
| 14 | 蓝羊茅 | *Festuca glauca* | 常绿 | 15杯 | | | | | | | | | | | | | | | 圆锥花序,5月开花 | 40 | |
| 15 | 金叶薹草 | *Carex* 'Evergold' | 常绿 | 15杯 | | | | | | | | | | | | | | | 穗状花序,花期4~5月 | 50 | |
| 16 | 火炬花 | *Kniphofia uvaria* | 常绿 | 15杯 | | | | | | | | | | | | | | | 6~10月开花 | 40 | |
| 17 | 彩叶草 | *Plectranthus scutellarioides* | 冬枯 | 18杯 | | | | | | | | | | | | | | | 7月开花 | 30 | 霜后更换为冬季时令花卉 |
| 18 | 玉簪 | *Hosta plantaginea* | 冬落 | 18杯 | | | | | | | | | | | | | | | 花果期8~10月 | 30 | |
| 19 | 碧桃 | *Amygdalus persica* var. *persica* f. *duplex* | 冬落 | 60袋 | | | | | | | | | | | | | | | 花期3~4月 | 2 | |
| 20 | 紫叶象草 | *Pennisetum purpureum* | 冬落 | 28杯 | | | | | | | | | | | | | | | 耐寒性稍差 | 5 | |
| 21 | 火焰卫矛 | *Euonymus alatus* 'Compacta' | 冬落 | 7加仑 | | | | | | | | | | | | | | | 秋季变为火焰红色 | 2 | |
| 22 | 针茅'马尾' | *Stipa capillata* cv. | 冬落 | 15杯 | | | | | | | | | | | | | | | 喜冷凉 | 40 | |
| 23 | 欧石竹 | *Dianthus* 'Carthusian Pink' | 常绿 | 12杯 | | | | | | | | | | | | | | | 夏季花较少 | 120 | |
| 24 | 深蓝鼠尾草 | *Salvia guaranitica* 'Black and Blue' | 冬枯 | 18杯 | | | | | | | | | | | | | | | 花期4~12月 | 30 | |
| 25 | 紫叶狼尾草 | *pennisetum setaceum* 'Rubrum' | 冬枯 | 21杯 | | | | | | | | | | | | | | | 花期6~10月 | 30 | |
| 26 | 金叶连翘 | *Forsythia koreana* 'Sun Gold' | 冬枯 | 50袋 | | | | | | | | | | | | | | | 观叶植物 | 3 | |
| 27 | 金曲金光菊 | *Rudbeckia laciniata* | 冬枯 | 16杯 | | | | | | | | | | | | | | | 抗性好 | 50 | |
| 29 | 金鸡菊 | *Coreopsis basalis* | 冬枯 | 18杯 | | | | | | | | | | | | | | | 花期长 | 30 | |
| 30 | 秋金光菊 | *Rudbeckia maxima* | 冬枯 | 18杯 | | | | | | | | | | | | | | | 乡土植物抗性好 | 30 | |
| 31 | 亮晶女贞 | *Ligustrum* × *vicaryi* | 常绿 | 50袋 | | | | | | | | | | | | | | | 常绿灌木 | 4 | |
| 32 | 桑托斯马鞭草 | *Verbena officinalis* | 冬枯 | 18杯 | | | | | | | | | | | | | | | 矮生马鞭草 | 100 | |
| 33 | 火焰南天竹 | *Nandina domestica* 'Firepower' | 常绿 | 2加仑 | | | | | | | | | | | | | | | 红叶经冬不凋 | 3 | |
| 34 | 美人蕉 | *Canna indica* | 冬枯 | 2加仑 | | | | | | | | | | | | | | | 水陆两生观叶植物 | 15 | |
| 35 | 蓝叶画眉草 | *Eragrostis elliotii* | 冬枯 | 2加仑 | | | | | | | | | | | | | | | 花期夏秋开 | 15 | |
| 36 | 毛核木 | *Symphoricarpos sinensis* | 冬落 | 3加仑 | | | | | | | | | | | | | | | 冬季观果,观果持久 | 3 | |
| 37 | 天人菊 | *Gaillardia pulchella* | 冬枯 | 18杯 | | | | | | | | | | | | | | | 花期超长 | 80 | |
| 38 | 紫薇 | *Lagerstroemia indica* | 冬落 | 50袋 | | | | | | | | | | | | | | | 弥补夏季缺少盛花的不足 | 8 | |
| 39 | 蓝皇后鼠尾草 | *Salvia japonica* Thunb. | 冬枯 | 18杯 | | | | | | | | | | | | | | | 花期长,耐修剪 | 80 | |
| 40 | 黄杨 | *Buxus sinica* | 常绿 | 50袋 | | | | | | | | | | | | | | | 作为骨架植物观叶 | 5 | |
| 41 | 萱草 | *Hemerocallis fulva* | 常绿 | 3加仑 | | | | | | | | | | | | | | | 抗性好 | 20 | |
| 42 | 金冠女贞 | *Ligustrum* × *vicaryi* | 常绿 | 50袋 | | | | | | | | | | | | | | | 耐修剪 | 3 | |
| 43 | 山桃草 | *Gaura lindheimeri* | 冬枯 | 18杯 | | | | | | | | | | | | | | | 花期长,耐修剪 | 30 | |
| 44 | 歌舞芒 | *Miscanthus sinensis* | 冬枯 | 5加仑 | | | | | | | | | | | | | | | 株形优美 | 9 | |
| 45 | 大花海棠 | *Begonia* spp. | 冬枯 | 18杯 | | | | | | | | | | | | | | | 适应性强 | 30 | 与桑托斯马鞭草混种 |

# 花开一色，韶华纷舞

## 北京市植物园

袁媛　孟昕　魏钰　仇莉　张祎

## 春季实景

### 花开一色，韶华纷舞

　　春天，步入花境，亮丽黄橙色的火炬花、金槌花闪耀光芒，蓝紫色的紫露草、风铃草展现高贵典雅，一抹清新纯白的穗花婆婆纳冷静柔和，梦幻般粉色的八仙花、观赏葱生机勃勃。仿佛疫情只是那一刹那的回眸，让我们更勇敢地经历每个春夏秋冬。

　　夏天，草木繁盛，百花盛开，四色花境中金黄阳光般的金鸡菊、金莲花跳跃在绿丛中，蓝色系的桔梗、荆芥轻盈绽放，白色丝兰清爽宜人，剪秋罗、福禄考散发夺目的粉红色，犹如夏日么么茶，感受四季的缤纷味道。

　　秋天，黄色、紫色、白色、粉色及红色的地被菊分别绽放在黄橙系、蓝紫系、白色系、粉红系的四色花境中，还有挺拔的鼠尾草、摇曳的观赏草、舞动的柳叶白菀和艳丽的菊科植物搭配，衬托出菊花的多彩芳颜，令四色花境纯粹中更熠熠生辉。

　　黄、蓝、白、粉四色主题花境，代表夏、秋、冬、春四时景观，同一个花境，任时光变换，每个方向都有属于自己地块的季相性格，抑或热情浪漫，抑或温暖明媚，抑或神秘典雅，抑或清新宁静，不变的色调是永恒的主题，使整个花境好似岁月静好。

## 夏季实景

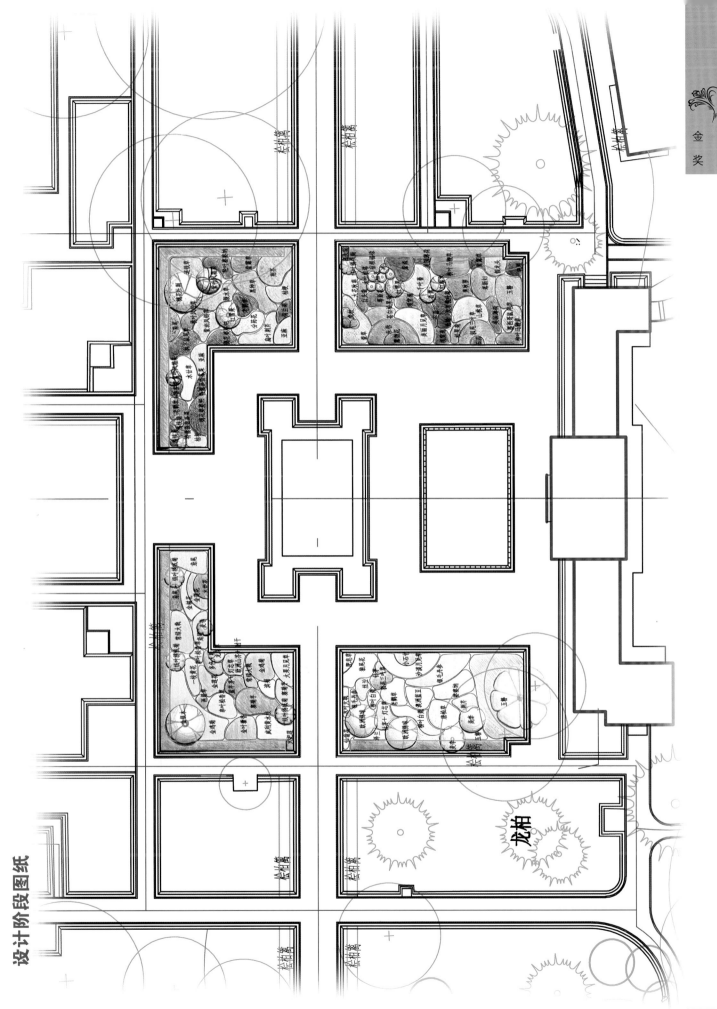

设计阶段图纸

金奖

# 花境植物材料

| 序号 | 植物名称 | 拉丁名 | 植物科科属 | 花（叶）色 | 盆径（cm） | 开花期及持续时间 | 长成高度（cm） | 种植面积（m²） | 种植密度（株/m²） | 株数（株） |
|---|---|---|---|---|---|---|---|---|---|---|
| | | | | 白色系 | | | | | | |
| 1 | 澳洲蓝豆 | Baptisia australis | 豆科赝靛属 | 白蓝 | 15 | 6~8月 | 120 | 5 | 25 | 125 |
| 2 | '银色幽灵' 巨刺芹 | Eryngium giganteum 'Silver Ghost' | 伞形科刺芹属 | 白色 | 15 | 7~9月 | 60 | 5 | 16 | 80 |
| 3 | '蓝箭' 灯心草 | Juncus inflexus 'Blue Arrows' | 灯心草科灯心草属 | 观赏草 | 15 | — | 30 | 5 | 16 | 80 |
| 4 | '魅力' 禾叶大戟 | Euphorbia graminea 'Glitz' | 大戟科大戟属 | 白色 | 15 | 5~8月 | 60 | 5 | 16 | 80 |
| 5 | '根西白' 马德拉老鹳草 | Geranium maderense 'Guernsey White' | 牻牛儿苗科老鹳草属 | 白色 | 17 | 6~8月 | 120 | 10 | 16 | 160 |
| 6 | 柳叶白菀 | Kalimeris pinnatifida 'Hortensis' | 菊科马兰属 | 白色 | 17 | 9~10月 | 130 | 8 | 16 | 128 |
| 7 | '观光' 穗花婆婆纳 | Veronica spicata 'Sightseeing' | 玄参科婆婆纳属 | 白色 | 15 | 6~8月 | 60 | 5 | 16 | 80 |
| 8 | 沙漠月见草 | Oenothera caespitosa ssp. eximia | 柳叶菜科月见草属 | 白色 | 15 | 6~8月 | 25 | 10 | 16 | 160 |
| 9 | 唐松草 | Thalictrum aquilegifolium var. sibiricum | 毛茛科唐松草属 | 白色 | 17 | 5~7月 | 100 | 5 | 16 | 80 |
| 10 | '白色罗宾' 仙翁花 | Lychnis flos-cuculi 'White Robin' | 石竹科剪秋罗属 | 白色 | 15 | 5~6月 | 40 | 5 | 16 | 80 |
| 11 | 银毛丹参 | Salvia argentea | 唇形科鼠尾草属 | 白色 | 17 | 7~9月 | 65 | 5 | 16 | 80 |
| 12 | '马尾' 细茎针茅 | Stipa tenuissima 'Pony Tails' | 禾本科针茅属 | 观赏草 | 15 | — | 60 | 5 | 16 | 80 |
| 13 | '北极之火' 石竹 | Dianthus deltoides 'Arctic Fire' | 石竹科石竹属 | 白花粉边 | 15 | 6~9月 | 25 | 5 | 25 | 125 |
| 14 | 丝兰 | Yucca smalliana | 百合科丝兰属 | 白色 | 15 | 8~10月 | 80 | 2 | 16 | 32 |
| 15 | 泽兰 | Eupatorium japonicum | 菊科泽兰属 | 白色 | 15 | 7~9月 | 200 | 5 | 16 | 80 |
| 16 | 虎尾草（狼尾花） | Lysimachia barystachys | 报春花科珍珠菜属 | 白色 | 15 | 6~10月 | 75 | 5 | 16 | 80 |
| 17 | 玉簪 | Hosta plantaginea | 百合科玉簪属 | 白色 | 15 | 8~10月 | 60 | 10 | 16 | 160 |
| 18 | 雪球荚蒾 | Viburnum plicatum | 忍冬科荚蒾属 | 白色（灌木） | — | 4~5月 | — | — | — | 1 |
| 19 | 麦李 | Cerasus glandulosa | 蔷薇科樱属 | 白色（灌木） | — | 4~5月 | — | — | — | 2 |
| | | | | 粉红色系 | | | | | | |
| 1 | 欧白头翁 | Pulsatilla vulgaris | 毛茛科白头翁属 | 红/粉 | 15 | 4~5月 | 30 | 5 | 16 | 80 |
| 2 | '火尾' 抱茎桃叶蓼 | Persicaria amplexicaulis 'Firetail' | 蓼科蓼属 | 红色 | 17 | 8~10月 | 100 | 5 | 16 | 80 |
| 3 | '草裙舞' 苍白松果菊 | Echinacea pallida 'Hula Dancer' | 菊科松果菊属 | 粉色 | 17 | 7~9月 | 80 | 3 | 16 | 48 |
| 4 | '银河' 芙蓉葵 | Hibiscus moscheutos 'Galaxy' | 锦葵科木槿属 | 粉色 | 5L | 6~10月 | 100 | 5 | 4 | 20 |
| 5 | 大叶蚁塔 | Gunnera manicata | 大叶草科大叶草属 | 淡绿带棕红色 | 11 | 7~8月 | 200 | 1 | 2 | 2 |
| 6 | '爆竹' 雪茄花 | Cuphea ignea 'Dynamite' | 千屈菜科萼距花属 | 红色 | 15 | 5~7月 | 100 | 5 | 16 | 80 |
| 7 | 狐尾三叶草 | Trifolium rubens | 豆科车轴草属 | 玫红色 | 15 | 6~8月 | 60 | 3 | 9 | 27 |
| 8 | '里根' 露微花 | Lewisia cotyledon 'Regenbogen' | 马齿苋科露微花属 | 粉/橙红 | 15 | 4~6月 | 25 | 2 | 25 | 50 |
| 9 | '木特' 落新妇 | Astilbe arendsii 'Bunter Zauber' | 虎耳草科落新妇属 | 粉色 | 17 | 6~7月 | 80 | 5 | 16 | 80 |
| 10 | 美丽月见草 | Oenothera speciosa | 柳叶菜科月见草属 | 粉色 | 15 | 6~10月 | 40 | 5 | 16 | 80 |
| 11 | '绿旋风' 松果菊 | Echinacea purpurea 'Green Twister' | 菊科松果菊属 | 粉色 | 17 | 6~9月 | 100 | 2 | 16 | 32 |
| 12 | '夏之宝石' 朱唇 | Salvia coccinea 'Summer Jewel' | 唇形科鼠尾草属 | 红色 | 15 | 5~10月 | 60 | 5 | 25 | 125 |

（续）

| 序号 | 植物名称 | 植物科属 | 拉丁名 | 花（叶）色 | 盆径（cm） | 开花期及持续时间 | 长成高度（cm） | 种植面积（m²） | 种植密度（株/m²） | 株数（株） |
|---|---|---|---|---|---|---|---|---|---|---|
| 13 | 宿根福禄考 | 花荵科天蓝绣球属 | Phlox paniculata | 粉色 | 16×16 | 7~9月 | 45 | 3 | 16 | 48 |
| 14 | 假龙头 | 唇形科假龙头花属 | Physostegia virginiana | 粉色 | 12×10 | 7~9月 | 70 | 2 | 36 | 72 |
| 15 | 皱叶剪秋罗 | 石竹科剪秋罗属 | Lychnis chalcedonica | 红色 | 13×12 | 7~8月 | 80 | 2 | 16 | 32 |
| 16 | 柳叶马鞭草 | 马鞭草科马鞭草属 | Verbena bonariensis | 粉色 | 12×10 | 7~9月 | 60 | 5 | 25 | 125 |
| 17 | 千叶蓍 | 菊科蓍属 | Achillea millefolium | 粉色 | 16×16 | 5~10月 | 60 | 3 | 16 | 48 |
| 18 | 山桃草 | 柳叶菜科山桃草属 | Gaura lindheimeri | 粉色 | 16×16 | 6~10月 | 60 | 3 | 16 | 48 |
| 19 | '无尽夏'绣球 | 虎耳草科绣球属 | Hydrangea macrophylla 'Endless Summer' | 粉色 | | 5~9月 | 100 | 5 | 16 | 80 |
| 20 | 紫菀 | 菊科紫菀属 | Aster tataricus | 粉紫色 | 16×16 | 9~10月 | 70 | 5 | 16 | 80 |
| 21 | 石蒜 | 石蒜科石蒜属 | Lycoris radiata | 红色 | 13×12 | 8~9月 | 50 | 1 | 25 | 25 |
| 22 | 宽叶海石竹 | 白花丹科海石竹属 | Armeria pseudarmeria | 粉紫色 | 13 | 5~9月 | 25 | 3 | 25 | 75 |
| 23 | 美国薄荷 | 唇形科美国薄荷属 | Monarda didyma | 红色 | 15 | 6~9月 | 100 | 5 | 16 | 80 |
| 24 | 萱草 | 百合科萱草属 | Hemerocallis sp. | 粉/橙红 | 15 | 5~8月 | 60 | 5 | 16 | 80 |
| 25 | 虎杖 | 蓼科虎杖属 | Reynoutria japonica | 红色茎 | 15 | 8~9月 | 150 | 5 | 16 | 80 |
| 26 | '球王'花葱 | 石蒜科葱属 | Allium 'Globemaster' | 粉紫色 | 20~24球 | 5~6月 | 100 | 2 | 16 | 32 |
| 27 | 地榆 | 蔷薇科地榆属 | Sanguisorba officinalis | 红色 | 15 | 7~9月 | 90 | 3 | 16 | 48 |
| 28 | 矾根 | 虎耳草科矾根属 | Heuchera sp. | 红色 | 15 | 4~6月 | 20 | 2 | 16 | 32 |
| 29 | 红雪果 | 忍冬科毛核木属 | Symphoricarpos orbiculatus | 红色（灌木） | | 6~7月 | | | | 2 |
| 30 | 木香薷 | 唇形科香薷属 | Elsholtzia stauntoni | 粉色（灌木） | | 7~8月 | | | | 2 |
| 31 | 红瑞木 | 山茱萸科黄水枝属 | Swida alba | 红色茎（灌木） | | 6~7月 | | | | 1 |
| 黄橙色系 | | | | | | | | | | |
| 1 | 大滨菊 | 菊科滨菊属 | Leucanthemum superbum | 黄心白花 | 17 | 5~8月 | 80 | 5 | 16 | 80 |
| 2 | 大果月见草 | 柳叶菜科月见草属 | Oenothera macrocarpa | 黄色色 | 15 | 6~9月 | 25 | 5 | 25 | 125 |
| 3 | 丽色画眉 | 禾本科画眉草属 | Eragrostis spectabilis | 观赏草 | 17 | | 50 | 5 | 16 | 80 |
| 4 | 常绿大戟 | 大戟科大戟属 | Euphorbia characias ssp. wulfenii | 黄色 | 15 | 4~6月 | 130 | 5 | 9 | 45 |
| 5 | '火炬舞'火炬花 | 百合科火把莲属 | Kniphofia hirsuta 'Fire Dance' | 黄/橙 | 17 | 6~9月 | 50 | 5 | 25 | 125 |
| 6 | 金槌花/黄金球 | 菊科金杖球属 | Craspedia globosa | 黄色 | 17 | 7~8月 | 60 | 5 | 16 | 80 |
| 7 | 金鸡菊 | 菊科金鸡菊属 | Coreopsis grandiflora | 黄色 | 17 | 6~9月 | 40 | 5 | 16 | 80 |
| 8 | 金叶藿香 | 唇形科藿香属 | Agastache foeniculum 'Golden Jubilee' | 金叶紫花 | 15 | 6~10月 | 50 | 5 | 16 | 80 |
| 9 | '蓝色选择'蓝羊茅 | 禾本科羊茅属 | Festuca glauca 'Blue Select' | 观赏草 | 15 | 5~8月 | 40 | 5 | 16 | 80 |
| 10 | 多色大戟 | 大戟科大戟属 | Euphorbia epithymoides | 黄色 | 15 | 5~8月 | 80 | 5 | 16 | 80 |
| 11 | 花叶欧洲山芥 | 十字花科山芥属 | Barbarea vulgaris 'Variegata' | 金黄色 | 17 | 5~7月 | 60 | 5 | 16 | 80 |
| 12 | '芭蕾明星'赛菊芋 | 菊科赛菊芋属 | Heliopsis helianthoides var. scabra 'Prima Ballerina' | 黄/红 | 15 | 7~10月 | 50 | 5 | 16 | 80 |
| 13 | '燃烧的心'赛菊芋 | 菊科赛菊芋属 | Heliopsis helianthoides var. scabra 'Burning Hearts' | 黄色 | 15 | 7~10月 | 120 | 5 | 16 | 80 |
| 14 | 威利黄水枝 | 虎耳草科黄水枝属 | Tiarella wherryi | 乳白色 | 15 | 5~6月 | 25 | 5 | 16 | 80 |

（续）

| 序号 | 植物名称 | 植物科属 | 拉丁名 | 花（叶）色 | 盆径（cm） | 开花期及持续时间 | 长成高度（cm） | 种植面积（m²） | 种植密度（株/m²） | 株数（株） |
|---|---|---|---|---|---|---|---|---|---|---|
| 15 | 金莲花 | 毛茛科金莲花属 | Trollius chinensis | 黄色 | 16×16 | 6~7月 | 60 | 5 | 25 | 125 |
| 16 | 龙芽草（仙鹤草） | 蔷薇科龙芽草属 | Agrimonia pilosa | 黄色 | 16×16 | 6~8月 | 120 | 5 | 16 | 80 |
| 17 | 申叶松香草 | 菊科松香草属 | Silphium perfoliatum | 黄色 | 26×21 | 7~9月 | 150 | 5 | 16 | 80 |
| 18 | 射干 | 鸢尾科射干属 | Belamcanda chinensis | 橙色 | 16×16 | 6~8月 | 80 | 5 | 16 | 80 |
| 19 | 具茎火炬花 | 百合科火把莲属 | Kniphofia caulescens | 黄橙 | 15 | 6~9月 | 50 | 5 | 25 | 125 |
| 20 | 鸢尾 | 鸢尾科鸢尾属 | Iris sp. | 黄紫 | 15 | 4~6月 | 45 | 5 | 16 | 80 |
| 21 | 一枝黄花 | 菊科一枝黄花属 | Solidago decurrens | 黄色 | 15 | 7~9月 | 90 | 5 | 16 | 80 |
| 22 | 金光菊 | 菊科金光菊属 | Rudbeckia laciniata | 黄色 | 15 | 7~9月 | 120 | 5 | 16 | 80 |
| 23 | 线叶绣线菊 | 蔷薇科绣线菊属 | Spiraea thunbergii | 白色（灌木） |  | 4~5月 |  |  |  | 3 |
| 24 | 金银木 | 忍冬科忍冬属 | Lonicera maackii | 黄白（灌木） |  | 5~6月 |  |  |  | 1 |
| 蓝紫色系 | | | | | | | | | | |
| 1 | 分药花 | 唇形科分药花属 | Perovskia atriplicifolia | 浅紫色 | 5L | 7~9月 | 120 | 5 | 4 | 20 |
| 2 | 紫斑风铃草 | 桔梗科风铃草属 | Campanula punctata | 粉/紫 | 15 | 6~7月 | 30 | 5 | 16 | 80 |
| 3 | 西伯利亚腹水草 | 玄参科腹水草属 | Veronicastrum sibiricum | 蓝/紫 | 17 | 8~9月 | 150 | 5 | 16 | 80 |
| 4 | 黑种草 | 毛茛科黑种草属 | Nigella damascena | 蓝/紫 | 15 | 6~7月 | 60 | 5 | 16 | 80 |
| 5 | '牧师蓝'桔梗 | 桔梗科桔梗属 | Platycodon grandiflorus 'Mariesii' | 蓝色 | 17 | 6~8月 | 50 | 5 | 25 | 125 |
| 6 | '条纹'草原老鹳草 | 牻牛儿苗科老鹳草属 | Geranium pratense 'Striatum' | 紫色 | 17 | 6~8月 | 50 | 5 | 16 | 80 |
| 7 | 林下鼠尾草 | 唇形科鼠尾草属 | Salvia nemorosa | 紫色 | 15 | 5~9月 | 60 | 10 | 16 | 160 |
| 8 | 墨西哥鼠尾草 | 唇形科鼠尾草属 | Salvia leucantha | 紫色 | 21 | 7~10月 | 100 | 5 | 9 | 45 |
| 9 | '观光'穗花婆婆纳 | 玄参科婆婆纳属 | Veronica spicata 'Sightseeing' | 紫色 | 15 | 6~8月 | 60 | 5 | 16 | 80 |
| 10 | '泰勒姆美人'桃叶风铃草 | 桔梗科风铃草属 | Campanula persicifolia 'Telham Beauty' | 粉/紫 | 15 | 5~6月 | 100 | 5 | 16 | 80 |
| 11 | '莫纳紫'香茶菜 | 唇形科马刺花属 | Plectranthus 'Mona Lavender' | 蓝色 | 11 | 6~10月 | 40 | 5 | 36 | 180 |
| 12 | '蓝宝石'亚麻 | 亚麻科亚麻属 | Linum perenne 'Blue Sapphire' | 蓝色 | 11 | 7~8月 | 50 | 5 | 25 | 125 |
| 13 | 荷兰菊 | 菊科紫菀属 | Aster novi-belgii | 紫色 | 17 | 8~9月 | 50 | 5 | 16 | 80 |
| 14 | 轮叶婆婆纳 | 玄参科婆婆纳属 | Veronica spuria | 蓝/紫 | 17 | 7~8月 | 80 | 10 | 16 | 160 |
| 15 | 扁叶刺芹 | 伞形科刺芹属 | Eryngium planum | 淡蓝色 | 17 | 6~8月 | 120 | 5 | 16 | 80 |
| 16 | 紫露草 | 鸭跖草科紫露草属 | Tradescantia ohiensis | 紫色 | 17 | 6~10月 | 40 | 5 | 16 | 80 |
| 17 | 柳叶水甘草 | 夹竹桃科水甘草属 | Amsonia tabernaemontana | 淡蓝色 | 17 | 5~7月 | 40 | 5 | 16 | 80 |
| 18 | 荆芥 | 唇形科荆芥属 | Nepeta racemosa | 紫色 | 17 | 5~10月 | 50 | 5 | 16 | 80 |
| 19 | 连钱草 | 唇形科活血丹属 | Glechoma longituba | 浅紫色 | 12×10 | 4~5月 | 20 | 10 | 25 | 250 |
| 20 | 穗花牡荆 | 马鞭草科牡荆属 | Vitex agnus-castus | 紫色（灌木） |  | 7~8月 |  |  |  | 1 |
| 21 | 紫叶风箱果 | 蔷薇科风箱果属 | Physocarpus opulifolius 'Summer Wine' | 紫叶白花（灌木） |  | 6~7月 |  |  |  | 2 |

备注：观赏草只标注高度，灌木只标注花期。

# 花花世界

## 成都漫诗地园艺有限公司

程筱婉　谭明成

**春季实景**

# 花花世界

有这么一处秘境不是"造"出来的，而是自然"长"在溪边山脚，它叫——花花世界"wonderland"——仙境般的地方。

花境设计师运用色彩搭配及空间层次让这一切更加错落有致。以美舒压，以美畅心，一片唯美的花境是能够用脚步丈量的园林美学。

花花世界目前已经"长"到了第二期，深受自然主义花园理念的影响，设计师选用了近150种多年生花境植物。色彩上巧妙地利用了花色来创造景观效果，让整体与环境、季节相协调。

第一期占地约9000m²，以蓝色、紫色鼠尾草系列为主，施工时正值7月酷暑，两种冷淡色系更能给人清爽又宁静平和的既视感。在边缘设计上选用了枕木铺垫其间，以碎石作为间隔的填充，这样既为不同区域做出了分隔，也为参观者筑起了一条条赏心悦目的花境小路。

第二期占地约6000m²，以黄色橙色为主，金光菊、金鸡菊、天人菊、堆心菊等菊花系列；施工季节在冬天，黄色明亮欢快，橙色生机勃勃，驱散凛冬的沉闷与静寂。

除了依山傍水得天独厚的自然生长条件之外，还利用花期特点让每个季节都可以有不同的色彩变化。所设立的6处"打卡点"希望将花境园艺生活化、美学化，与此同时也能给人们带来更多的融入感和参与感。阳光花房、露天睡榻、少女心的粉色小车、复古风格的露天客厅、诱惑的浴缸……散落在花境各处。

作为从自然主义花园的先驱威廉·鲁滨逊的《野趣园》所摄取的灵感，漫诗地将花境、场景设计、落地完美结合。让当地的文化精神有人耕耘，为爱上这里的游客提供最好的园艺疗愈。

**夏季实景**

**花境植物材料**

| 序号 | 植物名称 | 拉丁名 | 开花期及持续时间 | 花（叶）色 | 规格 高度（cm） | 规格 冠幅（cm） | 株数 | 备注 |
|---|---|---|---|---|---|---|---|---|
| 1 | 美女樱 | Verbena hybrida | 5~11月 | 白、红、蓝、雪青、粉红色 | 10~15 | 10~15 | 1500 | |
| 2 | 金鸡菊 | Coreopsis drummondii | 5~10月 | 黄、棕、粉色 | 10~20 | 10~15 | 7300 | |
| 3 | 西伯利亚鸢尾 | Iris sibirica | 花期4~5月，果期6~7月 | 叶灰绿色、花蓝紫色 | 30~40 | 20~35 | 1155 | |
| 4 | 堆心菊 | Helenium autumnale | 花期7~10月，果熟期9月 | 舌状花柠檬黄色、管状花黄绿色 | 10~15 | 10~15 | 8000 | |
| 5 | 细叶芒 | Miscanthus sinensis cv. | 9~10月 | 粉红色、红色、秋季银白色 | 30~60 | 30~60 | 50 | |
| 6 | 花烟草 | Nicotiana alata | 11月至翌年6月 | 红、白、粉、紫色 | 15~16 | 20~40 | 1100 | |
| 7 | 矮蒲苇 | Cortaderia selloana 'Pumila' | 花期9~10月 | 银白色 | 80~130 | 80~130 | 10 | |
| 8 | 白晶菊 | Mauranthemum paludosum | 2~7月 | 白色、黄色 | 30~35 | 25~30 | 260 | |
| 9 | 天蓝鼠尾草 | Salvia uliginosa | 4~10月 | 紫色、青色、白色 | 30~50 | 30~40 | 252 | |
| 10 | 灯心草 | Juncus effusus | 6~7月 | 绿色 | 40~60 | 30~40 | 300 | |
| 11 | 凤凰绿臺草 | Carex finitima | 全年 | 绿色 | 20~30 | 20~30 | 550 | |
| 12 | 花叶蒲苇 | Cortaderia selloana 'Silver Comet' | 9月至翌年1月挂穗 | 常绿、叶带金边 | 60~100 | 50~100 | 50 | |
| 13 | 羚珑芒 | Miscanthus sinensis 'Yaku Jima' | 全年常青 | 绿色、花序白色 | 40~60 | 60~80 | 20 | |
| 14 | 新西兰亚麻 | Phormium tenax | 6~7月 | 绿色、叶缘金黄、花暗红色 | 50~70 | 30~40 | 20 | |
| 15 | 百子莲 | Agapanthus africanus | 7~9月 | 叶浓绿色、花亮蓝色 | 30~40 | 30~40 | 150 | |
| 16 | 蔓马缨丹 | Lantana montevidensis | 全年 | 花淡紫红色 | 25~35 | 30~40 | 150 | |
| 17 | 佛甲草 | Sedum lineare | 4~5月 | 黄色、绿色 | 10~15 | 15~20 | 2250 | |
| 18 | 彩叶杞柳 | Salix integra 'Hakuro Nishiki' | 全年常青 | 乳白、粉红色 | 150~180 | 60~80 | 15 | |
| 19 | 银姬小蜡 | Ligustrum sinense 'Variegatum' | 4~6月 | 叶银绿至乳白色、花白色 | 80~90 | 70~90 | 40 | |
| 20 | 毛鹃笼子 | Rhododendron pulchrum | 4~5月 | 玫瑰红、亮红色 | 60~80 | 70~90 | 15 | |
| 21 | 莨力花 | Acanthus mollis | 5~9月 | 紫色、白色 | 30~50 | 50~60 | 60 | |
| 22 | 石竹 | Dianthus chinensis | 4~10月 | 粉色、红色、紫色 | 20~30 | 15~20 | 3200 | |
| 23 | 红瑞木 | Swida alba | 5~6月 | 红色 | 120~150 | 40~80 | 10 | |
| 24 | 迎春 | Jasminum nudiflorum | 2~4月 | 黄色 | 80~120 | 10~30 | 300 | |
| 25 | 香水合欢 | Calliandra brevipes | 5~7月 | 蕊末端粉红色、基部白色 | 100~120 | 100~120 | 10 | |
| 26 | 银叶金合欢 | Acacia podalyriifolia | 3~6月 | 黄色 | 170~200 | 50~80 | 10 | |
| 27 | 喷雪花 | Spiraea thunbergii | 3~4月 | 白色 | 60~100 | 60~100 | 10 | |
| 28 | 金山绣线菊 | Spiraea japonica 'Gold Mound' | 6月中旬至8月上旬 | 叶绿色、花金色、黄色 | 10~15 | 30~40 | 30 | |
| 29 | 澳洲朱蕉 | Cordyline australis | 全年 | 红色 | 50~70 | 50~70 | 35 | |
| 30 | 朝雾草 | Artemisia schmidtianai | 7~8月 | 叶绿、花白 | 5~10 | 20~30 | 30 | |
| 31 | 矾根 | Heuchera micrantha | 4~10月 | 叶深紫色、花红色 | 15~20 | 15~20 | 140 | |
| 32 | 柳枝稷 | Panicum virgatum | 6~10月 | 绿色、紫色 | 100~120 | 40~50 | 100 | |

（续）

| 序号 | 植物名称 | 拉丁名 | 开花期及持续时间 | 花（叶）色 | 规格 高度（cm） | 规格 冠幅（cm） | 株数 | 备注 |
|---|---|---|---|---|---|---|---|---|
| 33 | 火星花 | Crocosmia crocosmiflora | 6~8月 | 红、橙、黄色 | 40~60 | 20~30 | 100 | |
| 34 | 芙蓉菊 | Crossostephium chinense | 全年 | 灰色 | 30~50 | 30~60 | 55 | |
| 35 | 中华景天 | Sedum elatinoides | 全年 | 绿色 | 5~10 | 15~20 | 1300 | |
| 36 | 飞蓬 | Erigeron acer | 7~9月 | 花淡红紫色或白色 | 5~15 | 20~35 | 130 | |
| 37 | 青蒲苇 | Cortaderia selloana | 9~10月 | 青色 | 50~120 | 70~120 | 30 | |
| 38 | 紫娇花 | Tulbaghia violacea | 5~7月 | 紫色 | 30~40 | 20~30 | 665 | |
| 39 | 丝兰 | Yucca smalliana | 全年 | 绿色 | 30~40 | 40~50 | 30 | |
| 40 | 亚马逊迷雾 | Carex tristachya cv. | 全年 | 绿色 | 20~30 | 20~30 | 170 | |
| 41 | 石竹 | Dianthus chinensis | 4~10月 | 粉色、红色、紫色 | 20~30 | 10~15 | 300 | |
| 42 | 墨西哥鼠尾草 | Salvia leucantha | 花期9月上、中旬至霜降 | 紫红色 | 25~40 | 30~40 | 201 | |
| 43 | 龟甲冬青 | Ilex crenata f. convexa | 5~6月 | 叶绿色、花白色 | 60~80 | 60~80 | 30 | |
| 44 | 富贵草 | Pachysandra terminalis | 4~5月 | 深粉红色 | 50~60 | 30~50 | 30 | |
| 45 | 欧石竹 | Dianthus 'Carthusian Pink' | 4~10月 | 粉白色 | 5~10 | 20~30 | 300 | |
| 46 | 粉花 | Rosa 'Pierre de Ronsard' | 5~6月 | 叶紫红色、花乳白色 | 200~260 | 30~50 | 34 | |
| 47 | 红龙 | Rosa 'Rouge Pierre de Ronsard' | 6~10月 | 红色 | 200~260 | 30~50 | 14 | |
| 48 | 龙游行 | Rosa 'Parade' | 5~10月 | 紫色、白色 | 150~220 | 30~50 | 12 | |
| 49 | 花叶灯笼花 | Fuchsia hybrida | 4~12月 | 橘红色 | 70~90 | 70~90 | 15 | |
| 50 | 火把莲 | Kniphofia uvaria | 6~10月 | 白色、粉色 | 25~40 | 30~50 | 60 | |
| 51 | 玛格丽特 | Argyranthemum frutescens | 2~10月 | 白色、粉色 | 30~40 | 30~40 | 50 | |
| 52 | 木春菊 | Chrysanthemum frutescens | 2~10月 | 花金色、黄色 叶绿色 | 40~60 | 40~60 | 4127 | |
| 53 | 风车茉莉 | Trachelospermum jasminoides | 6~10月 | 白色 | 150~180 | 20~30 | 8 | |
| 54 | 银叶菊 | Centaurea cineraria | 6~9月 | 花黄色 | 15~20 | 15~20 | 100 | |
| 55 | 荷兰铁 | Yucca elephantipes | 全年 | 绿色 | 180~200 | 80~150 | 3 | |
| 56 | 红枫 | Acer palmatum 'Atropurpureum' | 4~5月 | 红色 | 100~120 | 60~80 | 7 | |
| 57 | 紫荆 | Cercis chinensis | 3~4月 | 紫色 | 220~280 | 150~200 | 1 | |
| 58 | 天堂鸟 | Strelitzia reginae | 全年常青 | 外花被片3个、橙黄色，内花被片3个、舌状、天蓝色 | 60~80 | 40~60 | 5 | |
| 59 | 香雪球 | Lobularia maritima | 6~7月 | 花淡紫色、白色 | 5~10 | 20~30 | 600 | |
| 60 | 波罗麻 | Agave angusti-folia | 全年 | 黄绿色 | 40~50 | 40~50 | 5 | |
| 61 | 欧月 | Rosa spp. | 4~10月 | 粉色、绿色、蓝色、紫色 | 30~40 | 20~30 | 120 | |
| 62 | 雾水松 | Chamaecyparis thyoides 'Heatherbun' | 全年 | 绿色 | 30~40 | 30~40 | 10 | |
| 63 | 青亚麻 | Linum usitatissimum | 全年 | 叶青灰色 | 40~60 | 30~40 | 12 | |

（续）

| 序号 | 植物名称 | 拉丁名 | 开花期及持续时间 | 花（叶）色 | 规格 高度（cm） | 规格 冠幅（cm） | 株数 | 备注 |
|---|---|---|---|---|---|---|---|---|
| 64 | 庭菖蒲 | Sisyrinchium rosulatum | 5月 | 花淡紫色 | 10~15 | 10~15 | 100 | |
| 65 | 富贵蕨 | Blechnum orientale | 全年 | 绿色 | 20~30 | 20~30 | 300 | |
| 66 | 香水百合 | Lilium casablanca | 4~7月 | 白色 | 40~60 | 30~40 | 30 | |
| 67 | 无尽夏绣球 | Hydrangea macrophylla 'Endless Summer' | 6~9月 | 蓝色、粉色 | 40~50 | 30~50 | 202 | |
| 68 | 山桃草（千鸟花） | Gaura lindheimeri | 5~9月 | 白色、粉红色 | 30~50 | 30~50 | 40 | |
| 69 | 狐尾天冬 | Asparagus densiflorus 'Myers' | 全年 | 叶绿色、花白色 | 25~35 | 25~35 | 65 | |
| 70 | 松红梅 | Leptospermum scoparium | 10月至翌年4月 | 红、粉红、桃红、白色 | 50~70 | 40~50 | 20 | |
| 71 | 结香 | Edgeworthia chrysantha | 3~4月 | 黄色 | 80~100 | 80~100 | 5 | |
| 72 | 百合花 | Lilium brownii var. viridulum | 4~7月 | 叶绿色、花白色 | 40~60 | 30~40 | 20 | |
| 73 | 大花芙蓉酢浆草 | Oxalis purpurea | 9月至翌年5月 | 粉红 | 10~15 | 20~35 | 800 | |
| 74 | 金叶石菖蒲 | Acorus gramineus 'Ogan' | 4~5月 | 绿色 | 15~25 | 10~15 | 300 | |
| 75 | 毛地黄钓钟柳 | Penstemon laevigatus subsp. digitalis | 5~10月 | 白、粉、蓝紫色 | 15~25 | 30~40 | 50 | |
| 76 | 糖蜜草 | Melinis minutiflora | 7~10月 | 花粉紫色、叶绿色 | 20~30 | 30~50 | 300 | |
| 77 | 迷迭香 | Rosmarinus officinalis | 11月 | 白色、紫色 | 30~40 | 30~40 | 50 | |
| 78 | 银叶石菖蒲 | Acorus gramineus cv. | 全年 | 花黄色 | 15~25 | 10~15 | 1200 | |
| 79 | 乱子草 | Muhlenbergia hugelii | 7~10月 | 花粉色、叶绿色 | 10~25 | 5~10 | 500 | |
| 80 | 水果蓝 | Teucrium fruitcans | 1月 | 蓝灰色 | 40~50 | 40~50 | 15 | |
| 81 | 姬小菊 | Brachyscome angustifolia | 4~11月 | 白色、紫色、粉色、玫红色 | 5~10 | 20~30 | 1000 | |
| 82 | 大花溪菊 | Chrysanthemum maximum | 6~7月 | 舌状花白色、管状花黄色 | 10~15 | 20~30 | 303 | |
| 83 | 马鞭草索托斯 | Verbena officinalis cv. | 6~8月 | 紫色、粉色 | 5~10 | 20~25 | 1650 | |
| 84 | 一叶兰 | Aspidistra elatior | 3~4月 | 叶绿色、花紫色 | 50~70 | 40~60 | 10 | |
| 85 | 毛地黄 | Digitalis purpurea | 5~6月 | 紫红色 | 20~30 | 20~30 | 200 | |

## 花境植物更换表

| 序号 | 原植物 | 更换名称 | 拉丁名 | 开花期及持续时间 | 花（叶）色 | 规格 高度（cm） | 规格 冠幅（cm） | 株数 | 更换时间 | 更换方式 |
|---|---|---|---|---|---|---|---|---|---|---|
| 1 | 花烟草 | 柳叶马鞭草 | Verbena bonariensis | 5~9月 | 叶绿色、花紫色 | 30~50 | 30~40 | 1100株 | | |
| 2 | 百晶菊 | 牵牛花 | Pharbitis nil | 7~8月 | 白、粉、紫 | 15~30 | 20~30 | 300株 | | |
| 3 | 石竹 | 天竺葵 | Pelargonium hortorum | 5~7月 | 红色、粉色 | 15~30 | 20~30 | 3800株 | | |

金奖

# 芬芳四季 溢彩南湖

## 马鞍山市园林绿化管理处、马鞍山东方园林建设有限公司

印治远

## 夏季实景

### 芬芳四季 溢彩南湖

结合现有错落的绿地景观，因地制宜配置花境植物，采用宿根花卉为主，色彩、花型上选用大朵艳丽的花卉品种，如无尽夏绣球、观赏草、桑蓓斯、玛格丽特、海棠、牵牛、金光菊等桩景及两边点植高杆亮金女贞棒棒糖造型树，运用植物的株形、株高、花形、质地营造一个高低错落、群体起伏、井然有序的花境群落景观。充分展现花境植物自身魅力，打造"乱花渐欲迷人眼"的生态图景，形成花团锦簇、生机盎然、魅力四射的游息南湖游园。

**秋季实景**

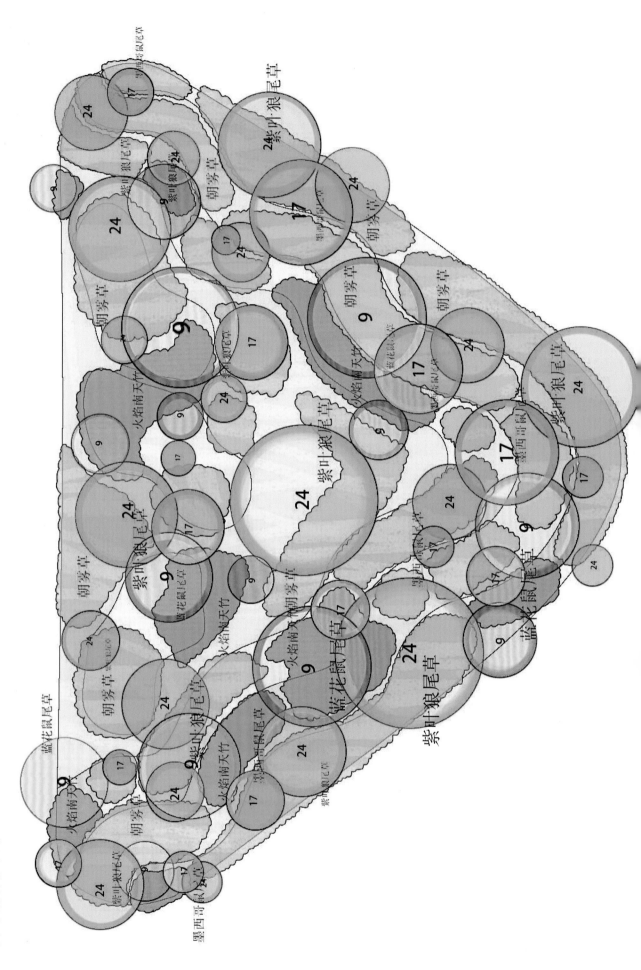

设计阶段图纸

## 花境植物材料

| 序号 | 品种 | 单位 | 规格 | 面积 | 密度 | 数量 |
|---|---|---|---|---|---|---|
| 1 | 小叶女贞（造型桩景） | 棵 | H-280 P-180 | | | 1 |
| 2 | 辉煌女贞 | 棵 | H-280 P-200 | | | 1 |
| 3 | 胡颓子（球） | 棵 | H-150 P-140 | | | 2 |
| 4 | 龟甲冬青（球） | 棵 | H-150 P-120 | | | 3 |
| 5 | 红花檵木（球） | 棵 | H-100 P-120 | | | 3 |
| 6 | 亮金女贞（球） | 盆 | 35美植袋 | | | 9 |
| 7 | 小丑火棘（球） | 盆 | 35美植袋 | | | 5 |
| 8 | 银姬小蜡（球） | 盆 | 35美植袋 | | | 3 |
| 10 | 红巨人朱蕉 | 盆 | 21×26营养钵 | 3 | 9 | 27 |
| 11 | 天门冬 | 盆 | 1加仑 | 2 | 9 | 18 |
| 12 | 无尽夏绣球 | 盆 | 1加仑 | 3 | 16 | 48 |
| 13 | 新景象鼠尾草 | 盆 | 1加仑 | 3 | 16 | 48 |
| 14 | 密花千屈菜 | 盆 | 1加仑 | 4 | 16 | 64 |
| 15 | 西洋鹃粉色 | 盆 | 16×18营养钵 | 4 | 25 | 100 |
| 16 | 三角梅 | 盆 | 5加仑 | 1 | 3 | 3 |
| 17 | 金叶美人蕉 | 盆 | 21×26营养钵 | 4 | 16 | 64 |
| 18 | 小兔子狼尾草 | 盆 | 21×26营养钵 | 4 | 50 | 200 |
| 19 | 紫花假龙头 | 盆 | 1加仑 | 3 | 16 | 48 |
| 20 | 花叶山菅兰 | 盆 | 21×26营养钵 | 5 | 30 | 150 |
| 21 | 金光菊 | 盆 | 1加仑 | 4 | 16 | 64 |
| 22 | 大麻叶泽兰 | 盆 | 1加仑 | 3 | 16 | 48 |
| 23 | 粉萝莉 | 盆 | 21×26营养钵 | 5 | 25 | 125 |
| 24 | 欧月 | 盆 | 180#红塑盆 | 4 | 25 | 100 |
| 25 | 蛇鞭菊 | 盆 | 1加仑 | 2 | 25 | 50 |
| 26 | 白晶菊 | 盆 | 180#红塑盆 | 5 | 20 | 100 |
| 27 | 法兰西玉簪 | 盆 | 2加仑 | 4 | 25 | 100 |
| 28 | 黄金菊 | 盆 | 180#红塑盆 | 4 | 16 | 64 |
| 29 | 丽格海棠 | 盆 | 120#红塑盆 | 4 | 60 | 240 |
| 30 | 紫毯美女樱 | 盆 | 120#红塑盆 | 5 | 60 | 300 |
| 31 | 五星花粉色 | 盆 | 120#红塑盆 | 5 | 60 | 300 |
| 32 | 金叶满天星 | 盆 | 120#红塑盆 | 5 | 60 | 300 |
| 33 | 混色五色梅 | 盆 | 120#红塑盆 | 5 | 60 | 300 |
| 34 | 金叶石菖蒲 | 盆 | 120#红塑盆 | 5 | 80 | 400 |
| 35 | 蓝雪花 | 盆 | 120#红塑盆 | 5 | 60 | 300 |

## 花境植物更换表

| 序号 | 植物名称 | 花（叶）色 | 开花期及持续时间 | 长成高度（cm） | 种植面积（m²） | 种植密度（株/m²） | 株数（株） |
|---|---|---|---|---|---|---|---|
| 1 | 长春花 | 白色、黄色 | 5～10月 | 30～60 | 3 | 49 | 147 |
| 2 | 四季海棠 | 红色、绿色 | 5～10月 | 15～30 | 5 | 49 | 245 |
| 3 | 粉毯美女樱 | 粉色 | 5～11月 | 15～25 | 5 | 49 | 245 |
| 4 | 矮牵牛 | 红色 | 4～11月 | 15～25 | 6 | 49 | 294 |
| 5 | 五星花 | 红色 | 5～10月 | 20～25 | 7 | 49 | 343 |

# 蝶识花间

## 北京京彩源景花境园艺有限公司

赵建宝　李富强　周康　刘冬云　孟庆瑞

### 春季实景

## 蝶识花间

"荷池花间事，路缘幽景添。煮茶谈雅乐，漫步亦悠然。"

设计地块位于莲花池公园三期与一期连接处入口，以国槐、栾树、柳树、碧桃等乔灌木为依托，一派自然闲适的景色。

设计形式为道路两侧单面观路缘花境。选取扁叶刺芹、紫叶狼尾草等较高的植物为背景。花境整体高低错落，姿态各异，充分展示宿根花卉的特色。色调上也以蓝、粉、白、黄为基调，简洁明快。春赏鼠尾草、滨菊、霹雳石竹等，夏观赛菊芋、马鞭草、松果菊、火尾蓼等，秋有狼尾草、长序芒、堆心菊、美女樱等，应和了路缘花境的形，传达了清而幽的意。虽缤纷四季，却不艳不争。

公园漫步，则有满园景色几许，依梦美卷无休……

## 秋季实景

## 设计阶段图纸

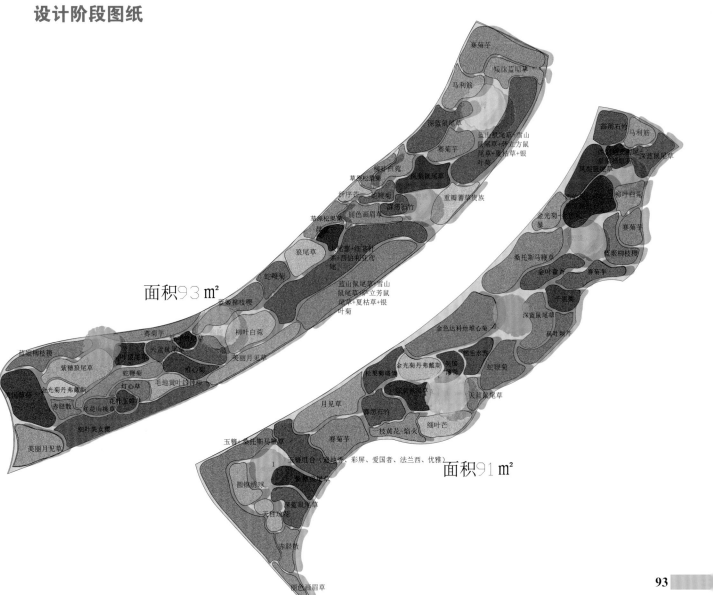

面积93 m²

面积91 m²

## 花境植物材料

| 序号 | 植物名称 | 植物科 | 拉丁名 | 花色 | 叶色 | 开花期及持续时间 | 长成高度（cm） | 种植面积（m²） | 种植密度（株/m²） | 株数（株） |
|---|---|---|---|---|---|---|---|---|---|---|
| 1 | 美丽月见草 | 柳叶菜科 | Oenothera speciosa | | 常绿 | 6～9月 | 20～30 | 10 | 16 | 160 |
| 2 | 美国薄荷 | 唇形科 | Monarda didyma | | 常绿 | 6～8月 | 100～120 | 4.5 | 6 | 27 |
| 3 | 细叶美女樱 | 马鞭草科 | Verbena tenera | | 常绿 | 5～10月 | 10～15 | 6 | 25 | 150 |
| 4 | 赤胫散 | 蓼科 | Polygonum runcinatum | 花白色 | 常彩色 | — | 40～50 | 4.5 | 9 | 40 |
| 5 | 毛地黄钓钟柳 | 玄参科 | Penstemon laevigatus subsp. digitalis | | 彩色 | 5～6月 | 10～50 | 4 | 16 | 64 |
| 6 | 紫叶狼尾草 | 禾本科 | Pennisetum setaceum 'Rubrum' | | | 7～10月 | 80～120 | 5.5 | 5 | 28 |
| 7 | 赛菊芋 | 菊科 | Heliopsis helianthoides | | 常绿 | 8～10月 | 50～60 | 11 | 16 | 176 |
| 8 | 天蓝鼠尾草 | 唇形科 | Salvia uliginosa | | 常绿 | 5～9月 | 120～140 | 3 | 9 | 27 |
| 9 | 鼠尾草'萨丽芳' | 唇形科 | Salvia farinacea cv. | | 常绿 | 5～10月 | 20～30 | 3 | 16 | 48 |
| 10 | 灯心草 | 灯心草科 | Juncus effusus | | 常绿 | 5～11月 | 50～60 | 2.5 | 16 | 40 |
| 11 | 堆心菊'金色达科他' | 菊科 | Helenium autumnale cv. | | 常绿 | 5～10月 | 20～30 | 5 | 16 | 90 |
| 12 | 柳叶白菀 | 菊科 | Kalimeris pinnatifida 'Hortensis' | | 常绿 | 9～10月 | 60～80 | 4 | 4 | 16 |
| 13 | 蛇鞭菊 | 菊科 | Liatris spicata | | 常绿 | 7～8月 | 50～60 | 4 | 16 | 64 |
| 14 | 蓝姬柳枝稷 | 禾本科 | Panicum virgatum 'Blue' | | 常绿 | 8～10月 | 80～100 | 4 | 5 | 20 |
| 15 | 火尾蓼 | 蓼科 | Hieracium maculatum 'Leopard' | | 常绿 | 7～10月 | 30～40 | 3.5 | 9 | 31.5 |
| 16 | 细茎针茅 | 禾本科 | Stipa tenuissima | | 常绿 | 4～8月 | 30～40 | 3.5 | 16 | 56 |
| 17 | 鼠尾草'蓝山' | 唇形科 | Salvia nemorosa 'Blauhugel' | | 常绿 | 5～9月 | 20～30 | 2.5 | 16 | 40 |
| 18 | 鼠尾草'雪山' | 唇形科 | Salvia nemorosa 'Schneehugel' | | 常绿 | 5～9月 | 20～30 | 2.5 | 16 | 40 |
| 19 | 夏枯草 | 唇形科 | Prunella vulgaris | | 常绿 | 5～9月 | 10～20 | 2.5 | 16 | 40 |
| 20 | 银叶菊 | 菊科 | Centaurea cineraria | | 银色 | 6～9月 | 10～30 | 2.5 | 16 | 40 |
| 21 | 矮株狼尾草 | 禾本科 | Pennisetum alopecuroides | | 常绿 | 7～10月 | 40～50 | 2.5 | 4 | 10 |
| 22 | 晨光芒 | 禾本科 | Miscanthus sinensis 'Morning Light' | | | 8～10月 | 40～50 | 4 | 5 | 20 |
| 23 | 长穗狼尾草 | 禾本科 | Pennisetum alopecuroides | | 常绿 | 7～10月 | 80～90 | 3.5 | 4 | 14 |
| 24 | 纤序芒 | 禾本科 | Miscanthus sinensis 'Fibrinus' | | 常绿 | 7～10月 | 90～110 | 3.5 | 4 | 14 |
| 25 | 重瓣蓍草'贵族' | 菊科 | Achillea ptarmica 'Noblessa' | | 常绿 | 5～9月 | 20～30 | 3 | 16 | 48 |
| 26 | 凤梨鼠尾草 | 唇形科 | Salvia elegans | | 常绿 | 9～10月 | 60～80 | 4.5 | 4 | 18 |
| 27 | 深蓝鼠尾草 | 唇形科 | Salvia guaranitica 'Black and Blue' | | 常绿 | 8～10月 | 50～60 | 7.5 | 9 | 68 |
| 28 | 马利筋 | 萝摩科 | Asclepias curassavica | | 常绿 | 7～10月 | 40～50 | 3.5 | 9 | 31.5 |
| 29 | 西伯利亚鸢尾'皇家缅眼石' | 鸢尾科 | Iris sibirica 'Imperial Opal' | | 常绿 | 4～5月 | 30～40 | 6.5 | 9 | 58 |

（续）

| 序号 | 植物名称 | 拉丁名 | 植物科 | 花色 | 叶色 | 开花期及持续时间 | 长成高度（cm） | 种植面积（m²） | 种植密度（株/m²） | 株数（株） |
|---|---|---|---|---|---|---|---|---|---|---|
| 30 | 金光菊'金色风暴' | *Rudbeckia fulgida* 'Goldsturm' | 菊科 |  | 常绿 | 7~9月 | 30~40 | 5 | 9 | 45 |
| 31 | 金叶藿香 | *Agastache foeniculum* | 唇形科 | | | 6~8月 | 40~50 | 2.5 | 12 | 30 |
| 32 | 桑托斯马鞭草 | *Verbena rigida* 'Santos' | 马鞭草科 | | 常绿 | 5~9月 | 20~30 | 3.5 | 16 | 56 |
| 33 | 绵毛水苏 | *Stachys byzantina* | 唇形科 | | | 5~6月 | 30~40 | 2.5 | 16 | 40 |
| 34 | '细叶'芒 | *Miscanthus sinensis* 'Gracillimus' | 禾本科 | | 常绿 | 8~10月 | 80~100 | 3.5 | 6 | 21 |
| 35 | 玉簪'遍地香' | *Hosta* cv. | 百合科 | | 带金边 | 6~9月 | 10~20 | 2 | 9 | 18 |
| 36 | 玉簪'彩屏' | *Hosta* cv. | 百合科 | | | 6~9月 | 10~20 | 2 | 9 | 18 |
| 37 | 玉簪'爱国者' | *Hosta* 'Patriot' | 百合科 | | 带金边 | 6~9月 | 10~20 | 2 | 9 | 18 |
| 38 | 玉簪'法兰西' | *Hosta fortune* 'Francee' | 百合科 | | 带金边 | 6~9月 | 10~20 | 2 | 9 | 18 |
| 49 | 玉簪'优雅' | *Hosta* cv. | 百合科 | | | 6~9月 | 10~20 | 2 | 9 | 18 |
| 40 | 一枝黄花'焰火' | *Solidago rugosa* cv. | 菊科 | | 常绿 | 9~10月 | 80~100 | 3 | 9 | 27 |
| 41 | 霹雳石竹 | *Dianthus chinensis* cv. | 石竹科 | | 常绿 | 5~7月 | 30~40 | 3 | 16 | 48 |
| 42 | 松果菊'盛情' | *Ratibida columnifera* cv. | 菊科 | | 常绿 | 5~9月 | 30~40 | 3.5 | 16 | 56 |
| 43 | 天目琼花 | *Viburnum opulus* var. *calvescens* | 忍冬科 | | 常绿 | 5~6月 | 130~160 | 2.5 | 1 | 3 |
| 44 | 圆锥绣球 | *Hydrangea paniculata* | 虎耳草科 | | 常绿 | 6~9月 | 50~60 | 3 | 1 | 3 |
| 45 | 丽色画眉草 | *Eragrostis spectabilis* | 禾本科 | | 常绿 | 7~9月 | 20~30 | 4 | 9 | 36 |
| 46 | 金光菊'金色风暴' | *Rudbeckia hirta* 'Prairie Sun' | 菊科 | | 常绿 | 7~8月 | 30~40 | 5 | 20 | 100 |
| 47 | 草原松果菊 | *Ratibida. solumnifera* | 菊科 | | 常绿 | 6~8月 | 40~60 | 5 | 25 | 125 |
| 48 | 金边麦冬 | *Liriope muscari* 'Variegata' | 百合科 | | 带金边 | 7~8月 | 20~30 | 1 | 16 | 16 |
| 49 | 粉花山桃草 | *Gaura. lindheimeri* 'Sparkle White' | 柳叶菜科 | | 常绿 | 5~9月 | 30~40 | 2 | 16 | 32 |
| 50 | 金光菊'丹福戴斯' | *Rudbeckia hirta* 'Denver Daisy' | 菊科 | | 常绿 | 7~8月 | 30~40 | 5 | 9 | 45 |
| 51 | 扁叶刺芹'蓝闪光' | *Eryngium planum* cv. | 伞形科 | | 常绿 | 6~8月 | 40~50 | 4 | 16 | 64 |
| 52 | 天蓝鼠尾草 | *Salvia uliginosa* | 唇形科 | | 常绿 | 7~8月 | 40~50 | 3 | 16 | 48 |
| 53 | 千屈菜'罗伯特' | *Lythrum salicaria* 'Robert' | 千屈菜科 | | 常绿 | 6~9月 | 50~100 | 2 | 9 | 18 |

## 花境植物更换表

| 序号 | 植物名称 | 拉丁名 | 植物科 | 花色 | 叶色 | 开花期及持续时间 | 长成高度（cm） | 种植面积（m²） | 种植密度（株/m²） | 株数（株） | 更换时间 |
|---|---|---|---|---|---|---|---|---|---|---|---|
| 9 | 鼠尾草'萨丽芳' | *Salvia farinacea* cv. | 唇形科 | | 常绿 | 5~10月 | 20~30 | 2 | 16 | 32 | 8月10日 |
| 30 | 金光菊'金色风暴' | *Rudbeckia fulgida* 'Goldsturm' | 菊科 | | 常绿 | 7~9月 | 30~40 | 3 | 9 | 27 | 8月10日 |

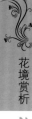
花境赏析
2021

# 梦里水乡

苏州市众易思景观设计有限公司

何向东

## 春季实景

**夏季实景**

## 梦里水乡

生态宜居环境：这是一个全世界都在倡导的生存理念，一句"绿水青山就是金山银山"，便是其中精义。我自小生活的城市里，没有青山，但有很多绿水，是个地地道道的江南水乡。在我儿时的记忆里，那里的河水总是那么清澈，可以清楚地看到一串串的小鱼在浅水处，或追逐或啄食。河边，总会长有一片茂密的竹林、或曲或直的各种杂木，还有很多零零星星叫不上名字的小花小草。远处，总会有一片又一片的农田，仿佛永远都是金灿灿的一片，看在眼里总是暖暖的。由于种种原因，如今已很难再看到往日的那番景象。每当这样的片段悄悄出现在我的梦中时，总是那么温暖，那么令我神往。我一直有一个梦想，那就是我们可以回到梦里，回到那个有着清澈水面、金色田野的梦里。我也一直坚信，我们可以实现这个梦想，找回那些暂时远去的绿水青山。因为，我们大家都有着一个共同的梦想，那就是我们伟大的"中国梦"！

苏州园林技法：因为早年在苏州园林学校就读的缘故，我对苏州园林诸多的造园理念以及手法，有着深厚的感情，例如"小中见大""步移景异""曲径通幽""藏头匿尾"等等。这个作品的诸多设计理念，正是建立在这样的基础之上。例如，散置的砾石，不仅可以满足海绵城市所倡导的渗水要求，它还代表着一条蜿蜒的小河，与周边微微隆起的小土丘，共同营造出山环水绕、幽长深远的意境，形成稳健而又灵动的空间氛围。同时，由砾石水带勾勒出来的流线，拉伸出了更多的展示线，让人在不同的前进方向及角度，都可以找到一个相对舒适的空间视角，达到"步移景异"的动态效果。而且，通过"藏头匿尾"的手法，水带的端头被巧妙地藏起，让人无法一眼见底，有效拉伸了人们的意象空间，从而达到了"小中见大"的视觉效果，给人以源远流长的怡人感受。

四季有景可赏：春季，万物复苏，樱花、海棠、梅花、榆叶梅、紫荆、毛鹃及喷雪花等花灌木争芳斗艳；夏季，欧洲荚蒾、穗花牡荆、紫薇、金丝桃及美人蕉等相继花开；秋季，香甜的桂花、鲜艳的羽毛枫以及墨西哥鼠尾草等，让人从视觉到嗅觉都能够得到一种惬意与满足；冬季，红瑞木、蜡梅、山茶、结香以及含苞待放的红梅便成为了主角。

**秋季实景**

## 设计阶段图纸

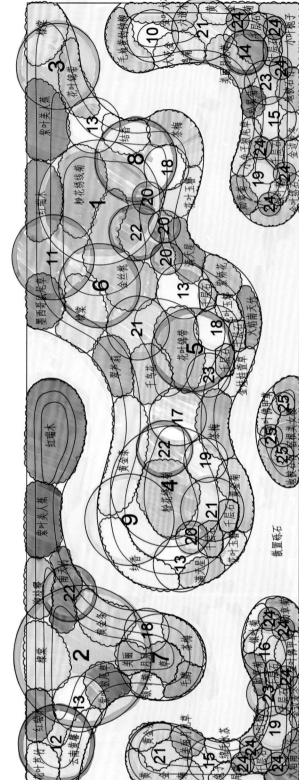

总 彩 平 1：50

| 序号 | 图例 | 名称 |
|---|---|---|
| 1 | ① | 染井吉野樱 |
| 2 | ② | 金桂 |
| 3 | ③ | 美人茶 |
| 4 | ④ | 丛生紫薇 |
| 5 | ⑤ | 垂丝海棠 |
| 6 | ⑥ | 骨里红梅 |
| 7 | ⑦ | 榆叶梅 |
| 8 | ⑧ | 羽毛枫 |
| 9 | ⑨ | 素心蜡梅 |
| 10 | ⑩ | 欧洲荚蒾 |
| 11 | ⑪ | 紫荆 |
| 12 | ⑫ | 穗花牡荆 |
| 13 | ⑬ | 喷雪花 |
| 14 | ⑭ | 贴梗海棠 |
| 15 | ⑮ | 亮金女贞（球） |
| 16 | ⑯ | 黄金枸骨（球） |
| 17 | ⑰ | 金森女贞（球） |
| 18 | ⑱ | 银石蚕（球） |
| 19 | ⑲ | 含笑（球） |
| 20 | ⑳ | 无尽夏绣球 |
| 21 | ㉑ | 矮蒲苇 |
| 22 | ㉒ | 粉黛乱子草 |
| 23 | ㉓ | 细叶芒 |
| 24 | ㉔ | 百子莲 |
| 25 | ㉕ | 诺娃微月 |

100

# 花境植物材料

| 序号 | 植物名称 | 植物科属 | 拉丁名 | 花（叶）色 | 开花期及持续时间 | 长成高度（cm） | 种植面积（m²） | 种植密度（株/m²） | 株数（株） | 备注 |
|---|---|---|---|---|---|---|---|---|---|---|
| 1 | 金桂 | 木樨科木樨属 | Osmanthus fragrans | 绿叶黄花 | 9~10月 | 250~300 | | | 1 | |
| 2 | 山茶 | 山茶科山茶属 | Camellia japonica | 绿叶红花 | 1~4月 | 200~250 | | | 2 | |
| 3 | 早樱 | 蔷薇科樱属 | Cerasus spp. | 绿叶白花 | 4月 | 250~300 | | | 1 | |
| 4 | 丛生紫薇 | 千屈菜科紫薇属 | Lagerstroemia indica | 绿叶紫花 | 6~9月 | 250~300 | | | 1 | |
| 5 | 北美海棠 | 蔷薇科苹果属 | Malus cv. | 绿叶粉花 | 4月 | 200~250 | | | 1 | |
| 6 | 垂丝海棠 | 蔷薇科苹果属 | Malus halliana | 绿叶粉花 | 3~4月 | 180~200 | | | 1 | |
| 7 | 榆叶梅 | 蔷薇科桃属 | Amygdalus triloba | 绿叶粉花 | 4月 | 180~200 | | | 1 | |
| 8 | 羽毛枫 | 槭树科槭属 | Acer palmatum 'Dissectum' | 红叶 | 观叶 | 180~200 | | | 1 | |
| 9 | 青里红梅 | 蔷薇科李属 | Prunus mume var. typica | 绿叶红花 | 3月 | 150~180 | | | 1 | |
| 10 | 素心蜡梅 | 蜡梅科蜡梅属 | Chimonanthus praecox 'Luteus' | 绿叶黄花 | 11月 | 150~180 | | | 1 | |
| 11 | 紫荆 | 豆科紫荆属 | Cercis chinensis | 绿叶紫花 | 3~4月 | 150~180 | | | 1 | |
| 12 | 欧洲荚蒾 | 忍冬科荚蒾属 | Viburnum opulus | 绿叶白花 | 5~6月 | 150~180 | | | 1 | |
| 13 | 穗花牡荆 | 马鞭草科牡荆属 | Vitex agnus-castus | 绿叶蓝花 | 7~8月 | 120~150 | | | 2 | |
| 14 | 喷雪花 | 蔷薇科绣线菊属 | Spiraea thunbergii | 绿叶白花 | 3月中旬 | 120~150 | | | 3 | |
| 15 | 水果蓝 | 唇形科香科科属 | Teucrium fruticans | 蓝叶紫花 | 4~6月 | 100~120 | | | 3 | |
| 16 | 银姬小蜡 | 木樨科女贞属 | Ligustrum sinense 'Variegatum' | 绿白叶 | 观叶 | 100~120 | | | 1 | |
| 17 | 含笑 | 木兰科含笑属 | Michelia figo | 绿叶黄花 | 3~5月 | 100~120 | | | 3 | |
| 18 | 亮晶女贞 | 木樨科女贞属 | Ligustrum × vicaryi | 金叶 | 观叶 | 100~120 | | | 1 | |
| 19 | 黄金香柳 | 桃金娘科白千层花属 | Melaleuca bracteata 'Revolution Gold' | 金叶 | 观叶 | 120~150 | | | 3 | |
| 20 | 结香 | 瑞香科结香属 | Edgeworthia chrysantha | 绿叶白花 | 2~4月 | 60~80 | | | 10 | |
| 21 | 金叶大花六道木 | 忍冬科六道木属 | Abelia grandiflora 'Francis Mason' | 金叶白花 | 6~11月 | 50~60 | | | 2 | |
| 22 | 澳洲朱蕉 | 百合科朱蕉属 | Cordyline australis | 紫叶 | 观叶 | 40~50 | | | 8 | |
| 23 | 毛鹃 | 杜鹃花科杜鹃花属 | Rhododendron pulchrum | 绿叶粉花 | 4~5月 | 40~50 | | | 11 | |
| 24 | 银叶菊 | 菊科千里光属 | Centaurea cineraria | 银叶黄花 | 6~9月 | 40~50 | | | 18 | |
| 25 | 丰花欧月 | 蔷薇科蔷薇属 | Rosa hybrida | 绿叶粉花 | 5~11月 | 30×40 | | | 3 | |

（续）

| 序号 | 植物名称 | 植物科属 | 拉丁名 | 花（叶）色 | 开花期及持续时间 | 长成高度（cm） | 种植面积（m²） | 种植密度（株/m²） | 株数（株） | 备注 |
|---|---|---|---|---|---|---|---|---|---|---|
| 26 | 百子莲 | 石蒜科百子莲属 | Agapanthus africanus | 绿叶蓝花 | 7~9月 | 30×40 | | | 12 | |
| 27 | 矮蒲苇 | 禾本科蒲苇属 | Cortaderia selloana 'Pumila' | 绿叶白花 | 9~10月 | 120~150 | | | 4 | |
| 28 | 细叶芒 | 禾本科芒属 | Miscanthus sinensis cv. | 绿叶白花 | 9~10月 | 60~80 | | | 4 | |
| 29 | 火星花 | 鸢尾科雄黄兰属 | Crocosmia crocosmiflora | 绿叶红花 | 6~8月 | 60~80 | | | 5 | |
| 30 | 樱桃鼠尾草 | 唇形科鼠尾草属 | Salvia greggii | 绿叶红花 | 6~10月 | 50~60 | | | 3 | |
| 31 | 大吴风草 | 菊科大吴风草属 | Farfugium japonicum | 绿叶黄花 | 8月至翌年3月 | 30~40 | | | 12 | |
| 32 | 大花飞燕草 | 毛茛科翠雀属 | Delphinium grandiflorum | 绿叶蓝花 | 5~10月 | 50~60 | | | 12 | |
| 33 | 红端木 | 山茱萸科梾木属 | Swida alba | 红干 | 冬季观茎 | 120~150 | 2.2 | 36 | 80 | |
| 34 | 黄花鸢尾 | 鸢尾科鸢尾属 | Iris wilsonii | 绿叶黄花 | 5~6月 | 60~80 | 0.4 | 36 | 14 | |
| 35 | 云南黄馨 | 木犀科素馨属 | Jasminum mesnyi | 绿叶黄花 | 11月至翌年8月 | 60~80 | 0.5 | 36 | 18 | |
| 36 | 花叶芦竹 | 禾本科芦竹属 | Arundo donax var. versicolor | 绿白叶 | 观叶 | 50~60 | 0.2 | 9 | 2 | |
| 37 | 无尽夏绣球 | 虎耳草科绣球属 | Hydrangea macrophylla 'Endless Summer' | 绿叶蓝花 | 6~9月 | 50~60 | 0.6 | 9 | 5 | |
| 38 | 风铃草 | 桔梗科风铃草属 | Campanula medium | 绿叶粉花 | 5~6月 | 50~60 | 0.3 | 36 | 12 | |
| 39 | 墨西哥鼠尾草 | 唇形科鼠尾草属 | Salvia leucantha | 绿叶紫花 | 8~10月 | 50~60 | 0.9 | 25 | 23 | |
| 40 | 黄金菊 | 菊科梳黄菊属 | Euryops pectinatus | 绿叶黄花 | 6~11月 | 50~60 | 1.5 | 25 | 38 | |
| 41 | 棣棠 | 蔷薇科棣棠花属 | Kerria japonica | 绿叶黄花 | 4~5月 | 50~60 | 1.7 | 25 | 43 | |
| 42 | 花叶锦带花 | 忍冬科锦带花属 | Weigela florida 'Variegata' | 绿白叶紫花 | 4~5月 | 50~60 | 1.6 | 16 | 26 | |
| 43 | 紫叶美人蕉 | 美人蕉科美人蕉属 | Canna warszewiczii | 紫叶红花 | 6~11月 | 50~60 | 1.2 | 16 | 20 | |
| 44 | 柳枝稷 | 禾本科黍属 | Panicum virgatum | 绿叶紫叶 | 观叶 | 50~60 | 0.7 | 36 | 25 | |
| 45 | 金丝桃 | 藤黄科金丝桃属 | Hypericum monogynum | 绿叶黄花 | 6~7月 | 50~60 | 1.3 | 49 | 64 | |
| 46 | 毛地黄钓钟柳 | 玄参科钓钟柳属 | Penstemon laevigatus subsp. digitalis | 绿叶白紫花 | 5~10月 | 40~50 | 1.5 | 25 | 38 | |
| 47 | 落新妇 | 虎耳草科落新妇属 | Astilbe chinensis | 绿叶粉花 | 6~9月 | 40~50 | 2.2 | 16 | 35 | |
| 48 | 火焰南天竹 | 小檗科南天竹属 | Nandina domestica 'Firepower' | 红褐叶 | 观叶 | 40~50 | 1 | 16 | 16 | |
| 49 | 美丽月见草 | 柳叶菜科月见草属 | Oenothera speciosa | 绿叶粉花 | 4~11月 | 40~50 | 1.5 | 25 | 38 | |
| 50 | 翠芦莉 | 爵床科单药花属 | Ruellia simplex | 绿叶紫花 | 3~10月 | 40~50 | 0.4 | 25 | 10 | |
| 51 | 粉花绣线菊 | 蔷薇科绣线菊属 | Spiraea japonica | 绿叶粉花 | 6~7月 | 40~50 | 1.3 | 16 | 21 | |

（续）

| 序号 | 植物名称 | 植物科属 | 拉丁名 | 花（叶）色 | 开花期及持续时间 | 长成高度（cm） | 种植面积（m²） | 种植密度（株/m²） | 株数（株） | 备注 |
|---|---|---|---|---|---|---|---|---|---|---|
| 52 | 紫叶千鸟花 | 柳叶菜科山桃草属 | Gaura lindheimeri 'Crimson Bunny' | 紫叶粉花 | 5~11月 | 40~50 | 0.8 | 16 | 13 | |
| 53 | 紫叶狼尾草 | 禾本科狼尾草属 | Pennisetum alopecuroides | 紫叶紫花 | 8~11月 | 40~50 | 0.4 | 36 | 15 | |
| 54 | 大花金鸡菊 | 菊科金鸡菊属 | Coreopsis grandiflora | 绿叶黄花 | 5~9月 | 30~40 | 0.9 | 25 | 23 | |
| 55 | 大花萱草 | 百合科萱草属 | Hemerocallis hybrida | 绿叶红花 | 5~10月 | 30~40 | 1 | 25 | 25 | |
| 56 | 花叶玉簪 | 百合科玉簪属 | Hosta undulata | 绿黄叶白花 | 7~8月 | 30~40 | 1.4 | 25 | 35 | |
| 57 | 勋章菊 | 菊科勋章菊属 | Gazania rigens | 绿叶黄花 | 5~9月 | 30~40 | 1.1 | 36 | 40 | |
| 58 | 金娃娃萱草 | 百合科萱草属 | Hemerocallis cv. | 绿叶黄花 | 8~11月 | 30~40 | 0.2 | 36 | 8 | |
| 59 | 松果菊 | 菊科松果菊属 | Echinacea purpurea | 绿叶紫花 | 6~8月 | 30~40 | 0.3 | 36 | 12 | |
| 60 | 小兔子狼尾草 | 禾本科狼尾草属 | Pennisetum alopecuroides 'Little Bunny' | 绿叶白花 | 8~10月 | 30~40 | 0.4 | 36 | 15 | |
| 61 | 紫娇花 | 石蒜科紫娇花属 | Tulbaghia violacea | 绿叶蓝花 | 5~7月 | 30~40 | 0.4 | 36 | 15 | |
| 62 | 金边阔叶麦冬 | 百合科山麦冬属 | Liriope muscari | 黄绿叶蓝花 | 7~8月 | 20~30 | 0.5 | 49 | 25 | |
| 63 | 地被石竹 | 石竹科石竹属 | Dianthus plumarius | 绿叶粉花 | 5~11月 | 20~30 | 0.8 | 49 | 40 | |
| 64 | 多花筋骨草 | 唇形科筋骨草属 | Ajuga multiflora | 绿叶蓝花 | 4~5月 | 20~30 | 0.3 | 36 | 12 | |
| 65 | 满天星 | 千屈菜科萼距花属 | Cuphea hyssopifolia | 绿叶粉花 | 5~11月 | 20~30 | 0.7 | 36 | 25 | |
| 66 | 宿根美女樱 | 马鞭草科马鞭草属 | Verbena hybrida | 绿叶粉花 | 5~11月 | 10~20 | 0.5 | 36 | 20 | |
| 67 | 金叶络石 | 夹竹桃科络石属 | Trachelospermum asiaticum | 黄绿叶 | 观叶 | 10~20 | 0.7 | 49 | 35 | |
| 68 | 矾根 | 虎耳草科矾根属 | Heuchera micrantha | 黄褐叶 | 观叶 | 10~20 | 0.7 | 36 | 25 | |
| 69 | 金叶佛甲草 | 景天科景天属 | Sedum lineare | 黄绿叶黄花 | 5~6月 | 10~20 | 2 | 64 | 130 | |

## 花境植物更换表

| 序号 | 植物名称 | 植物科属 | 拉丁名 | 花（叶）色 | 开花期及持续时间 | 长成高度（cm） | 种植面积（m²） | 种植密度（株/m²） | 株数（株） | 备注 |
|---|---|---|---|---|---|---|---|---|---|---|
| 1 | 蛇鞭菊 | 菊科蛇鞭菊属 | Liatris spicata | 绿叶紫花 | 7~8月 | 60~80 | | | 12 | 6月替换大花'飞燕草 |
| 2 | 金光菊 | 菊科金光菊属 | Rudbeckia laciniata | 绿叶黄花 | 7~10月 | 40~60 | 0.3 | 36 | 12 | 6月替换风铃草 |

# 铂悦犀湖

## 苏州满庭芳景观工程有限公司

覃乐梅　杨华

### 春季实景

## 夏季实景

## 铂悦犀湖

　　铂悦犀湖位于独墅湖高教区万寿街与若水路交汇处，西靠独墅湖湖景资源，花境位于铂悦犀湖示范区中庭阳光草坪周边。铂悦犀湖营造了一个温暖的家的感觉，通过极富美感与诗意的景观，让人对家产生更高需求的向往和归依。

　　君子善假于物。所有的花境的主旨，最终都是服务于人。花境材料选择了美人蕉、四季秋海棠、三角梅、粉色一品红、无尽夏绣球、夏堇、锦绣杜鹃、灌木欧月、朱槿等粉色系与红色系的植物，营造一种明媚、温馨、舒适的氛围，从而使主题统一于景观，给业主打造一个温暖的充满爱的家。同时也选择了特丽莎莫奈薰衣草、千日红、紫色香彩雀、紫叶狼尾草、墨西哥鼠尾草、紫珠、翠芦莉等蓝紫色系植物来提升花境的现代感与神秘感。各种花卉高低错落，层次丰富，多样性的植物混合组成的花境可以做到三季有花，四季有景。

## 秋季实景

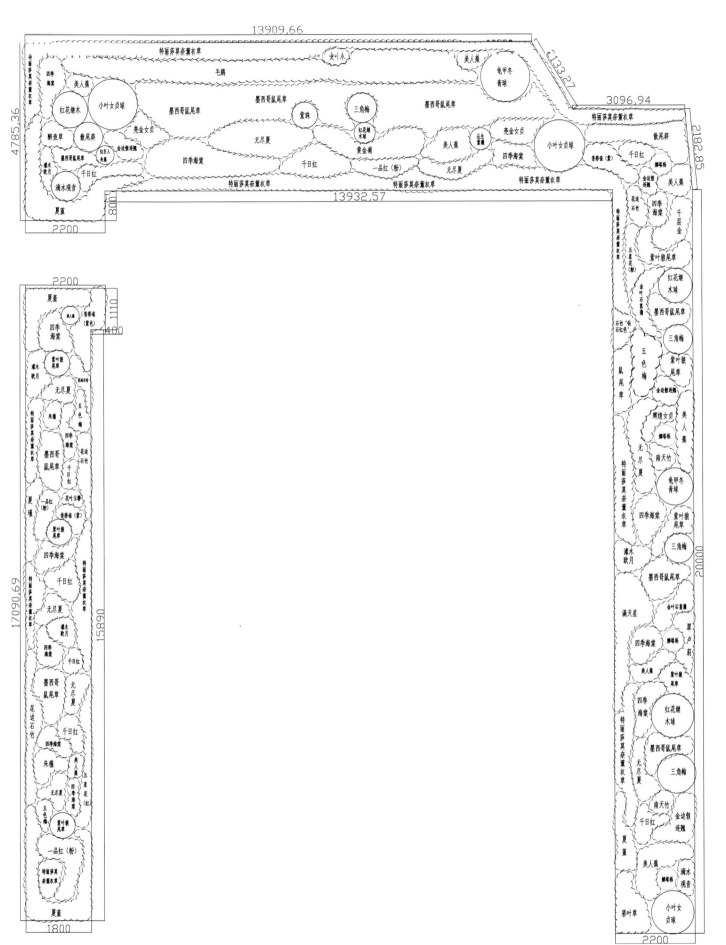

**设计阶段图纸**

# 花境植物材料

| 序号 | 植物名称 | 植物科属 | 拉丁名 | 花（叶）色 | 开花期及持续时间 | 长成高度（cm） | 面积（m²） | 种植密度（株/m²） | 株数（株） |
| --- | --- | --- | --- | --- | --- | --- | --- | --- | --- |
| 1 | 特丽莎莫奈薰衣草 | 唇形科马刺花属 | Plectranthus 'Mona Lavender' | 紫花 | 夏秋花，6~11月 | 50 | 22.140 | 16 | 354 |
| 2 | 美人蕉 | 美人蕉科美人蕉属 | Canna indica | 粉花 | 夏秋花，6~11月 | 180 | 2.562 | 16 | 41 |
| 3 | 四季秋海棠 | 秋海棠科秋海棠属 | Begonia cucullata | 红花 | 春夏秋花，3~12月 | 30 | 10.342 | 25 | 259 |
| 4 | 千日红 | 苋科千日红属 | Gomphrena globosa | 紫花 | 夏秋花，6~9月 | 60 | 4.823 | 25 | 121 |
| 5 | 三角梅（叶子花） | 紫茉莉科叶子花属 | Bougainvillea spectabilis | 玫红色花 | 冬春花，11月至翌年6月 | 300 | 1.530 | 1 | 4 |
| 6 | 一品红（粉色） | 大戟科大戟属 | Euphorbia pulcherrima | 粉色叶片 | 四季观叶 | 200 | 2.500 | 25 | 63 |
| 7 | 夏堇（蓝猪耳） | 玄参科蝴蝶草属 | Torenia fournieri | 粉花 | 夏秋花，6~11月 | 30 | 8.310 | 80 | 665 |
| 8 | 无尽夏绣球 | 虎耳草科绣球属 | Hydrangea macrophylla 'Endless Summer' | 粉花 | 夏花，6~9月 | 100 | 7.240 | 9 | 65 |
| 9 | 香彩雀（紫花） | 玄参科香彩雀属 | Angelonia angustifolia | 紫花 | 夏花，6~9月 | 30 | 2.490 | 80 | 199 |
| 10 | 五星花（红） | 茜草科五星花属 | Pentas lanceolata | 红花 | 夏秋花，6~9月 | 70 | 1.100 | 80 | 88 |
| 11 | 五星花（粉） | 茜草科五星花属 | Pentas lanceolata | 粉花 | 夏秋花，6~9月 | 70 | 0.630 | 80 | 50 |
| 12 | 紫叶狼尾草 | 禾本科狼尾草属 | Pennisetum setaceum 'Rubrum' | 紫叶 | 观叶、观穗，穗期6~9月 | 200 | 4.144 | 9 | 37 |
| 13 | 五色梅 | 马鞭草科马缨丹属 | Lantana camara | 橙黄色花 | 春夏秋花，花期5~10月 | 100 | 1.910 | 9 | 17 |
| 14 | 龟甲冬青（球） | 冬青科冬青属 | Ilex crenata f. convexa | 叶常绿 | 四季观叶 | 150 | 2.290 | 1 | 3 |
| 15 | 毛鹃（锦绣杜鹃） | 杜鹃花科杜鹃花属 | Rhododendron pulchrum | 玫红色花 | 春花，4~5月 | 50 | 7.200 | 80 | 576 |
| 16 | 红花檵木（球） | 金缕梅科檵木属 | Loropetalum chinense var. rubrum | 玫红色花 | 春花，4~5月 | 120 | 2.780 | 1 | 4 |
| 17 | 小叶女贞（球） | 木樨科女贞属 | Ligustrum quihoui | 白花 | 春花，花期5~7月 | 180 | 4.100 | 1 | 3 |
| 18 | 散尾葵 | 棕榈科散尾葵属 | Chrysalidocarpus lutescens | 叶常绿 | 四季观叶，花期5月 | 500 | 2.290 | 2 | 5 |
| 19 | 千层金（金叶红千层） | 桃金娘科白千层属 | Melaleuca bracteata | 黄绿色叶 | 四季观叶 | 200 | 0.920 | 9 | 4 |
| 20 | 鼠尾草 | 唇形科鼠尾草属 | Salvia japonica | 紫花 | 夏花，6~9月 | 100 | 0.880 | 80 | 70 |
| 21 | 彩叶草 | 唇形科鞘蕊花属 | Coleus scutellarioides | 红叶 | 四季观叶 | 70 | 1.220 | 25 | 31 |
| 22 | '辉煌'女贞 | 木樨科女贞属 | Ligustrum lucidum 'Excelsum Superbum' | 叶常绿、白花 | 四季观叶 | 150 | 0.500 | 4 | 2 |
| 23 | 灌木欧月 | 蔷薇科蔷薇属 | Rosa chinensis | 粉花 | 春、夏、秋花 | 100 | 2.190 | 9 | 20 |
| 24 | 朱槿 | 锦葵科木槿属 | Hibiscus rosa-sinensis | 红花 | 夏秋花，7~11月 | 40 | 0.920 | 25 | 23 |
| 25 | 紫珠 | 马鞭草科紫珠属 | Callicarpa bodinieri | 紫花、紫果 | 秋果，花期6~7月，果期8月 | 200 | 0.400 | 1 | 1 |
| 26 | 醉鱼草 | 马钱科醉鱼草属 | Buddleja lindleyana | 紫花 | 夏秋花，花期6~10月 | 200 | 0.530 | 4 | 2 |
| 27 | 墨西哥鼠尾草 | 唇形科鼠尾草属 | Salvia leucantha | 蓝紫花 | 秋冬花，9~12月 | 100 | 16.460 | 9 | 148 |
| 28 | 滴水观音 | 天南星科海芋属 | Alocasia macrorrhiza | 叶常绿 | 春夏花，4~7月 | 40 | 0.920 | 9 | 4 |
| 29 | 变叶木 | 大戟科变叶木属 | Codiaeum variegatum | 花叶 | 四季观叶 | 40 | 0.300 | 16 | 1 |
| 30 | 红巨人朱蕉 | 百合科朱蕉属 | Cordyline australis 'Torbay Red' | 红叶 | 四季观叶 | 60 | 0.200 | 16 | 1 |

**（续）**

| 序号 | 植物名称 | 植物科属 | 拉丁名 | 花（叶）色 | 开花期及持续时间 | 长成高度（cm） | 面积（m²） | 种植密度（株/m²） | 株数（株） |
|---|---|---|---|---|---|---|---|---|---|
| 31 | 金边假连翘 | 马鞭草科假连翘属 | *Duranta erecta* 'Golden Leaves' | 蓝紫花 | 春夏秋花，5～10月 | 60 | 2.290 | 9 | 10 |
| 32 | 黄金菊 | 菊科梳黄菊属 | *Euryops pectinatus* | 黄花 | 四季开花，4～12月 | 50 | 1.820 | 25 | 46 |
| 33 | 花边石竹（粉） | 石竹科石竹属 | *Dianthus chinensis* | 粉白花 | 春夏秋花，4～11月 | 50 | 2.973 | 80 | 238 |
| 34 | 石竹'钻石'（红色） | 石竹科石竹属 | *Dianthus chinensis* cv. | 红花 | 春秋冬花，11月至翌年4月 | 50 | 0.530 | 80 | 42 |
| 35 | 花叶玉簪 | 百合科玉簪属 | *Hosta plantaginea* | 白花 | 夏秋花，7～9月 | 30 | 0.220 | 25 | 6 |
| 36 | 竞冬女贞 | 木樨科女贞属 | *Ligustrum × vicaryi* | 白花 | 四季观叶，春花，3～5月 | 200 | 1.430 | 1 | 1 |
| 37 | 金叶石菖蒲 | 天南星科菖蒲属 | *Acorus gramineus* 'Ogan' | 叶金黄 | 观叶 | 40 | 1.610 | 16 | 26 |
| 38 | 萼距花（满天星） | 千屈菜科萼距花属 | *Cuphea hookeriana* | 紫花 | 春夏秋花，5～12月 | 60 | 1.100 | 36 | 40 |
| 39 | 南天竹 | 小檗科南天竹属 | *Nandina domestica* | 春夏秋冬红叶、秋冬红果 | 花期3～6月、果期5～11月 | 100 | 0.730 | 8 | 6 |
| 40 | 翠芦莉 | 爵床科芦莉草属 | *Ruellia simplex* | 蓝紫花 | 夏花，7～8月 | 130 | 0.640 | 16 | 10 |

# 花境植物更换表

| 序号 | 植物名称 | 植物科属 | 拉丁名 | 花（叶）色 | 开花期及持续时间 | 长成高度（cm） | 面积（m²） | 种植密度（株/m²） | 株数（株） |
|---|---|---|---|---|---|---|---|---|---|
| 1 | 美女樱 | 马鞭草科马鞭草属 | *Verbena hybrida* | 粉红花 | 春夏秋花，花期4～12月 | 25 | 3.23 | 36 | 116 |
| 2 | 矮牵牛（玫红色） | 茄科碧冬茄属 | *Petunia hybrida* | 玫红色花 | 春夏秋花，花期4～11月 | 45 | 3.18 | 25 | 80 |
| 3 | 金焰绣线菊 | 蔷薇科绣线菊属 | *Spiraea vanhouttei* | 粉花 | 春花，5～6月 | 200 | 0.26 | 4 | 1 |
| 4 | 矾根 | 虎耳草科矾根属 | *Heuchera micrantha* | 叶色黄、白花 | 四季观叶，夏花，4～10月 | 35 | 0.2 | 64 | 13 |
| 5 | 金姬小蜡 | 木樨科女贞属 | *Ligustrum sinense* 'Variegatum' | 叶常绿、白花 | 观叶，春花4～6月 | 150 | 3.6 | 1 | 3 |
| 6 | 水果蓝 | 唇形科香科草属 | *Teucrium fruticans* | 灰蓝色叶、淡紫花 | 四季观叶，春花3～5月 | 100 | 0.5 | 4 | 2 |
| 7 | 蓝花鼠尾草 | 唇形科鼠尾草属 | *Salvia farinacea* | 蓝紫花 | 春夏花，3～9月 | 70 | 4.86 | 20 | 97 |
| 8 | 羽扇豆 | 豆科羽扇豆属 | *Lupinus micranthus* | 白花、红花、蓝花、紫花 | 春花，3～5月 | 50 | 9.45 | 25 | 236 |
| 9 | 玛格丽特（粉） | 菊科木茼蒿属 | *Argyranthemum frutescens* | 粉花 | 春夏秋花，花期3～10月 | 20 | 2.62 | 80 | 210 |
| 10 | 天竺葵（红） | 牻牛儿苗科天竺葵属 | *Pelargonium hortorum* | 红花 | 春花，5～7月 | 30 | 0.21 | 25 | 5 |
| 11 | 天竺葵（粉） | 牻牛儿苗科天竺葵属 | *Pelargonium hortorum* | 粉花 | 春花，5～7月 | 30 | 1.41 | 25 | 35 |
| 12 | 红花绣球 | 虎耳草科绣球属 | *Hydrangea macrophylla* | 红花 | 春花，4～6月 | 50 | 5.24 | 16 | 84 |
| 13 | 常春藤 | 五加科常春藤属 | *Hedera nepalensis* var. *sinensis* | 叶常绿 | 四季观叶 | 30 | 0.11 | 25 | 3 |
| 14 | 金雀花 | 豆科紫雀花属 | *Parochetus communis* | 黄花 | 春夏秋花，4～11月 | 70 | 0.73 | 15 | 11 |

# 平湖城市口袋公园中式花境

## 海宁驰帆花圃

沈驰帆

### 春季实景

## 平湖城市口袋公园中式花境

中式口袋公园，也称袖珍公园，规模很小的城市开放空间，常呈斑块状散落或隐藏在城市结构中，依城市道路、商业街区或居民区等建设的具有花园景观、休憩服务或文化底蕴等功能的小型绿地。

此次完成的口袋公园体现了小而精的设计理念，并运用了多种新型施工技术，在保留原有城市元素基础上，对整体结构布局进行完善调整，因地制宜。植物配置有染井吉野樱、槭树、女贞棒棒糖造型等乔灌木，宿根花卉有马利筋、翠芦莉、滨菊、鼠尾草等，搭配适合当季的时令花卉，使得该口袋公园植物种类丰富、自然野趣，通过自然化合理配置，呈现清新、雅致的景观特色。以带状自然式栽种，层次丰富，季相分明，做到了四面观赏，曲线流畅，有疏有密。从小处着手，精益求精，集小成大，城市园林绿化工作像绣花一样精细。让平湖人民拥有"推窗见绿，出门进园"的幸福感。形成了具有鲜明景观特色，融观赏游憩于一体的城市节点点睛之笔。

## 秋季实景

设计阶段图纸

# 花境植物材料

| 序号 | 品种名称 | 植物科属 | 植物学名 | 盆规格（cm） | 高度（cm） | 冠幅（cm） | 单位 | 密度（株/m²） | 面积（m²） | 数量 | 花期（月） | 花色/叶色 |
|---|---|---|---|---|---|---|---|---|---|---|---|---|
| 1 | 染井吉野B | 蔷薇科樱属 | *Cerasus serrulata* var. *lannesiana* | D15.1~16 | 450~500 | 400~450 | 株 | | | 3 | 3~4 | 粉白 |
| 2 | 染井吉野 | 蔷薇科樱属 | *Cerasus serrulata* var. *lannesiana* | D16.1~17 | 450~500 | 400~450 | 株 | | | 1 | 3~4 | 粉白 |
| 3 | 红花紫薇 | 千屈菜科紫薇属 | *Lagerstroemia indica* | D14.1~15 | 500~550 | 350~400 | 株 | | | 1 | 6~9 | 红 |
| 4 | 红梅A | 蔷薇科李属 | *Prunus mume* | D15.1~16 | 300~350 | 280~300 | 株 | | | 1 | 1~3 | 红 |
| 5 | 红梅B | 蔷薇科李属 | *Prunus mume* | D8.1~9 | 250~280 | 200~250 | 株 | | | 1 | 1~4 | 红 |
| 6 | 红梅B | 蔷薇科李属 | *Prunus mume* | D7.1~8 | 200~250 | 150~200 | 株 | | | 2 | 1~5 | 红 |
| 7 | 鸡爪槭A | 槭树科槭属 | *Acer palmatum* | D12.1~13 | 330~350 | 300~350 | 株 | | | 1 | | 红 |
| 8 | 红枫 | 槭树科槭属 | *Acer palmatum* 'Atropurpureum' | D10.1~11 | 300~350 | 280~300 | 株 | | | 2 | | 红 |
| 9 | 羽毛枫 | 槭树科槭属 | *Acer palmatum* 'Dissectum' | D8.1~9 | 180~200 | 250~280 | 株 | | | 2 | | 红 |
| 10 | 高杆月季 | 蔷薇科蔷薇属 | *Rosa chinensis* | 40×35美植袋 | 200~220 | 120~150 | 株 | | | 3 | 4~10 | 红 |
| 11 | 红丛棕月季 | 蔷薇科蔷薇属 | *Rosa chinensis* | 25×20美植袋 | 30 | 30 | 盆 | 16 | 14 | 224 | 4~10 | 红 |
| 12 | 黄金枸骨 | 冬青科冬青属 | *Ilex* × *attenata* 'Sunny Foster' | 2加仑 | 40 | 35 | 盆 | | | 73 | | 黄 |
| 13 | 红叶石楠（球）A | 蔷薇科石楠属 | *Photinia* × *fraseri* | 地栽 | 120 | 150 | 盆 | | | 5 | | 红 |
| 14 | 金边胡颓子（球）A | 胡颓子科胡颓子属 | *Elaeagnus pungens* var. *variegata* | 地栽 | 100 | 120 | 盆 | | | 10 | | 黄 |
| 15 | 无刺枸骨（球） | 冬青科冬青属 | *Ilex cornuta* var. *fortunei* | 地栽 | 100 | 120 | 盆 | | | 7 | | 绿 |
| 16 | 水果蓝（球） | 唇形科石蚕香科属 | *Teucrium fruticans* | 地栽 | 100 | 120 | 盆 | | | 6 | | 灰 |
| 17 | 金森女贞（球）A | 木樨科女贞属 | *Ligustrum japonicum* 'Howardii' | 地栽 | 120 | 150 | 盆 | | | 9 | | 绿 |
| 18 | 山茶花 | 山茶科山茶属 | *Camellia sasanqua* | 地栽 | 250~300 | 180~200 | 盆 | | | 5 | 11月至翌年1月 | 红、白 |
| 19 | 茶梅（球）A | 山茶科山茶属 | *Camellia sasanqua* | 地栽 | 100 | 120 | 盆 | | | 23 | 11月至翌年1月 | 红、白 |
| 20 | 茶梅（球）B | 山茶科山茶属 | *Camellia sasanqua* | 地栽 | 60 | 80 | 盆 | | | 8 | 11月至翌年1月 | 红、白 |
| 21 | 结香 | 瑞香科结香属 | *Edgeworthia chrysantha* | 地栽 | 120 | 120 | 盆 | | | 3 | 3 | 黄 |
| 22 | 龟甲冬青（球） | 冬青科冬青属 | *Ilex crenata* f. *convexa* | 地栽 | 100 | 120 | 盆 | | | 3 | | 绿 |
| 23 | 花叶杞柳 | 杨柳科柳属 | *Salix integra* 'Hakuro Nishiki' | 50×40美植袋 | 80~100 | 80~100 | 盆 | | | 11 | | 粉绿 |
| 24 | 紫叶风箱果 | 蔷薇科风箱果属 | *Physocarpus amurensis* | 25×21美植袋 | 60 | | 盆 | | | 2 | 6 | 紫 |
| 25 | 辉煌女贞 | 木樨科女贞属 | *Ligustrum lucidum* 'Excelsum Superbum' | 5加仑散本 | | | 盆 | | | 4 | | 黄 |
| 26 | 辉煌女贞 | 木樨科女贞属 | *Ligustrum lucidum* 'Excelsum Superbum' | P150 | 120 | 150 | 棵 | | | 4 | | 黄 |
| 27 | 大叶花叶女贞（棒棒糖） | 木樨科女贞属 | *Ligustrum ovalisolium* cv. | M50 | 180 | 120 | 盆 | | | 4 | | 黄 |
| 28 | 冬青先令（球） | 冬青科冬青属 | *Ilex crenata* f. *convexa* | 60×45 | 100 | | 盆 | | | 3 | | 绿 |
| 29 | 小丑火棘 | 蔷薇科火棘属 | *Pyracantha fortuneana* | M40 | 100 | 60 | 盆 | | | 6 | 3~5 | 红白 |
| 30 | 亮晶女贞（球） | 木樨科女贞属 | *Ligustrum* × *vicaryi* | M40 | 100 | 80 | 盆 | | | 14 | | 黄 |
| 31 | 钻石月季 | 蔷薇科蔷薇属 | *Rosa chinensis* | 180# | 30 | 25 | 盆 | | | 1387 | 4~10 | 红 |
| 32 | 埃比胡颓子 | 胡颓子科胡颓子属 | *Elaeagnus pungens* | 10加仑 | | | 盆 | | | 1 | | 黄 |
| 33 | 银边八仙花 | 虎耳草科绣球属 | *Hydrangea macrophylla* | 160# | 30 | 20 | 盆 | | | 20 | | 白 |
| 34 | 花叶香桃木 | 桃金娘科香桃木属 | *Myrtus communis* | 25×20美植袋 | 30 | 30 | 盆 | | | 11 | | 黄 |
| 35 | 花叶栀子（球） | 茜草科栀子属 | *Gardenia jasminoides* var. *grandiflora* | 40×35美植袋 | 100 | 80 | 盆 | | | 3 | 5~6 | 白 |

（续）

| 序号 | 品种名称 | 植物科属 | 植物学名 | 盆规格（cm） | 高度（cm） | 冠幅（cm） | 单位 | 密度（株/m²） | 面积（m²） | 数量 | 花期（月） | 花色/叶色 |
|---|---|---|---|---|---|---|---|---|---|---|---|---|
| 36 | 花叶栀子 | 茜草科栀子属 | Gardenia jasminoides var. grandiflora | 3加仑 | 50 | 30 | 盆 | | | 19 | 5~6 | 白 |
| 37 | 香茶菜银盾 | 唇形科香茶菜属 | Rabdosia amethystoides | 2加仑 | 30 | 25 | 盆 | | | 3 | | 灰 |
| 38 | 大花醉鱼草 | 马钱科醉鱼草属 | Buddleja lindleyana | 30×25种植袋 | 40 | 35 | 盆 | | | 8 | 7~10 | 粉 |
| 39 | 金美女贞（球） | 木樨科女贞属 | Ligustrum × vicaryi 'Swift' | 50×40种植袋 | P100 | 60 | 盆 | | | 10 | | 黄 |
| 40 | 金叶假连翘 | 马鞭草科假连翘属 | Duranta repens | 5加仑 | 100 | 80 | 盆 | | | 8 | | 黄 |
| 41 | 红叶葵 | 锦葵科蜀葵属 | Althaea spp. | 2加仑 | 50 | 30 | 盆 | | | 20 | | 紫 |
| 42 | 花叶山菅兰 | 百合科山菅属 | Dianella ensifolia | 2加仑 | 60 | 40 | 盆 | | | 20 | | 黄 |
| 43 | 银姬小蜡 | 木樨科女贞属 | Ligustrum sinense 'Variegatum' | 50×40美植袋 | 120~150 | 100~120 | 盆 | | | 1 | | 银 |
| 44 | 大叶花叶女贞'辉煌' | 木樨科女贞属 | Ligustrum lucidum 'Excelsum Superbum' | 50×40散本 | 200 | 150 | 棵 | | | 5 | | 黄 |
| 45 | 三色女贞 | 木樨科女贞属 | Ligustrum lucidum cv. | P200 | 150 | 200 | 盆 | | | 5 | | 黄 |
| 46 | 黄金枸骨 | 冬青科冬青属 | Ilex × attenuata 'Sunny Foster' | M50 | 150 | 50 | 盆 | | | 3 | | 黄 |
| 47 | 亮晶女贞（棒棒糖） | 木樨科女贞属 | Ligustrum × vicaryi | M40 | 180 | 60 | 盆 | | | 4 | | 黄 |
| 48 | 川滇蜡树（棒棒糖） | 木樨科女贞属 | Ligustrum delavayanum | M40 | 170 | 60 | 盆 | | | 5 | | 绿 |
| 49 | 金美女贞（棒棒糖） | 木樨科女贞属 | Ligustrum × vicaryi 'Swift' | M40 | 190 | 80 | 盆 | | | 3 | | 黄 |
| 50 | '火焰'卫矛 | 卫矛科卫矛属 | Euonymus alatus 'Compacta' | M50 | 100 | 60 | 盆 | | | 2 | | 红 |
| 51 | 三角梅 | 紫茉莉科叶子花属 | Bougainvillea spectabilis | M40 | 100 | 60 | 盆 | | | 12 | 6~10 | 红 |
| 52 | 三角梅 | 紫茉莉科叶子花属 | Bougainvillea spectabilis | M50 | 100 | 80 | 盆 | | | 1 | 6~10 | 红 |
| 53 | 大麻叶泽兰 | 菊科泽兰属 | Eupatorium fortunei | 5加仑 | 100 | 80 | 盆 | | | 30 | 9 | 粉白 |
| 54 | 金叶六道木 | 忍冬科六道木属 | Abelia biflora | M50 | 80 | 60 | 盆 | | | 7 | 7~9 | 黄白 |
| 55 | 红钻蔓绿绒 | 天南星科喜林芋属 | Philodendron 'Con-go' | 5加仑 | 80 | 80 | 盆 | | | 1 | | 绿 |
| 56 | 木槿 | 锦葵科木槿属 | Hibiscus syriacus | M40 | 200 | 100 | 盆 | | | 7 | 7~9 | 黄红 |
| 57 | 刚直红千层 | 桃金娘科红千层属 | Callistemon rigidus | 35种植袋 | 100 | 60 | 盆 | | | 7 | 5~7 | 红 |
| 58 | 绣球'无尽夏' | 虎耳草科绣球属 | Hydrangea macrophylla 'Endless Summer' | 5加仑 | 50 | 60 | 盆 | | | 42 | | 红 |
| 59 | 束花茶花 | 山茶科山茶属 | Camellia spp. | 35美植袋 | 80 | 50 | 盆 | | | 4 | 4~7 | 红 |
| 60 | 红叶苋 | 苋科红叶苋属 | Iresine herbstii | 180# | 35 | 20 | 盆 | | | 11 | | 红 |
| 61 | 蓝冰柏高杆球 | 柏科柏木属 | Cupressus arizonica var. glabra 'Blue Ice' | 50×40种植袋 | 150 | 100 | 盆 | | | 3 | | 蓝 |
| 62 | 金美女贞（球） | 木樨科女贞属 | Ligustrum × vicaryi | 50×40种植袋 | P120 | | 盆 | | | 2 | | 黄 |
| 63 | 蓝花莸 | 马鞭草科莸属 | Caryopteris × clandonensis | 2加仑 | 40 | 30 | 盆 | | | 9 | 9~10 | 蓝 |
| 64 | 花叶络石 | 夹竹桃科络石属 | Trachelospermum asiaticum | 200# | 15 | 20 | 盆 | | | 122 | | 粉白 |
| 65 | 洒金珊瑚 | 山茱萸科桃叶珊瑚属 | Acuba japonica var. variegata | 桃叶 | 35 | 30 | m² | 16 | 100 | 1600 | | 绿叶黄斑 |
| 66 | 毛鹃 | 杜鹃花科杜鹃花属 | Rhododendron pulchrum | 地栽 | 25 | 15 | m² | 64 | 46.5 | 2976 | 5~6 | 粉 |
| 67 | 毛鹃（球） | 杜鹃花科杜鹃花属 | Rhododendron pulchrum | 地栽 | 35 | 30 | m² | 36 | 44.5 | 1602 | 5~6 | 粉 |
| 68 | '金森'女贞 | 木樨科女贞属 | Ligustrum japonicum 'Howardii' | 160杯 | 35 | 30 | m² | 64 | 27 | 1728 | | 绿 |
| 69 | 红花檵木 | 金缕梅科檵木属 | Loropetalum chinense var. rubrum | 160杯 | 40 | 30 | m² | 64 | 16.5 | 1056 | 4~5 | 紫红 |
| 70 | 南天竹 | 小檗科南天竹属 | Nandina domestica | 地栽 | 50 | 30 | m² | 36 | 5 | 180 | | 火红 |
| 二 | 品种名称 | 植物科属 | 植物学名 | 盆规格（cm） | 高度 | 冠幅 | 单位 | | | | | |
| 1 | 翠芦莉 | 爵床科芦莉草属 | Ruellia simplex | 130# | 30 | | m² | 64 | 6.9 | 442 | 5~11 | 蓝、粉 |

| 序号 | 品种名称 | 植物科属 | 植物学名 | 盆规格（cm） | 高度（cm） | 冠幅（cm） | 单位 | 密度（株/m²） | 面积（m²） | 数量 | 花期（月） | 花色/叶色 |
|---|---|---|---|---|---|---|---|---|---|---|---|---|
| 2 | 细叶萼距花 | 千屈菜科萼距花属 | Cuphea hookeriana | 120# | 30 | 30 | m² | 64 | 13.5 | 864 | 6~11 | 粉红 |
| 3 | 鼠尾草 | 唇形科鼠尾草属 | Salvia japonica | 12×10营养钵紫绒 | 20 | 15 | m² | 64 | 1.7 | 109 | 9~11 | 紫 |
| 4 | 黄金菊 | 菊科梳黄菊属 | Euryops pectinatus | 150# | 20 | 15 | m² | 64 | 3.5 | 224 | 5~11 | 黄 |
| 5 | 欧石竹 | 石竹科石竹属 | Dianthus 'Carthusian Pink' | 120# | 20 |  | m² | 81 | 31 | 2511 | 6~10 | 粉 |
| 6 | 银叶菊 | 菊科千里光属 | Centaurea cineraria | 120# | 20 | 15 | m² | 64 | 8 | 512 |  | 银 |
| 7 | 深蓝鼠尾草 | 唇形科鼠尾草属 | Salvia guaranitica 'Black and Blue' | 12×10营养钵 | 20 | 15 | 盆 | 25 | 200 | 5000 | 9~11 | 深蓝 |
| 8 | 富贵蕨 | 乌毛蕨科乌毛蕨属 | Blechnum orientale | 180# | 30 | 35 | 盆 |  |  | 16 |  | 绿 |
| 9 | 常春藤 | 五加科常春藤属 | Hedera nepalensis var. sinensis | 200# | 20 | 25 | 盆 |  |  | 3 |  | 绿 |
| 10 | 紫叶美人蕉 | 美人蕉科美人蕉属 | Canna warszewiczii | 140# |  |  | 盆 |  |  | 8 | 6~10 | 黄 |
| 11 | 粉花绣线菊 | 蔷薇科绣线菊属 | Spiraea japonica | 30×25种植袋 |  |  | 盆 |  |  | 52 | 5~6 | 粉 |
| 12 | 彩叶草 | 唇形科鞘蕊花属 | Plectranthus scutellarioides | 2加仑 | 40 | 30 | 盆 |  |  | 60 |  | 多色 |
| 三 | 品种名称 |  |  | 盆规格（cm） | 高度（cm） | 冠幅（cm） | 单位 | 密度（株/m²） |  |  |  |  |
| 1 | 一串红 | 唇形科鼠尾草属 | Salvia splendens | 120# | 15 | 15 | m² |  | 26 |  |  | 红 |
| 2 | 牵牛 | 旋花科牵牛属 | Pharbitis nil | 120# | 15 | 15 | m² |  | 20.8 |  |  | 多色 |
| 3 | 夏堇 | 玄参科蝴蝶草属 | Torenia fournieri | 120# | 15 | 15 | m² |  | 2.7 |  |  | 多色 |
| 4 | 百日草 | 菊科百日菊属 | Zinnia elegans | 120# | 15 | 15 | m² | 64 | 27 | 1728 |  | 多色 |
| 5 | 孔雀草 | 菊科万寿菊属 | Tagetes patula | 120# | 20 | 15 | m² |  |  | 15 |  | 橙黄 |
| 6 | 比格海棠 | 秋海棠科秋海棠属 | Begonia cucullata | 180# | 20 | 25 | 盆 |  |  | 15 | 9~11 | 红 |
| 7 | 何氏凤仙 | 凤仙花科凤仙花属 | Impatiens holstii | 120# | 15 | 15 | 盆 |  |  | 9.5 |  | 多色 |
| 8 | 球菊 | 菊科球菊属 | Epaltes australis | 2加仑 | 30 | 25 | 盆 |  |  | 150 |  | 多色 |
| 9 | 特丽莎 | 唇形科马刺花属 | Plectranthus 'Mona Lavender' | 2加仑 | 40 | 35 | 盆 |  |  | 5 | 10~11 | 蓝 |
| 10 | 五星花 | 旋花科茑萝属 | Quamoclit pennata | 180# | 20 | 15 | 盆 |  |  | 270 | 8~9 | 粉红 |
| 11 | 花烟草 | 茄科烟草属 | Nicotiana alata | 180# | 50 | 20 | 盆 |  |  | 100 | 5~6 | 粉白 |
| 12 | 地肤 | 藜科地肤属 | Kochia scoparia | 2加仑 | 40 | 35 | 盆 |  |  | 16 |  | 绿、黄 |
| 13 | 夜落金钱 | 梧桐科午时花属 | Pentapetes phoenicea | 2加仑 | 100 | 40 | 盆 |  |  | 7 | 6~9 | 红 |
| 14 | 西洋滨菊 | 菊科滨菊属 | Leucanthemum maximum | 1加仑 |  |  | 盆 |  |  | 22 | 7~9 | 白 |
| 四 | 品种名称 |  |  | 盆规格（cm） | 高度（cm） | 冠幅（cm） | 单位 | 密度（株/m²） |  |  |  |  |
| 1 | 柳枝稷 | 禾本科黍属 | Panicum virgatum | 25×20美植袋 | 100 | 40 | 盆 |  |  | 10 | 7~12 | 紫红 |
| 2 | 紫叶狼尾草 | 禾本科狼尾草属 | Pennisetum setaceum 'Rubrum' | 25×20美植袋 | 100 | 40 | 盆 |  |  | 109 | 8~9 | 紫 |
| 3 | 金丝薹草 | 莎草科薹草属 | Carex 'Evergold' | 2加仑 | 20 | 25 | 盆 |  |  | 3 | 5~6 | 黄 |
| 4 | 花叶蒲苇 | 禾本科蒲苇属 | Cortaderia selloana 'Evergold' | 50×40种植袋 | 120 | 100 | 盆 |  |  | 2 | 8月至翌年2月 | 银白 |
| 5 | 草坪 |  |  |  |  |  | m² |  | 102 |  |  | 绿、黄 |
| 6 | 粉黛乱子草 | 禾本科乱子草属 | Muhlenbergia capillaris | 30×35美植袋 | 120~150 | 100~120 | 丛 | 6丛 |  | 14 | 10~11 | 粉 |
| 7 | 小兔子狼尾草 | 禾本科狼尾草属 | Pennisetum alopecuroides 'Little Bunny' | 25×20美植袋 | 40 | 40 | 盆 |  |  | 44 | 7~9 | 白 |
| 8 | 细茎针茅 | 禾本科针茅属 | Stipa tenuissima | 1加仑 |  |  | m² | 36 | 1 | 36 |  | 绿、黄 |
| 9 | 细叶芒 | 禾本科芒属 | Miscanthus sinensis | 30×35美植袋 | 100~150 |  | 盆 | 49 | 2 | 98 |  | 绿 |
| 10 | 血草 | 禾本科白茅属 | Ipomoea batatas | 20×25美植袋 | 30 |  | m² | 25 | 0.4 | 10 |  | 紫 |

# 闲情野趣

郑州贝利得花卉有限公司

宋志朋

## 春季实景

## 闲情野趣

既要征服世界，也需要一个把心放下的地方，习惯了规则下的生活和重复的工作方式，越来越多的人开始了对自然、对自由生活的追求。在敬畏土地和人文价值的前提下，回归自然，拒绝符号化的同时遵从自我的内心感受。

回归自然：本次设计表现悠闲、舒畅、自然的田园生活情趣，也常运用天然木、石、藤、水等材质质朴的纹理。

自由烂漫生长的观赏草，尽情绽放的草花，就像生活在乡间自然风景中一样，散发着自然、怀旧及泥土的

芬芳。抛弃了烦琐和奢华，既简洁明快，又温暖舒适。整体色彩以自然色调为主，绿色、紫色最为常见，显现出整体自然轻松的风格，植物似乎是放任生长，似乎是散漫，却是精心打理的效果。

自由生活：整体设计的气氛呈现出"慵懒"的感觉，没有循规蹈矩的规则，崇尚自然的形态和真情的流露，白色的休闲摇椅，富有时代感的罐子演绎着自由的生活节奏。绿油油的草坪，夹杂着青草特有的芬芳。

绿意能够给快节奏生活的人们有放松感，使得身心得以放松，躺椅、秋千也透露出对生活是抱以享受态度，悠闲的傍晚在躺椅上休息，孩子欢快地荡着秋千，处处表现出对生活淳朴、简单的希望。

## 夏季实景

**秋季实景**

# 设计阶段图纸

1. 龟甲冬青　　　　2. 红花檵木
3. 绣线菊　　　　　4. 金银花
5. 细叶芒　　　　　6. 银姬小蜡
7. 南天竹　　　　　8. 彩叶杞柳
9. 迎春花　　　　　10. 柠檬女贞
11. 喷雪花　　　　　12. 细叶美女樱
13. 羽扇豆　　　　　14. 蒲苇
15. 藿香蓟　　　　　16. 锦带
17. 斑叶芒　　　　　18. 鸢尾
19. 金叶莸　　　　　20. 连翘
21. 火把莲　　　　　22. 六道木
23. 繁星花　　　　　24. 薰衣草
25. 迷迭香　　　　　26. 松果菊（黄）
27. 松果菊（紫）　　27. 大花飞燕草
28. 石竹　　　　　　29. 金光菊
30. 山桃草　　　　　31. 绣球
32. 草坪　　　　　　33. 沙砾区

# 花境植物材料

| 序号 | 植物名称 | 植物科属 | 拉丁名 | 花（叶）色 | 开花期及持续时间 | 长成高度（cm） | 种植面积（m²） | 种植密度（株/m²） | 株数（株） |
|---|---|---|---|---|---|---|---|---|---|
| 1 | 龟甲冬青 | 冬青科冬青属 | Ilex crenata 'Convexa Makino' | 墨绿 | | 100 | | | 6 |
| 2 | 红花檵木 | 金缕梅科檵木属 | Loropetalum chinense var. rubrum | 暗红色 | 花期4~5月 | 100 | | | 2 |
| 3 | 绣线菊 | 蔷薇科绣线菊属 | Spiraea salicifolia | 粉色 | 花期6~8月 | 80 | | | 5 |
| 4 | 金银花 | 忍冬科忍冬属 | Lonicera japonica | 黄色 | 5~6月 | 120 | | | 1 |
| 5 | 细叶芒 | 禾本科芒属 | Miscanthus sinensis cv. | 绿色 | 花期9~10月 | 120 | | | 1 |
| 6 | 银姬小蜡 | 木樨科女贞属 | Ligustrum sinense 'Variegatum' | 浅绿 | 花期4~6月 | 100 | | | 2 |
| 7 | 南天竹 | 小檗科南天竹属 | Nandina domestica | 红色 | 花期3~6月 | 120 | | | 2 |
| 8 | 彩叶杞柳 | 杨柳科柳属 | Salix integra 'Hakuro Nishiki' | 乳白 | 观叶 | 250 | | | 1 |
| 9 | 迎春花 | 木樨科素馨属 | Jasminum nudiflorum | 黄色 | 2~4月 | 50 | | | 1 |
| 10 | 柠檬女贞 | 木樨科女贞属 | Ligustrum lucidum | 橙色 | 5~7月 | 60 | | | 2 |
| 11 | 喷雪花 | 蔷薇科绣线菊属 | Spiraea thunbergii | 白色 | 3~4月 | 150 | | | 1 |
| 12 | 细叶美女樱 | 马鞭草科美女樱属 | Glandularia tenera | 粉色 | 4~10月 | 30 | 1 | 25 | 25 |
| 13 | 羽扇豆 | 蝶形花科羽扇豆属 | Lupinus micranthus | 紫色，红色 | 3~5月 | 50 | 1 | 9 | 9 |
| 14 | 蒲苇 | 禾本科蒲苇属 | Cortaderia selloana | 观叶 | | 200 | 1.5 | 4 | 6 |
| 15 | 藿香蓟 | 菊科藿香蓟属 | Ageratum conyzoides | 蓝紫色 | 5~9月 | 40~50 | 1 | 25 | 25 |
| 16 | 锦带 | 忍冬科锦带花属 | Weigela florida | 观叶 | | 130 | | | 5 |
| 17 | 斑叶芒 | 禾本科芒属 | Miscanthus sinensis 'Zebrinus' | 观叶 | | 60~80 | | | 6 |
| 18 | 鸢尾 | 鸢尾科鸢尾属 | Iris tectorum | 紫色 | 5~6月 | 60~80 | | | 10 |
| 19 | 金叶莸 | 马鞭草科莸属 | Caryopteris x clandonensis 'Worcester Gold' | 观叶，金黄色 | 7~9月 | 80~110 | | | 2 |
| 20 | 连翘 | 木樨科连翘属 | Forsythia suspensa | 黄色 | 3~4月 | 50~70 | | | 2 |
| 21 | 火把莲 | 百合科火炬花属 | Kniphofia uvaria | 橙色 | 6~10月 | 80~100 | | | 1 |
| 22 | 六道木 | 忍冬科六道木属 | Zabelia biflora | 黄色 | 3~4月 | 80~110 | | | 1 |
| 23 | 繁星花 | 茜草科五星花属 | Pentas lanceolata | 粉红色 | 5~10月 | 30~40 | 1.5 | 9 | 13 |
| 24 | 薰衣草 | 唇形科薰衣草属 | Lavandula angustifolia | 紫色 | 5~6月 | 30~40 | 2.2 | 16 | 32 |
| 25 | 迷迭香 | 唇形科迷迭香属 | Rosmarinus officinalis | 观叶 | | 40~60 | 1 | 4 | 4 |
| 26 | 松果菊（黄） | 菊科松果菊属 | Echinacea purpurea | 黄色 | 6~9月 | 40~60 | 1.3 | 16 | 20 |
| 27 | 松果菊（紫） | 菊科松果菊属 | Echinacea purpurea | 紫色 | 6~9月 | 40~60 | 1.3 | 16 | 20 |
| 28 | 石竹 | 石竹科石竹属 | Dianthus chinensis | 红色 | 5~6月 | 40~60 | 1.2 | 25 | 30 |
| 29 | 金光菊 | 菊科金光菊属 | Rudbeckia laciniata | 黄色 | 7~10月 | 60~80 | 1 | 16 | 16 |
| 30 | 山桃草 | 柳叶菜科山桃草属 | Gaura lindheimeri | 紫色 | 6~10月 | 60~90 | 1.5 | 10 | 15 |
| 31 | 绣球 | 虎耳草科绣球属 | Hydrangea macrophylla | 紫色 | 6~8月 | 60~80 | 2 | 3 | 6 |

花境赏析

2021

# "远行"

## 宇通客车股份有限公司新能源分公司

*李海鹏　李宗豪*

**春季实景**

### "远行"

　　花境所设置之处位于厂区内员工与客户通行的必经之路，见证了来来往往的无数客户与员工，他们只身远行，漂泊游离于工作与生活之间。本花境的设计方案，结合宇通客车集团的企业文化导向中"以员工为中心、以客户为中心"，花境中特以"大岛"来代表集团公司，"小岛"代表公司的员工客户，充分体现了公司对员工客户的关爱之心、包容之心，营造出一种"公司如家"的和谐氛围。花境整体偏黄色系，给人营造一种温馨和谐的氛围之余，再使用无尽夏绣球、不同品种菊花、鼠尾草等，搭配时令花卉进行布置，色彩丰富艳丽，色彩之间相互碰撞，犹如家中成员聚在一起其乐融融，好一幅温馨而又充满激情的画卷。

**夏季实景**

**秋季实景**

## 设计阶段图纸

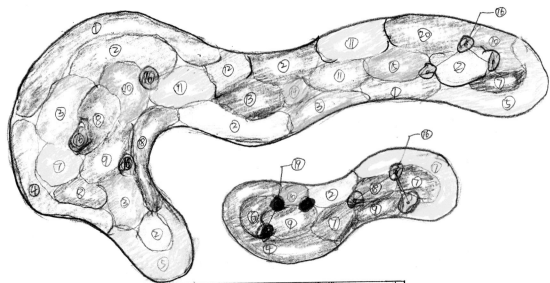

品种配置：①美女樱；②蓝霸鼠尾草；③针茅；④金叶石菖蒲；⑤堆心菊；
⑥松果菊；⑦天人菊；⑧醉鱼草；⑨桑托斯马鞭草；⑩矮蒲苇；
⑪金光菊；⑫蓝冰麦；⑬美国薄荷；⑭金叶接骨木；⑮细叶芒；
⑯柠檬女贞棒棒糖；⑰佛甲草；⑱矾根；⑲绣球；⑳柳叶马鞭草

关于面图

## 花境植物材料

| 序号 | 植物名称 | 植物科属 | 拉丁名 | 花（叶）色 | 开花期及持续时间 | 长成高度（cm） | 种植面积（m²） | 种植密度（株/m²） | 株数（株） |
|---|---|---|---|---|---|---|---|---|---|
| 1 | 美女樱 | 马鞭草科马鞭草属 | *Verbena hybrida* | 紫色 | 5~11月 | 10~50 | 9 | 36 | 324 |
| 2 | 蓝霸鼠尾草 | 唇形科鼠尾草属 | *Salvia japonica* | 蓝紫色 | 6~9月 | 30~100 | 9 | 25 | 225 |
| 3 | 针茅 | 禾本科针茅属 | *Stipa capillata* | 灰白色 | 6~8月 | 40~80 | 2 | 25 | 50 |
| 4 | 金叶石菖蒲 | 天南星科菖蒲属 | *Acorus gramineus* 'Ogan' | 绿色偏黄 | 4~5月 | 30~40 | 3 | 3 | 9 |
| 5 | 堆心菊 | 菊科堆心菊属 | *Helenium autumnale* | 黄绿色 | 7~10月 | 100 | 6 | 36 | 216 |
| 6 | 松果菊 | 菊科松果菊属 | *Echinacea purpurea* | 紫红色 | 6~8月 | 50~150 | 6 | 36 | 216 |
| 7 | 天人菊 | 菊科天人菊属 | *Gaillardia pulchella* | 黄色 | 6~8月 | 20~60 | 6 | 36 | 216 |
| 8 | 醉鱼草 | 马钱科醉鱼草属 | *Buddleja lindleyana* | 紫色 | 4~10月 | 300 | 5 | 25 | 125 |
| 9 | 桑托斯马鞭草 | 马鞭草科马鞭草属 | *Verbena officinalis* | 蓝紫色 | 6~10月 | 120 | 3 | 25 | 75 |
| 10 | 矮蒲苇 | 禾本科蒲苇属 | *Cortaderia selloana* 'Pumila' | 银白色 | 9~10月 | 120 | 3 | 6 | 18 |
| 11 | 金光菊 | 菊科金光菊属 | *Rudbeckia laciniata* | 黄色 | 7~10月 | 50~200 | 6 | 36 | 216 |
| 12 | 蓝冰麦 | 禾本科赖草属 | *Leymus arenarius* 'Blue Dune' | 棕蓝色花 | 8月至翌年2月 | 50 | 2 | 36 | 72 |
| 13 | 美国薄荷 | 唇形科美国薄荷属 | *Monarda didyma* | 淡紫红色 | 6~9月 | 100~120 | 2 | 36 | 72 |
| 14 | 金叶接骨木 | 忍冬科接骨木属 | *Sambucus racemosa* 'Plumosa aurea' | 白色 | 6~8月 | 120~150 | 2 | 1 | 2 |
| 15 | 细叶芒 | 禾本科芒属 | *Miscanthus sinensis* cv. | 银白色 | 9~10月 | 100~200 | 3 | 6 | 18 |
| 16 | 柠檬女贞棒棒糖 | 木樨科女贞属 | *Ligustrum lucidum* | 白色 | 5~7月 | 150 | 3 | 3 | 9 |
| 17 | 佛甲草 | 景天科景天属 | *Sedum lineare* | 黄色 | 4~5月 | 10~20 | 4 | 49 | 196 |
| 18 | 矾根 | 虎耳草科矾根属 | *Heuchera micrantha* | 红色 | 4~10月 | 40~60 | 3 | 25 | 75 |
| 19 | 绣球 | 虎耳草科绣球属 | *Hydrangea macrophylla* | 红色 | 6~8月 | 100 | 1 | 3 | 3 |
| 20 | 柳叶马鞭草 | 马鞭草科马鞭草属 | *Verbena bonariensis* | 淡紫色 | 7~8月 | 60~150 | 3 | 25 | 75 |
| 21 | 黄金梅 | | | 黄色 | 10~12月 | 100~200 | 3 | 1 | 3 |
| 22 | 角堇 | 堇菜科堇菜属 | *Viola cornuta* | 黄、粉、红色 | 10月至翌年4月 | 15 | 10 | 150 | 1500 |
| 23 | 甘蓝 | 十字花科芸薹属 | *Brassica oleracea* | 红色 | 4月 | 10~50 | 5 | 64 | 320 |
| 24 | 彩叶草 | 唇形科鞘蕊花属 | *Coleus scutellarioides* | 彩色 | 7月 | 10~40 | 8 | 50 | 400 |

# 古猗新生

## 上海古猗园

陈樱芝　宋雨芬　管海红

## 春季实景

## 古猗新生

　　岩石园以"古猗新生"为主题，设计宗旨就是"师法自然"，结合古典园林山石园路的特点，秉承"与环境相融、与生态相协"的理念，遵循适地适树的原则，通过科学而灵活的设计与植物配置。植物以宿根花卉、一二年生花卉等多种植物为主，使用混合栽种法形成自然错落的花境，模仿自然植物群落分布，再配以灵石烘托点缀其中，使景观更为协调稳定、亲切自然，置身其中，如归山林。

　　岩石的大小组合与植物搭配融合，相得益彰。山石缝隙之间生长的植物打破了呆板和生硬的线条，彰显生命的活力。植物配置上，采用不同颜色的松柏类植物、直立冬青等作为整个岩石园的背景和中层点缀。用品种杜鹃、南天竹等质感粗犷的小灌木配合岩石作为整个岩石园的背景，丰富竖向景观层次，奠定岩石园的基调。

　　下层植物和填充植物主要采用植株低矮、生长缓慢、耐干旱、质感细腻、柔美的植物表现岩生花境植物生命力旺盛的一面。如用花叶山剑兰、金边丝兰等植物表现岩生花境缺水干旱，植物需进化自带储水功能的生境要求。手法采用团状种植为主；用单子叶的观赏草表现岩生干旱环境植物特性，手法以点植为主；用银纹沿阶草、墨西哥鼠尾草、埃弗里斯特薹草等布置在石缝间表现石缝开花这一岩生景观；用银色叶片的银边海桐、花叶玉蝉花、肉质大型龙舌兰作为焦点植物，表现岩生环境下孕育的特色植物等，用马鞭草科、菊科植物采用团块状丛植营造远古风貌及幽静深远的自然情趣与景观等。

　　木本植物少量点缀，整体以草本和宿根观赏草为主。整体做到花中有石，石中有花，交相辉映；沿坡起伏，垒垒石垛，丘壑成趣，远眺可显出万紫千红、花团锦簇，近视则怪石峰峡、参差连接，形成绝妙的岩生景观。

## 夏季实景

**秋季实景**

# 设计阶段图纸

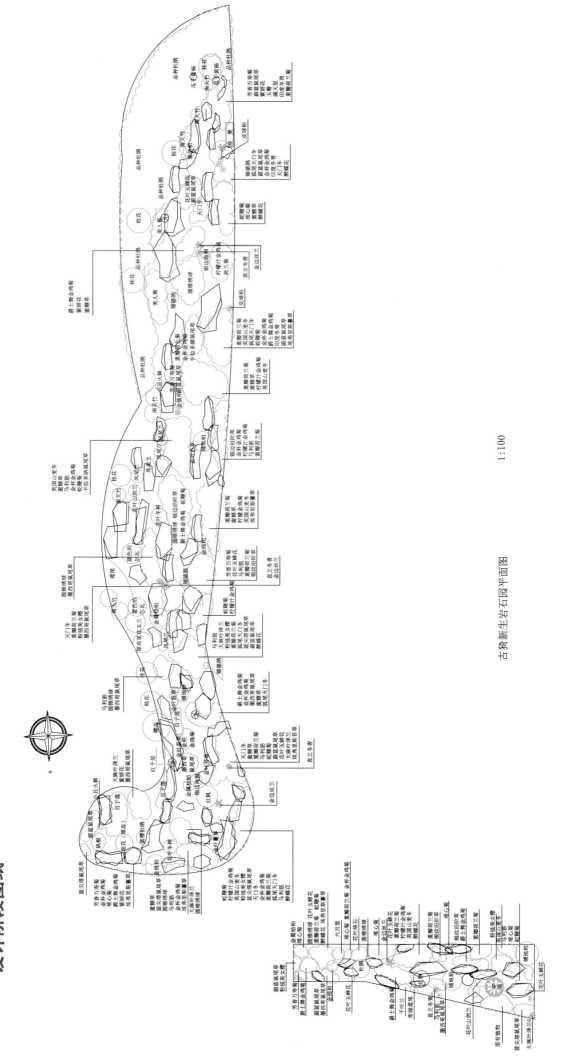

古猗新生岩石园平面图

1:100

## 花境植物材料

| 序号 | 名称 | 规格（cm） | 数量 | 单位 | 序号 | 名称 | 规格（cm） | 数量 | 单位 |
|---|---|---|---|---|---|---|---|---|---|
| 1 | 桂花 | 高度300~400 蓬径300 | 6 | 株 | 31 | 芳香万寿菊 | 蓬径45~50 | 20 | 株 |
| 2 | 瓜子黄杨 | 高度180~200 蓬径180~200 | 2 | 株 | 32 | 大麻叶泽兰 | 蓬径45~50 | 20 | 株 |
| 3 | 红枫 | 高度220~250 蓬径200~220 | 2 | 株 | 33 | 蔚蓝鼠尾草 | 蓬径45~50 | 20 | 株 |
| 4 | 星花玉兰 | 高度200~220 蓬径160~180 | 2 | 株 | 34 | 蓝尖塔鼠尾草 | 蓬径45~50 | 20 | 株 |
| 5 | 金叶女贞 | 高度70~80 蓬径50~60 | 1 | 株 | 35 | 墨西哥鼠尾草 | 蓬径45~50 | 11 | 株 |
| 6 | 品种杜鹃 | 高度80~120 蓬径100~120 | 60 | 株 | 36 | 矮婆鹃 | 蓬径50~60 | 5 | 株 |
| 7 | 南天竹 | 高度100~150 蓬径50~60 | 10 | 株 | 37 | 小丑火棘 | 蓬径50~60 | 2 | 株 |
| 8 | 花叶铺地柏 | 蓬径80~100 | 8 | 株 | 38 | 金线柏 | 蓬径50~60 | 2 | 株 |
| 9 | 金线柏 | 高度60~70 蓬径100~120 | 2 | 株 | 39 | 金边丝兰 | 蓬径40~45 | 5 | 株 |
| 10 | 蓝剑柏 | 高度70~80 蓬径50~60 | 3 | 株 | 40 | 印度冬青 | 蓬径25~30 | 20 | 株 |
| 11 | 凤尾兰 | 高度50~60 蓬径60~80 | 6 | 株 | 41 | 红千层 | 蓬径70~80 | 3 | 株 |
| 12 | 蓝色波尔瓦 | 高度80~100 蓬径100~120 | 3 | 株 | 42 | 金蜀桧柏 | 高度70~80 | 3 | 株 |
| 13 | 蓝樱杜鹃 | 高度70 蓬径80 | 1 | 株 | 43 | 银边海桐 | 蓬径50~60 | 5 | 株 |
| 14 | 红千层 | 高度160 蓬径150 | 1 | 株 | 44 | 花叶柊树 | 蓬径70~80 | 2 | 株 |
| 15 | 花叶山菅兰 | 高度35~40 蓬径30~35 | 12 | 株 | 45 | 皮球柏 | 蓬径30~35 | 5 | 株 |
| 16 | 玉簪 | 高度30~40 蓬径25~30 | 6 | 株 | 46 | 银纹沿阶草 | 蓬径35~40 | 15 | 株 |
| 17 | 六月雪 | 高度30~40 蓬径40~45 | 2 | 株 | 47 | 堆心菊 | 蓬径15~20 | 60 | 株 |
| 18 | 金叶石菖蒲 | 高度30~40 蓬径30~40 | 30 | 株 | 48 | 埃弗里斯特薹草 | 蓬径25~30 | 20 | 株 |
| 19 | 金叶薹草 | 高度30~40 蓬径50~60 | 5 | 株 | 49 | 金鸡菊'金杯' | 蓬径20~25 | 100 | 株 |
| 20 | 常绿鸢尾 | 高度50~60 | 10 | 株 | 50 | 密枝天门冬 | 蓬径20~25 | 10 | 株 |
| 21 | 花叶络石 | 蓬径45~50 | 1 | 株 | 51 | 美人蕉 | 蓬径40~45 | 20 | 株 |
| 22 | 千叶兰 | 蓬径50~60 | 1 | 株 | 52 | 重瓣荷兰菊 | 蓬径20~25 | 100 | 株 |
| 23 | 密枝天门冬 | 蓬径20~25 | 10 | 株 | 53 | 紫娇花 | 蓬径25~30 | 30 | 株 |
| 24 | 直立冬青 | 高度100 | 5 | 株 | 54 | 英国山麦冬 | 蓬径25~30 | 20 | 株 |
| 25 | 蜜糖草 | 蓬径40~45 | 30 | 株 | 55 | 狐尾天门冬 | 蓬径40~45 | 5 | 株 |
| 26 | 马利筋 | 蓬径25~30 | 30 | 株 | 56 | 金叶满天星 | 蓬径30~35 | 10 | 株 |
| 27 | 花叶玉蝉花 | 蓬径20~25 | 30 | 株 | 57 | 卡拉多纳鼠尾草 | 蓬径35~40 | 30 | 株 |
| 28 | 蛇鞭菊 | 蓬径20~25 | 60 | 株 | 58 | 圆锥绣球 | 蓬径35~40 | 30 | 株 |
| 29 | 金鸡菊'柠檬汁' | 蓬径15~20 | 100 | 株 | 59 | 粉毯美女樱 | 蓬径15~20每平方米30盆 | 2 | m² |
| 30 | 金鸡菊'爵士舞' | 蓬径20~25 | 70 | 株 | 60 | 紫花美女樱 | 蓬径15~20每平方米30盆 | 2 | m² |
|  |  |  |  |  | 61 | 醉蝶花 | 蓬径20~25 | 30 | 株 |

## 花境植物更换表

| 序号 | 植物名称 | 花（叶）色 | 开花期及持续时间 | 长成高度（cm） | 种植面积（m²） | 种植密度（株/m²） | 株数（株） |
|---|---|---|---|---|---|---|---|
| 1 | 超级鼠尾草 | 蓝紫色 | 6~11月 | 50 | 5 | 16 | 80 |
| 2 | 松果菊 | 混色 | 6~9月 | 40 | 5 | 16 | 80 |
| 3 | 火焰狼尾草 |  |  | 70 | 3 | 9 | 27 |
| 4 | 紫叶狼尾草 |  |  | 80 | 3 | 9 | 27 |
| 5 | 大麻叶泽兰 |  |  | 80 | 2 | 9 | 18 |
| 6 | 芳香万寿菊 | 黄色 |  | 80 | 2 | 9 | 18 |
| 7 | 密花千屈菜 | 紫色 |  | 60 | 1 | 9 | 9 |
| 8 | 醉蝶花 |  |  | 40 | 5 | 16 | 80 |
| 9 | 蓝雪花 | 蓝色 |  | 40 | 5 | 16 | 64 |
| 10 | 超级凤仙 | 玫红色 |  | 40m | 5 | 9 | 45 |
| 11 | 翠芦莉 | 紫色 |  | 80 | 3 | 9 | 27 |
| 12 | 百子莲 | 紫色 |  | 60 | 3 | 9 | 27 |

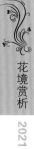

花境赏析

2021

# 岸芷汀兰

## 合肥大蜀山文化陵园

储红波　郭磊　鲁鹏　史磊

### 春季实景

## 岸芷汀兰

　　本景观位于木平台下方，整体呈现30°坡度；面积约为150m²；东边为会议室，南边靠柏树围墙；景观设计依"因地制宜"的原则采用了旱溪花境的设计思路。整体以地形堆叠（岸）下凹处用绿沸石做成的水流（汀）为主体，搭配各色花境植物，如萱草（芷）、建兰（兰）等做成依坡而降顺势而流的旱溪花境。丰富的植物搭配弱化了木平台与下方地面的高度，也给在木平台上方休息的客人创造一个空气清新、舒适而安静的环境。

## 夏季实景

## 秋季实景

## 设计阶段图纸

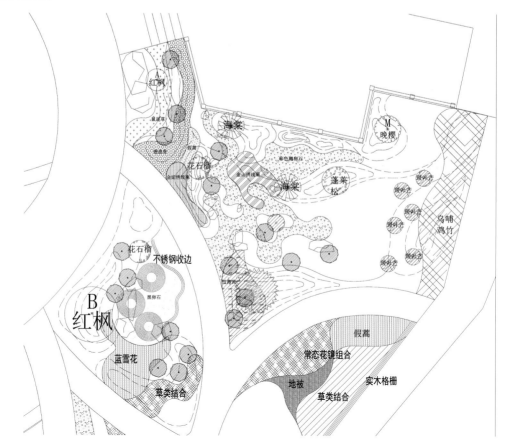

# 花境植物材料

| 序号 | 植物名称 | 植物科属 | 拉丁名 | 花（叶）色 | 开花期及持续时间 | 长成高度（cm） | 种植面积（m²） | 种植密度（株/m²） | 株数（株） |
|---|---|---|---|---|---|---|---|---|---|
| 1 | 矮麦冬 | 百合科沿阶草属 | Ophiopogon japonicus var. nama | 叶深绿色 | 观叶，常绿 | 5~10 | 10 | 100 | 1000 |
| 2 | 皮球柏 | 柏科扁柏属 | Chamaecyparis thyoides 'Heatherbun' | 蓝色 | 观叶，常绿 | 20~25 | 2 | 2 | 5 |
| 3 | 六月雪 | 茜草科六月雪属 | Serissa japonica | 叶常绿，花白色 | 叶常绿，花期5~7月 | 30~50 | 1.5 | 4 | 6 |
| 4 | 金叶石菖蒲 | 天南星科菖蒲属 | Acorus gramineus 'Ogan' | 叶金色 | 观叶，常绿 | 20~30 | 2 | 7 | 13 |
| 5 | 沿阶草 | 百合科沿阶草属 | Ophiopogon bodinieri | 叶绿色 | 观叶，常绿 | 10~35 | 0.3 | 1丛 | 3丛 |
| 6 | 紫叶筋骨草 | 唇形科筋骨草属 | Ajuga reptans | 叶紫色 | 观叶，常绿 | 10~15 | 2 | 15 | 30 |
| 7 | 品种玉簪 | 百合科玉簪属 | Hosta plantaginea cv. | 白色 | 6~10月 | 14~30 | 1 | 12 | 25 |
| 8 | 百子莲 | 石蒜科百子莲属 | Agapanthus africanus | 蓝、白色 | 6~9月 | 40~80 | 1 | 10 | 10 |
| 9 | 林荫鼠尾草 | 唇形科鼠尾草属 | Salvia nemorosa | 紫色 | 6~9月 | 40~60 | 0.3 | 15 | 5 |
| 10 | 锦绣杜鹃 | 杜鹃花科杜鹃花属 | Rhododendron pulchrum | 紫色 | 4~5月 | 150~250 | 1 | 3 | 3 |
| 11 | 硬骨凌霄 | 紫葳科硬骨凌霄属 | Tecomaria capensis | 红色 | 8~11月 | 100~150 | 1 | 2 | 2 |
| 12 | 德国鸢尾 | 鸢尾科鸢尾属 | Iris germanica | 蓝色 | 4~5月 | 60~90 | 1 | 8 | 8 |
| 13 | 黄金菊 | 菊科梳黄菊属 | Euryops pectinattus | 黄色 | 6~9月 | 30~60 | 1.5 | 23 | 35 |
| 14 | 铺地柏 | 柏科圆柏属 | Sabina procumbens | 观叶绿色 | 观叶，常绿 | 20~40 | 1 | 5 | 5 |
| 15 | 瓜子黄杨 | 黄杨科黄杨属 | Buxus microphylla | 叶绿色 | 观叶，常绿 | 100~120 | 2 | 2 | 2 |
| 16 | 细叶芒 | 禾本科芒属 | Miscanthus sinensis cv. | 绿色 | 观叶，常绿 | 100~200 | 2 | 2 | 4 |
| 17 | 细茎针茅 | 禾本科针茅属 | Stipa tenuissima | 灰白 | 观叶，常绿 | 40~70 | 3 | 7 | 20 |
| 18 | 黄金花柏 | 柏科扁柏属 | Chamaecyparis pisifera cv. | 金黄色 | 观叶，常绿 | 30~50 | 1.5 | 3 | 5 |
| 19 | 线叶绣线菊 | 蔷薇科绣线菊属 | Spiraea thunbergii | 白色 | 3~4月 | 30~40 | 1 | 3 | 3 |
| 20 | 菱叶绣线菊 | 蔷薇科绣线菊属 | Spiraea vanhouttei | 白色 | 5~6月 | 30~40 | 1 | 4 | 4 |
| 21 | 萱草 | 百合科萱草属 | Hemerocallis fulva | 橘红色 | 5~7月 | 30~60 | 1 | 4 | 4 |
| 22 | 薄雪万年草 | 景天科景天属 | Sedum hispanicum | 叶绿色 | 观叶，常绿 | 1~3 | 8 | | |
| 23 | 亮金女贞 | 木犀科女贞属 | Ligustrum × vicaryi | 亮金色 | 观叶，常绿 | 30~40 | 3 | 2 | 6 |
| 24 | 水果蓝 | 唇形科香科科属 | Teucrium fruticans | 白、绿色 | 观叶，常绿 | 35~40 | 2 | 3 | 6 |

| 序号 | 植物名称 | 植物科科属 | 拉丁名 | 花（叶）色 | 开花期及持续时间 | 长成高度（cm） | 种植面积（m²） | 种植密度（株/m²） | 株数（株） |
|---|---|---|---|---|---|---|---|---|---|
| 25 | 过路黄 | 报春花科珍珠菜属 | Lysimachia christinae | 黄色 | 5~7月 | 1~3 | 3 | 10 | 30 |
| 26 | 千叶兰 | 蓼科千叶兰属 | Muehlenbeckia complexa | 绿色 | 观叶，绿色 | 3~5 | 2 | 7 | 15 |
| 27 | 火焰卫矛 | 卫矛科卫矛属 | Euonymus alatus 'Compacta' | 绿~红色 | 观叶，绿色 | 40 | 2 | 2 | 5 |
| 28 | 火棘 | 蔷薇科火棘属 | Pyracantha fortuneana | 果红色 | 观果，红色 | 60 | 2 | 1 | 3 |
| 29 | 五针松 | 松科松属 | Pinus parviflora | 绿色 | 观叶，常绿 | 200 | 1.5 | 1 | 1 |
| 30 | 大王蕨 | 肾蕨科肾蕨属 | Nephrolepis exaltata | 绿色 | 观叶，常绿 | 60 | 3 | 2 | 6 |
| 31 | 羽毛枫 | 槭树科槭属 | Acer palmatum 'Dissectum' | 红色 | 观叶，常绿 | 150 | 2 | 1 | 1 |
| 32 | 美国红枫 | 槭树科槭属 | Acer rubrum | 绿~红色 | 3~4月 | 250~300 | 3 | 1 | 4 |
| 33 | 鸡爪槭 | 槭树科槭属 | Acer palmatum | 绿色 | 5月 | 400 | 4 | 1 | 1 |
| 34 | 牛至 | 唇形科牛至属 | Origanum vulgare | 白色 | 7~9月 | 5~10 | 2 | 15 | 30 |
| 35 | 无尽夏 | 虎耳草科绣球属 | Hydrangea macrophylla 'Endless Summer' | 蓝色 | 5~9月 | 60~80 | 2 | 7 | 15 |
| 36 | 朱蕉 | 龙舌兰科朱蕉属 | Cordyline fruticosa | 红色 | 观叶，常绿 | 65 | 1 | 3 | 3 |
| 37 | 红王子锦带 | 忍冬科锦带花属 | Weigela florida 'Red Prince' | 红色 | 5~6月 | 50~70 | 1 | 4 | 4 |
| 38 | 玉蝉花 | 鸢尾科鸢尾属 | Iris ensata | 蓝色 | 6~7月 | 40~70 | 2 | 12 | 25 |
| 39 | 迷迭香 | 唇形科迷迭香属 | Rosmarinus officinalis | 叶绿色 | 观叶，常绿 | 40~50 | 3 | 6 | 20 |
| 40 | 香茅 | 禾本科香茅属 | Mosla chinensis | 叶绿色 | 观叶，常绿 | 30~90 | 1 | 1 | 1 |
| 41 | 薹草 | 莎草科薹草属 | Carex spp. | 叶绿色 | 观叶，常绿 | 30~40 | 4 | 8 | 35 |
| 42 | 大花六道木 | 忍冬科六道木属 | Abelia × grandiflora | 叶黄绿色，花白色 | 5~11月 | 20~40 | 2 | 5 | 10 |
| 43 | 银叶菊 | 菊科千里光属 | Centaurea cineraria | 叶银白色，花黄色 | 6~9月 | 20~40 | 1 | 8 | 8 |
| 44 | 蓝湖柏 | 柏科扁柏属 | Chamaecyparis pisifera 'Boulevard' | 叶蓝绿色 | 观叶，常绿 | 20~30 | 2 | 7 | 15 |
| 45 | 萼距花 | 千屈菜科萼距花属 | Cuphea hookeriana | 桃红色 | 4~10月 | 10~20 | 2 | 7 | 15 |
| 46 | 一叶兰 | 百合科蜘蛛抱蛋属 | Aspidistra elatior | 绿色 | 观叶，常绿 | 30~60 | 2 | 7 | 15 |
| 47 | 紫竹 | 禾本科刚竹属 | Phyllostachys nigra | 干紫色，叶绿色 | 观叶，常绿 | 200~250 | 3 | 7 | 20 |
| 48 | 红花檵木 | 金缕梅科檵木属 | Loropetalum chinense var. rubrum | 叶紫色，花红色 | 4~5月 | 100~120 | 3 | 3 | 3 |

# 借

## 天津市园林花圃

董超

## 春季实景

## 借

本花境名称为"借"，灵感来源于一首歌曲。花境用春、夏、秋三个不同的季相分别表达出"借一缕晨光""借一寸暖阳""借一抹斜阳"的不同景观意向。

初春，借一缕晨光，照人影摇晃，用植物萌芽和初花的状态表达一天中晨光初升时的朝气蓬勃与欣欣向荣，照亮大地，映出人影。

盛夏，借一寸暖阳，融化人心，用植物进入盛花期竞相开放、繁花似锦的状态表达出暖阳当头深入人心的景象。

金秋，借一抹斜阳，添憧憬与希望，用观赏草盛放的秋态和植物硕果及干枯的状态表现出夕阳斜下的无限美好，以及对未来满怀憧憬与希望。

**夏季实景**

# 秋季实景

# 设计阶段图纸

## 花境平面图

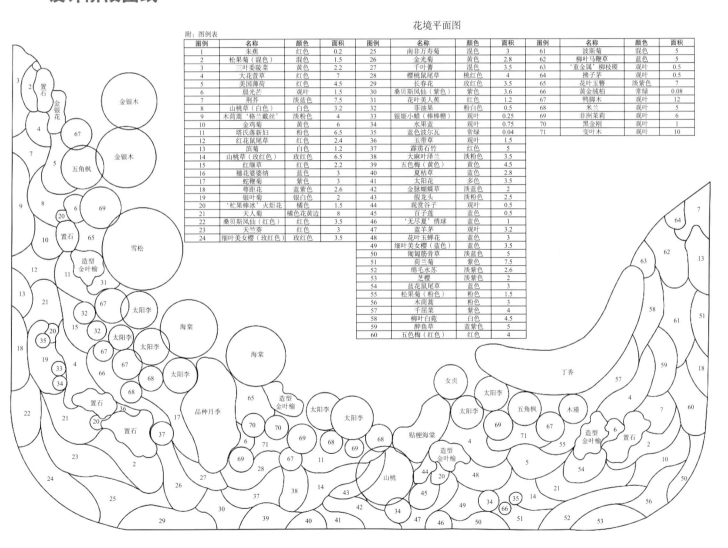

附：图例表

| 图例 | 名称 | 颜色 | 面积 | 图例 | 名称 | 颜色 | 面积 | 图例 | 名称 | 颜色 | 面积 |
|---|---|---|---|---|---|---|---|---|---|---|---|
| 1 | 朱蕉 | 红色 | 0.2 | 25 | 南非万寿菊 | 混色 | 3 | 61 | 波斯菊 | 混色 | 5 |
| 2 | 松果菊（混色） | 混色 | 1.5 | 26 | 金光菊 | 黄色 | 2.8 | 62 | 柳叶马鞭草 | 蓝色 | 5 |
| 3 | 三叶委陵菜 | 黄色 | 2.2 | 27 | 千叶蓍 | 混色 | 3.5 | 63 | '重金属'柳枝稷 | 观叶 | 0.5 |
| 4 | 大花萱草 | 红色 | 7 | 28 | 樱桃鼠尾草 | 桃红色 | 4 | 64 | 拂子茅 | 观叶 | 0.5 |
| 5 | 美国薄荷 | 红色 | 4.5 | 29 | 长春花 | 玫红色 | 3.5 | 65 | 花叶玉簪 | 淡紫色 | 7 |
| 6 | 晨光芒 | 观叶 | 1.5 | 30 | 桑贝斯凤仙（紫色） | 紫色 | 3.6 | 66 | 黄金绒柏 | 常绿 | 0.08 |
| 7 | 荆芥 | 淡蓝色 | 7.5 | 31 | 花叶美人蕉 | 红色 | 1.2 | 67 | 鸭脚木 | 观叶 | 12 |
| 8 | 山桃草（白色） | 白色 | 3.2 | 32 | 菲油果 | 粉白色 | 0.5 | 68 | 米兰 | 观叶 | 5 |
| 9 | 木茼蒿'格兰戴丝' | 淡粉色 | 4 | 33 | 银姬小蜡（棒棒糖） | 观叶 | 0.25 | 69 | 非洲茉莉 | 观叶 | 6 |
| 10 | 金鸡菊 | 黄色 | 6 | 34 | 水果蓝 | 观叶 | 0.75 | 70 | 黑金刚 | 观叶 | 1 |
| 11 | 塔氏落新妇 | 粉色 | 6.5 | 35 | 蓝色波尔瓦 | 常绿 | 0.04 | 71 | 变叶木 | 观叶 | 10 |
| 12 | 红花鼠尾草 | 红色 | 2.4 | 36 | 玉带草 | 观叶 | 1.5 | | | | |
| 13 | 滨菊 | 白色 | 1.2 | 37 | 霹雳石竹 | 红色 | 5 | | | | |
| 14 | 山桃草（玫红色） | 玫红色 | 6.5 | 38 | 大麻叶泽兰 | 淡粉色 | 3.5 | | | | |
| 15 | 红缬草 | 红色 | 2.2 | 39 | 五色梅（黄色） | 黄色 | 4.5 | | | | |
| 16 | 穗花婆婆纳 | 蓝色 | 3 | 40 | 夏枯草 | 蓝色 | 2.8 | | | | |
| 17 | 蛇鞭菊 | 紫色 | 3 | 41 | 太阳花 | 多色 | 3.5 | | | | |
| 18 | 萼距花 | 蓝紫色 | 2.6 | 42 | 金脉蝴蝶草 | 淡蓝色 | 2 | | | | |
| 19 | 银叶菊 | 银白色 | 2 | 43 | 假龙头 | 淡粉色 | 2.5 | | | | |
| 20 | '杞果棒冰'火炬花 | 橘色 | 1.5 | 44 | 观赏谷子 | 观叶 | 0.5 | | | | |
| 21 | 天人菊 | 橘色花黄边 | 8 | 45 | 百子莲 | 蓝色 | 0.5 | | | | |
| 22 | 桑贝斯凤仙（红色） | 红色 | 3.5 | 46 | '无尽夏'绣球 | 蓝色 | 1 | | | | |
| 23 | 天竺葵 | 红色 | 3 | 47 | 蓝霸茅 | 蓝色 | 3.2 | | | | |
| 24 | 细叶美女樱（玫红色） | 玫红色 | 3.5 | 48 | 花叶玉蝉花 | 蓝色 | 3 | | | | |
| | | | | 49 | 细叶美女樱（蓝色） | 蓝色 | 3.5 | | | | |
| | | | | 50 | 匍匐筋骨草 | 淡蓝色 | 5 | | | | |
| | | | | 51 | 荷兰菊 | 紫色 | 7.5 | | | | |
| | | | | 52 | 绵毛水苏 | 淡紫色 | 2.6 | | | | |
| | | | | 53 | 芝樱 | 淡紫色 | 2 | | | | |
| | | | | 54 | 蓝花鼠尾草 | 蓝色 | 3 | | | | |
| | | | | 55 | 松果菊（粉色） | 粉色 | 1.5 | | | | |
| | | | | 56 | 木茼蒿 | 粉色 | 3 | | | | |
| | | | | 57 | 千屈菜 | 粉色 | 5 | | | | |
| | | | | 58 | 柳叶白菀 | 白色 | 4.5 | | | | |
| | | | | 59 | 醉鱼草 | 蓝紫色 | 5 | | | | |
| | | | | 60 | 五色梅（红色） | 红色 | 4 | | | | |

# 花境植物材料

| 序号 | 名称 | 拉丁名 | 科 | 属 | 颜色 | 花期 | 面积（m²） | 密度（株/m²） | 数量 |
|---|---|---|---|---|---|---|---|---|---|
| 1 | 朱蕉 | *Cordyline fruticosa* | 龙舌兰科 | 朱蕉属 | 红色 | 观叶 | 0.2 | 16 | 3 |
| 2 | 松果菊（混色） | *Echinacea purpurea* | 菊科 | 松果菊属 | 混色 | 6~9月 | 1.5 | 36 | 54 |
| 3 | 三叶委陵菜 | *Potentilla freyniana* | 蔷薇科 | 委陵菜属 | 黄色 | 3~6月 | 2.2 | 49 | 108 |
| 4 | 大花萱草 | *Hemerocallis fulva* | 百合科 | 萱草属 | 红色 | 6~8月 | 7 | 25 | 175 |
| 5 | 美国薄荷 | *Monarda didyma* | 唇形科 | 美国薄荷属 | 红色 | 6~9月 | 4.5 | 36 | 162 |
| 6 | 晨光芒 | *Miscanthus sinensis* 'Morning Light' | 禾本科 | 芒属 | 观叶 | 观叶 | 1.5 | 9 | 14 |
| 7 | 荆芥 | *Nepeta cataria* | 唇形科 | 荆芥属 | 淡蓝色 | 5~7月 | 7.5 | 36 | 270 |
| 8 | 山桃草（白色） | *Gaura lindheimeri* | 柳叶菜科 | 山桃草属 | 白色 | 6~9月 | 3.2 | 36 | 115 |
| 9 | 木茼蒿'格兰戴丝' | *Argyranthemum frutescens* | 菊科 | 木茼蒿属 | 淡粉色 | 5~6月 | 4 | 36 | 144 |
| 10 | 金鸡菊 | *Coreopsis drummondii* | 菊科 | 金鸡菊属 | 黄色 | 5~9月 | 6 | 36 | 216 |
| 11 | 塔氏落新妇 | *Astibe chinensis* var. *taguetil* | 虎耳草科 | 落新妇属 | 粉色 | 6~7月 | 6.5 | 36 | 234 |
| 12 | 红花鼠尾草 | *Salvia coccinea* | 唇形科 | 鼠尾草属 | 红色 | 8~9月 | 2.4 | 36 | 87 |
| 13 | 滨菊 | *Leucanthemum vulgate* | 菊科 | 滨菊属 | 白色 | 5~7月 | 1.2 | 36 | 44 |
| 14 | 山桃草（玫红色） | *Gaura lindheimeri* | 柳叶菜科 | 山桃草属 | 玫红色 | 6~9月 | 6.5 | 36 | 234 |
| 15 | 红缬草 | *Centranthus ruber* | 败酱科 | 距缬草属 | 红色 | 5~8月 | 2.2 | 36 | 80 |
| 16 | 穗花婆婆纳 | *Veronica spicata* | 玄参科 | 婆婆纳属 | 蓝色 | 6~8月 | 3 | 36 | 108 |
| 17 | 蛇鞭菊 | *Liatris spicata* | 菊科 | 蛇鞭菊属 | 紫色 | 7~8月 | 3 | 36 | 108 |
| 18 | 萼距花 | *Cuphea hookeriana* | 千屈菜科 | 萼距花属 | 蓝紫色 | 6~7月 | 2.6 | 25 | 65 |
| 19 | 银叶菊 | *Centaurea cineraia* | 菊科 | 千里光属 | 银白色 | 观叶 | 2 | 49 | 98 |
| 20 | '杧果棒冰'火炬花 | *Kniphofia* 'Mango Popsicle' | 百合科 | 火把莲属 | 橘色 | 6~7月 | 1.5 | 36 | 54 |
| 21 | 天人菊 | *Gaillardia aristata* | 菊科 | 天人菊属 | 橘色花黄边 | 6~11月 | 8 | 36 | 288 |
| 22 | 桑贝斯凤仙（红色） | *Impatiens balsamina* cv. | 凤仙花科 | 凤仙花属 | 红色 | 5~8月 | 3.5 | 16 | 56 |
| 23 | 天竺葵 | *Pelargonium hortorum* | 牻牛儿苗科 | 天竺葵属 | 红色 | 6~8月 | 3 | 25 | 75 |
| 24 | 细叶美女樱（玫红色） | *Glandularia tenera* | 马鞭草科 | 美女樱属 | 玫红色 | 4~7月 | 3.5 | 49 | 172 |
| 25 | 南非万寿菊 | *Osteospermum ecklonis* | 菊科 | 骨子菊属 | 混色 | 4~7月 | 3 | 49 | 147 |
| 26 | 金光菊 | *Rudbeckia laciniata* | 菊科 | 金光菊属 | 黄色 | 7~10月 | 2.8 | 25 | 70 |
| 27 | 千叶蓍 | *Achillea millefolium* | 菊科 | 蓍属 | 混色 | 6~7月 | 3.5 | 36 | 126 |
| 28 | 樱桃鼠尾草 | *Salvia greggii* | 唇形科 | 鼠尾草属 | 桃红色 | 5~7月 | 4 | 25 | 100 |
| 29 | 长春花 | *Catharanthus roseus* | 夹竹桃科 | 长春花属 | 玫红色 | 5~8月 | 3.5 | 49 | 171 |
| 30 | 桑贝斯凤仙（紫色） | *Impatiens balsamina* cv. | 凤仙花科 | 凤仙花属 | 紫色 | 5~8月 | 3.6 | 16 | 58 |
| 31 | 花叶美人蕉 | *Canna glauca* | 美人蕉科 | 美人蕉属 | 红色 | 7~10月 | 1.2 | 16 | 20 |
| 32 | 菲油果 | *Feijoa sellowiana* | 桃金娘科 | 菲油果属 | 粉白色 | 5~7月 | 0.5 | 4 | 2 |
| 33 | 银姬小蜡（棒棒糖） | *Ligustrum sinense* 'Variegatum' | 木樨科 | 女贞属 | 观叶 | 观叶 | 0.25 | 4 | 1 |
| 34 | 水果蓝 | *Teucrium fruticans* | 唇形科 | 香科科属 | 观叶 | 观叶 | 0.75 | 4 | 3 |
| 35 | 蓝色波尔瓦 | *Chamaecyparis pisifera* | 柏科 | 扁柏属 | 常绿 | 常绿 | 0.04 | 25 | 1 |
| 36 | 玉带草 | *Phalaris arundinacea* var. *picta* | 禾本科 | 虉草属 | 观叶 | 观叶 | 1.5 | 16 | 24 |
| 37 | 霹雳石竹 | *Dianthus chinensis* cv. | 石竹科 | 石竹属 | 红色 | 5~7月 | 5 | 36 | 180 |
| 38 | 大麻叶泽兰 | *Eupatorium cannabinum* | 菊科 | 泽兰属 | 淡粉色 | 8~9月 | 3.5 | 16 | 56 |
| 39 | 五色梅（黄色） | *Lantana camara* | 马鞭草科 | 马缨丹属 | 黄色 | 常年间断 | 4.5 | 36 | 162 |
| 40 | 夏枯草 | *Prunella vulgaris* | 唇形科 | 夏枯草属 | 蓝色 | 4~6月 | 2.8 | 36 | 100 |
| 41 | 太阳花 | *Portulaca grandiflora* | 马齿苋科 | 马齿苋属 | 多色 | 7~9月 | 3.5 | 36 | 126 |
| 42 | 金脉蝴蝶草 | *Ammannia senegalensis* | 玄参科 | 蝴蝶草属 | 淡蓝色 | 5~7月 | 2 | 25 | 50 |
| 43 | 假龙头 | *Physostegia virginiana* | 唇形科 | 假龙头花属 | 淡粉色 | 7~8月 | 2.5 | 36 | 90 |
| 44 | 观赏谷子 | *Pennisetum glaucum* | 禾本科 | 狼尾草属 | 观叶 | 观叶 | 0.5 | 25 | 12 |
| 45 | 百子莲 | *Agapanthus africanus* | 石蒜科 | 百子莲属 | 蓝色 | 5~7月 | 0.5 | 9 | 5 |
| 46 | '无尽夏'绣球 | *Hydrangea macrophylla* 'Endless Summer' | 虎耳草科 | 绣球属 | 蓝色 | 6~8月 | 1 | 4 | 4 |

| 序号 | 名称 | 拉丁名 | 科 | 属 | 颜色 | 花期 | 面积（m²） | 密度（株/m²） | 数量 |
|---|---|---|---|---|---|---|---|---|---|
| 47 | 蓝羊茅 | *Festuca glauca* | 禾本科 | 羊茅属 | 观叶 | 观叶 | 3.2 | 36 | 115 |
| 48 | 花叶玉蝉花 | *Iris ensata* | 鸢尾科 | 鸢尾属 | 蓝色 | 6～7月 | 3 | 36 | 108 |
| 49 | 细叶美女樱（蓝色） | *Glandularia tenera* | 马鞭草科 | 美女樱属 | 蓝色 | 4～7月 | 3.5 | 49 | 171 |
| 50 | 匍匐筋骨草 | *Ajuga reptans* | 唇形科 | 筋骨草属 | 淡蓝色 | 4～7月 | 5 | 36 | 180 |
| 51 | 荷兰菊 | *Aster novi-belgii* | 菊科 | 紫菀属 | 紫色 | 9～10月 | 7.5 | 36 | 270 |
| 52 | 绵毛水苏 | *Stachys lanata* | 唇形科 | 水苏属 | 淡紫色 | 7～8月 | 2.6 | 25 | 65 |
| 53 | 芝樱 | *Phlox subulata* | 花荵科 | 天蓝绣球属 | 淡紫色 | 7～9月 | 2 | 49 | 98 |
| 54 | 蓝花鼠尾草 | *Salvia farinacea* | 唇形科 | 鼠尾草属 | 蓝色 | 5～10月 | 3 | 49 | 147 |
| 55 | 松果菊（粉色） | *Echinacea purpurea* | 菊科 | 松果菊属 | 粉色 | 6～9月 | 1.5 | 36 | 54 |
| 56 | 木茼蒿 | *Argyranthemum frutescens* | 菊科 | 木茼蒿属 | 粉色 | 5～8月 | 3 | 36 | 108 |
| 57 | 千屈菜 | *Lythrum salicaria* | 千屈菜科 | 千屈菜属 | 紫色 | 6～8月 | 4 | 36 | 144 |
| 58 | 柳叶白菀 | *Kalimeris pinnatifida* 'Hortensis' | 菊科 | 马兰属 | 白色 | 9～10月 | 4.5 | 36 | 162 |
| 59 | 醉鱼草 | *Buddleja lindleyana* | 马钱科 | 醉鱼草属 | 蓝紫色 | 5～10月 | 5 | 16 | 80 |
| 60 | 五色梅（红色） | *Lantana camara* | 马鞭草科 | 马缨丹属 | 红色 | 常年 | 4 | 36 | 144 |
| 61 | 波斯菊 | *Cosmos bipinnatus* | 菊科 | 秋英属 | 混色 | 5～9月 | 5 | 49 | 245 |
| 62 | 柳叶马鞭草 | *Verbena bonariensis* | 马鞭草科 | 马鞭草属 | 蓝色 | 7～8月 | 5 | 36 | 180 |
| 63 | '重金属'柳枝稷 | *Panicum virgatum* 'Heavy Metal' | 禾本科 | 黍属 | 观叶 | 观叶 | 0.5 | 16 | 8 |
| 64 | 拂子茅 | *Calamagrostis epigeios* | 禾本科 | 拂子茅属 | 观叶 | 观叶 | 0.5 | 16 | 8 |
| 65 | 花叶玉簪 | *Hosta plantaginea* | 百合科 | 玉簪属 | 淡紫色 | 5～10月 | 7 | 25 | 175 |
| 66 | 黄金绒柏 | *Chamaecyparis pisifera* 'Squarrosa' | 柏科 | 扁柏属 | 常绿 | 常绿 | 0.08 | 25 | 2 |
| 67 | 鸭脚木 | *Schefflera octophylla* | 五加科 | 鹅掌柴属 | 观叶 | 观叶 | 12 | 4 | 48 |
| 68 | 米兰 | *Aglaia odorata* | 楝科 | 米仔兰属 | 观叶 | 观叶 | 5 | 4 | 20 |
| 69 | 非洲茉莉 | *Fagraea ceilanica* | 马钱科 | 灰莉属 | 观叶 | 观叶 | 6 | 4 | 24 |
| 70 | 黑金刚 | *Ficus elastica* | 桑科 | 榕属 | 观叶 | 观叶 | 1 | 4 | 4 |
| 71 | 变叶木 | *Codiaeum variegatum* | 大戟科 | 变叶木属 | 观叶 | 观叶 | 10 | 16 | 160 |
| 72 | 合计 | | | | | | 240.82 | | 7192 |

# 花境植物更换表

| 序号 | 名称 | 颜色 | 密度（株/m²） | 面积（m²） |
|---|---|---|---|---|
| 7月 | | | | |
| 1 | 细叶美女樱 | 玫红色 | 49 | 6 |
| 2 | 蓝花鼠尾草 | 蓝色 | 49 | 8 |
| 3 | 孔雀草 | 橙色 | 49 | 3 |
| 4 | 彩叶草 | 花叶 | 49 | 3.5 |
| 5 | 香彩雀 | 蓝色 | 36 | 5 |
| 6 | 醉蝶花 | 混色 | 36 | 3 |
| 7 | 小丽花 | 混色 | 25 | 7 |
| 8 | 翠菊 | 粉色 | 36 | 2 |
| 9月 | | | | |
| 1 | 香雪球 | 粉色 | 36 | 9 |
| 2 | 垂吊牵牛 | 紫色 | 25 | 4 |
| 3 | 黄金条 | 黄色 | 36 | 3 |
| 4 | 五色梅 | 橙色 | 36 | 6 |
| 5 | 孔雀草 | 蓝色 | 49 | 4 |
| 6 | 蓝花鼠尾草 | | 49 | 3 |

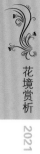
# 韶华

## 华艺生态园林股份有限公司

潘会玲　倪德田　娄思雅　杨乐　周红燕　代传好　祝亮　许俊

### 春季实景

## 韶华

　　时光是一条奔腾不息的河流，徜徉在花境中间，感受日新月异的发展，感受川流不息的人群，感受当下青年只争朝夕不负韶华的激情。场地以流线型的植物进行围合，像是一条丝绦，顺滑而柔软，在软性景观中增添几块石块，柔美花境仿佛涂抹了一层时间感，目之所及皆诗情画意。

## 夏季实景

## 花境植物材料

| 序号 | 植物名称 | 植物科属 | 拉丁名 | 花（叶）色 | 开花期及持续时间（月） | 长成高度（cm） | 种植面积（m²） | 种植密度（株/m²） | 株数 |
|---|---|---|---|---|---|---|---|---|---|
| 1 | 亮金女贞（球） | 木樨科女贞属 | Ligustrum × vicaryi | 白色 | 3～5 | 120～150 | 1 | — | 1 |
| 2 | 水果蓝 | 唇形科香科科属 | Teucrium fruticans | 淡紫色 | 4 | 100～120 | 5 | — | 5 |
| 3 | 千屈菜 | 千屈菜科千屈菜属 | Lythrum salicaria | 红紫色、淡紫色 | 7～9 | 30～100 | 12 | 36 | 432 |
| 4 | 矮蒲苇 | 禾本科蒲苇属 | Cortaderia selloana 'Pumila' | 银白色、粉红色 | 9月至翌年2月 | 150～180 | 7 | 3 | 21 |
| 5 | 兰花三七 | 百合科山麦冬属 | Liriope cymbidiomorpha | 淡紫色、白色 | 7～8 | 30～40 | 28 | 49 | 1372 |
| 6 | 花叶芒 | 禾本科芒属 | Miscanthus sinensis 'Variegatus' | 粉红色 | 9～12 | 100～150 | 5 | 16 | 80 |
| 7 | 黄金络石 | 夹竹桃科络石属 | Trachelospermum asiaticum 'Summer Sunset' | 金黄色 | 常年 | 44124 | 32 | 49 | 1568 |
| 8 | 火星花 | 鸢尾科雄黄兰属 | Crocosmia crocosmiflora | 红、橙、黄色 | 6～7 | 50～80 | 17 | 36 | 612 |
| 9 | 甜心玉簪 | 百合科玉簪属 | Hosta 'So Sweet' | 白色带紫色条纹 | 6～9 | 30～45 | 17 | 9 | 153 |
| 10 | 细叶芒 | 禾本科芒属 | Miscanthus sinensis cv. | 紫红色 | 9～10 | 100～150 | 9 | 16 | 144 |
| 11 | 铜钱草 | 伞形科天胡荽属 | Hydrocotyle chinensis | 黄色、紫红色 | 5～11 | 8～37 | 10 | 81 | 810 |
| 12 | 欧石竹 | 石竹科石竹属 | Dianthus 'Carthusian Pink' | 紫红、红、深粉红 | 5～7 | 20～30 | 36 | 81 | 2916 |
| 13 | 赤胫散 | 蓼科蓼属 | Polygonum runcinatum | 白、粉红 | 6～7 | 30～50 | 6 | 25 | 150 |
| 14 | 常绿鸢尾 | 鸢尾科鸢尾属 | Iris hybrids 'Louisiana' | 粉红、深蓝、白色 | 5～6 | 60～100 | 22 | 36 | 792 |
| 15 | 鳄梨萨拉玉簪 | 百合科玉簪属 | Hosta plantaginea 'Guacamole' | 白色 | 7～9 | 60 | 14 | 9 | 126 |
| 16 | 蛇鞭菊 | 菊科蛇鞭菊属 | Liatris spicata | 紫色 | 8～10 | 60～100 | 10 | 36 | 360 |
| 17 | 银纹沿阶草 | 百合科沿阶草属 | Ophiopogon intermedius 'Argenteo-marginatus' | 淡蓝色小花 | 8～9 | 25～30 | 34 | 49 | 1666 |
| 18 | 喷雪花 | 蔷薇科绣线菊属 | Spiraea thunbergii | 白色 | 3～4 | 150 | 8 | 3 | 24 |
| 19 | 大花六道木 | 忍冬科六道木属 | Abelia × grandiflora | 粉白色 | 5～11 | 30～50 | 25 | 25 | 625 |
| 20 | 大花醉鱼草 | 马钱科醉鱼草属 | Buddleja colvilei | 紫、红、粉、黄、蓝色 | 6～9 | 150～180 | 13 | 4 | 52 |
| 21 | 红王子锦带 | 忍冬科锦带花属 | Weigela florida 'Red Prince' | 红、粉红 | 4～6 | 120 | 8 | 1 | 8 |
| 22 | 金边麦冬 | 百合科山麦冬属 | Liriope spicata var. variegata | 红紫色 | 6～9 | 30～60 | 57 | 49 | 2793 |
| 23 | 小兔子狼尾草 | 禾本科狼尾草属 | Pennisetum alopecuroides 'Little Bunny' | 黄色、黄褐色 | 6～9 | 15～30 | 12 | 16 | 192 |
| 24 | 紫麟狼尾草 | 禾本科狼尾草属 | Pennisetum setaceum 'Rubrum' | 紫红色 | 7～11 | 50～80 | 9 | 9 | 81 |
| 25 | 墨西哥鼠尾草 | 唇形科鼠尾草属 | Salvia leucantha | 紫红色 | 10～11 | 100～160 | 15 | 36 | 540 |
| 26 | 百子莲 | 石蒜科百子莲属 | Agapanthus africanus | 蓝色 | 7～9 | 50～70 | 2 | 36 | 72 |
| 27 | 金边丝兰 | 龙舌兰科丝兰属 | Yucca aloifolia f. marginata | 白色、黄绿色 | 8～11 | 100～150 | 1 | 9 | 9 |
| 28 | 中华景天 | 景天科景天属 | Sedum reflexum | 亮黄色 | 4～5 | 15～25 | 5 | 81 | 405 |
| 29 | 粉花绣线菊 | 蔷薇科绣线菊属 | Spiraea japonica | 粉红色 | 6～7 | 150 | 8 | 36 | 288 |
| 30 | 芙蓉菊 | 菊科芙蓉菊属 | Crossostephium chinense | 黄绿色 | 花果期全年 | 10～40 | 4 | 25 | 100 |
| 31 | 大吴风草 | 菊科大吴风草属 | Farfugium japonicum | 黄色 | 8～11 | 20～30 | 2 | 36 | 72 |
| 32 | 彩纹美人蕉 | 美人蕉科美人蕉属 | Canna indica | 红色、黄色 | 3～12 | 50～70 | 14 | 4 | 56 |
| 33 | 紫松果菊 | 菊科松果菊属 | Echinacea purpurea | 紫色 | 5～11 | 60～120 | 13 | 36 | 468 |
| 34 | 银叶蒿 | 菊科蒿属 | Artemisia argyrophylla | 紫色 | 5～10 | 30～50 | 9 | 36 | 324 |

# 美丽长兴，七彩郊野

## 上海农工商前卫园艺有限公司

孙晶晶　李奇飞

### 美丽长兴，七彩郊野

该花境充分利用小乔木、灌木、草本植物进行配置，尤其是利用观赏草在质感上柔和、飘动的特点，软化了地面基础的直硬感，给植物配置带来质感变化。

由于花境位于入口处，所以在设计意图上，更多追求的是形式上的美感以及视觉上的享受。贴合生态崇明、七彩郊野的背景理念，使游客们在匆匆路过之时，也能够沿着道路观赏到美好的景色。

在花境植物的选择上，主要以耐寒的多年生宿根花卉萱草为主，作为花境的边缘植物。此外，配以局部的一年生草本三色堇，二年生草本美女樱，多年生球根花卉郁金香，落叶灌木喷雪花，常绿灌木亮叶女贞、火棘，以及少量的落叶小乔木红枫和常绿小乔木铁树、凤尾竹等。其中选取了不少耐寒的植物，比如银叶菊、柳叶马鞭草等。

花境平面轮廓形状美观，以体现植物的自然美和群体美。混合花境季相分明，色彩丰富，为创建四季观赏和富有想象力的植物组合提供最大的可能。各种花卉高低错落，层次丰富，多样性的植物混合组成的花境可以做到在一年之中三季有花，四季有景。

根据每种花卉的花期，花境季相呈现出：春季，喷雪花、欧石竹、细叶美女樱开花，接着松红梅、柳叶马鞭草、蓝霸鼠尾草开花并伴有香气；夏季，金雀花、百子莲、黄金菊均开花，色彩斑斓，欣欣向荣；秋季，丰花月季、西洋杜鹃开花，火焰南天竹颜色更加鲜艳，花色丰富，桂花飘香；冬季，由于有朱蕉和银叶菊、常绿植物的衬托使得花境不至于萧条和死气沉沉。

花境的特色在于：花期长，三季花开不断，四季分明，色彩艳丽多姿，已经形成一个良好的生长环境。

## 春季实景

**秋季实景**

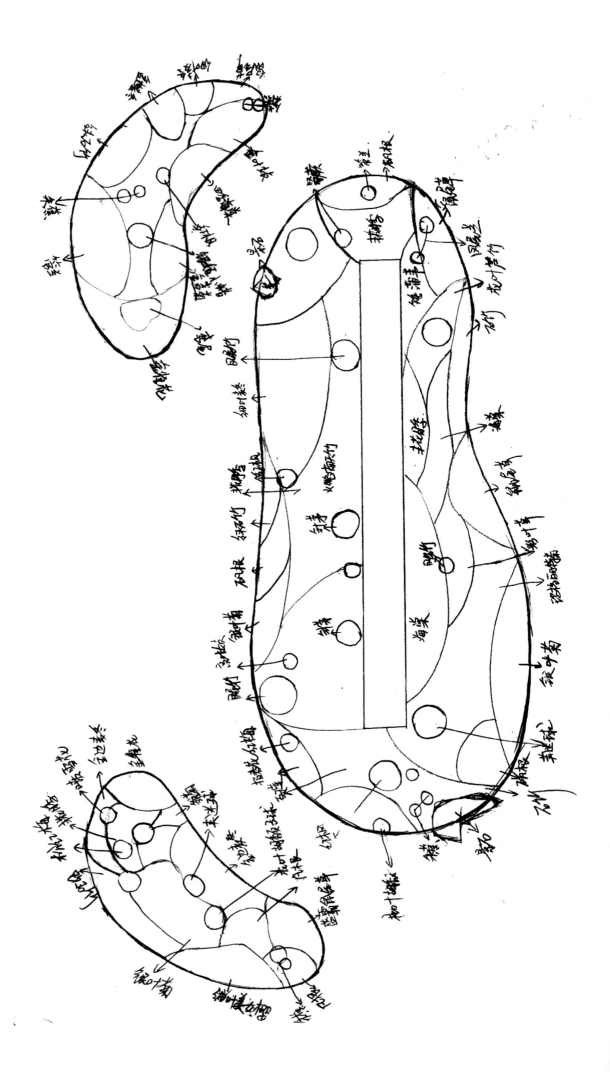

# 花境植物材料

| 序号 | 植物名称 | 拉丁名 | 科 | 属 | 花期及延续时长 | 花色（叶色）及变化 | 规格（cm） | 数量（株） | 备注 |
|---|---|---|---|---|---|---|---|---|---|
| 1 | 欧石竹 | Dianthus 'Carthusian Pink' | 石竹科 | 石竹属 | 4～11月 | | H20～30 P20～30 | 1200 | 原场地遗留 |
| 2 | 银叶菊 | Centaurea cineraria | 菊科 | 千里光属 | 3～9月，4～6月开花 | 白色 | H20～30 P20～30 | 200 | 原场地遗留 |
| 3 | 高杆石竹 | Dianthus elatus | 石竹科 | 石竹属 | 4～11月 | 红色 | H40～50 P30～40 | 300 | 原场地遗留 |
| 4 | 柳叶马鞭草 | Verbena bonariensis | 马鞭草科 | 马鞭草属 | 5～6月，10～11月 | 紫色 | H40～50 P20～30 | 100 | 原场地遗留 |
| 5 | 蓝霸鼠尾草 | Salvia japonica | 唇形科 | 鼠尾草属 | 4～6月，9～11月 | 蓝紫色 | H30～40 P30～40 | 100 | 原场地遗留 |
| 6 | 美女樱 | Verbena hybrida | 马鞭草科 | 马鞭草属 | 2～4月 | 红色、淡紫色 | H20～30 P20～30 | 1200 | 原场地遗留 |
| 7 | 地中海荚蒾 | Viburnum tinus | 忍冬科 | 荚蒾属 | 5～6月 | 白色 | H60～70 P60～70 | 3 | 原场地遗留 |
| 8 | 银边山菅兰 | Dianella ensifolia 'White Variegated' | 百合科 | 山菅兰属 | 全年 | 银边 | H60～70 P40～50 | 5 | 原场地遗留 |
| 9 | 细叶美女樱 | Verbena tenera | 马鞭草科 | 马鞭草属 | 2～5月 | 红色、紫色 | H20～30 P30～40 | 27 | 原场地遗留 |
| 10 | 肾蕨 | Nephrolepis auriculata | 肾蕨科 | 肾蕨属 | 全年 | 绿色 | H50～60 P40～50 | 15 | 原场地遗留 |
| 11 | 百子莲 | Agapanthus africanus | 石蒜科 | 百子莲属 | 5月 | 红色 | H40～50 P40～50 | 15 | 原场地遗留 |
| 12 | 矾根 | Heuchera micrantha | 虎耳草科 | 矾根属 | 全年 | 亮黄、红色 | H20～30 P20～30 | 160 | 原场地遗留 |
| 13 | 澳洲荚蒾（球） | Viburnum dilatatum | 忍冬科 | 荚蒾属 | 9月 | 白色 | H120～140 P120～140 | 1 | 原场地遗留 |
| 14 | 松红梅 | Leptospermum scoparium | 桃金娘科 | 薄子木属 | 3～4月 | 红色 | H80～100 P60～70 | 1 | 原场地遗留 |
| 15 | 火焰南天竹 | Nandina domestica | 小檗科 | 南天竹属 | 全年 | 红色 | H50～60 P50～60 | 2 | 原场地遗留 |
| 16 | 喷雪花 | Spiraea thunbergii | 蔷薇科 | 绣线菊属 | 2～4月 | 白色 | H100～120 P100～120 | 1 | 原场地遗留 |
| 17 | 玛格丽特菊 | Argyranthemum frutescens | 菊科 | 木茼蒿属 | 2～4月 | 白色 | H40～50 P30～40 | 30 | 原场地遗留 |
| 18 | 金雀花 | Parochetus communis | 豆科 | 金雀儿属 | 3～6月 | 金黄色 | H60～70 P60～70 | 5 | 原场地遗留 |
| 19 | 红枫 | Acer palmatum 'Atropurpureum' | 槭树科 | 槭树属 | 2～11月 | 叶红色 | H150～200 P150～200 | 3 | 原场地遗留 |
| 20 | 梅花 | Armeniaca mume | 蔷薇科 | 杏属 | 12月至翌年1月 | 花红色 | H150～200 P150～200 | 1 | 原场地遗留 |
| 21 | 花叶胡颓子（球） | Elaeagnus pungens var. variegata | 胡颓子科 | 胡颓子属 | 3～11月 | 花叶 | H100～120 P100～120 | 1 | 原场地遗留 |
| 22 | 矮蒲苇 | Cortaderia selloana 'Pumila' | 禾本科 | 蒲苇属 | 1～12月 | 白边 | H100～150 P100～120 | 3 | 原场地遗留 |
| 23 | 丰花月季 | Rosa cultivars Floribunda | 蔷薇科 | 蔷薇属 | 4～12月 | 粉色、红色 | H40～50 P20～30 | 35 | 原场地遗留 |
| 24 | 黄金菊 | Euryops pectinatus | 菊科 | 梳黄菊属 | 4～11月 | 花黄色 | H50～60 P50～60 | 42 | 原场地遗留 |
| 25 | 针茅 | Stipa capillata | 禾本科 | 针茅属 | 3～11月 | 绿色 | H50～60 P30～40 | 36 | 原场地遗留 |
| 26 | 凤尾竹 | Bambusa multiplex 'Feml' | 禾本科 | 簕竹属 | 全年 | 绿色 | H100～120 P100～120 | 3 | 原场地遗留 |
| 27 | 西洋杜鹃 | Rhododendron hybridum | 杜鹃花科 | 杜鹃花属 | 5～10月 | 红色 | H40～50 P40～50 | 67 | 原场地遗留 |
| 28 | 景石 | | | | | | | 16块 | 原场地遗留 |

# 岩石花境

## 上海市花木有限公司

黄亮

## 春季实景

## 岩石花境

1. 尊重自然，适地适树。以济宁地带性植物为基调树种，集中体现区域特征，优先选择抗逆性强的乡土树种，特别注意园内植物群落的形成。并适当考虑经过长期引种试验且表现良好的外来品种，构筑具有地带性植被特征的城市植物多样性格局。

2. 以乔木为主，全面合理地安排大乔木、小乔木、灌木、地被植物和草坪，构成复合混交、相对稳定的人工植物群落。生态功能与景观效果并重，突出常绿、色叶、观花的植物品种，将各类药草种植于岩石间隙或种植地中，形成具有特色的植物生态景观。

3. 绿化景观在体现植物自然群落式的同时注意与其他景观元素（地形、水体、建筑）的结合，形成彼此协调、变化丰富的植物景观。体现植物景观秩序感，同时自身也有意识地组织密林、疏林、草地等多样的景观空间和活动空间。

**夏季实景**

**秋季实景**

设计阶段图纸

下木平面图  1:200

北

# 花境植物材料

| 序号 | 植物名称 | 植物科属 | 花（叶）色 | 开花期及持续时间 | 长成高度（cm） | 种植面积（m²） | 种植密度（株/m²） | 株数（株） |
|---|---|---|---|---|---|---|---|---|
| 1 | 云杉 | 松科云杉属 | 绿 | — | 40～50 | 6 | 1 | 6 |
| 2 | 金蜀桧 | 柏科圆柏属 | 黄、绿 | — | 30～50 | 9 | 1 | 9 |
| 3 | 偃柏 | 柏科圆柏属 | 绿 | — | 80～100 | 6 | 1 | 6 |
| 4 | 澳洲柏 | 柏科澳洲柏松属 | 绿 | — | 25～35 | 3 | 2 | 6 |
| 5 | 皮球柏 | 柏科扁柏属 | 绿 | — | 30～40 | 15 | 2 | 30 |
| 6 | 萨柏克黄金桧柏 | 柏科圆柏属 | 黄、绿 | — | 80～100 | 6 | 1 | 6 |
| 7 | 蓝剑柏 | 柏科圆柏属 | 蓝绿 | — | 30～40 | 5 | 2 | 10 |
| 8 | 蓝狐柏 | 柏科扁柏属 | 蓝绿 | — | 40～50 | 5 | 1 | 5 |
| 9 | 金线柏 | 柏科扁柏属 | 黄、绿 | — | 60～80 | 15 | 1 | 15 |
| 10 | 铺地柏 | 柏科圆柏属 | 绿 | — | 40～60 | 18 | 1 | 18 |
| 11 | 蓝色天堂 | 柏科圆柏属 | — | — | 60～80 | 3 | 1 | 3 |
| 12 | 彩叶杞柳 | 杨柳科柳属 | 粉 | 3～5月 | 140～160 | 4 | 1 | 4 |
| 13 | 瓜子黄杨 | 黄杨科黄杨属 | — | — | 100～120 | 8 | 1 | 8 |
| 14 | 穗花牡荆 | 马鞭草科牡荆属 | 紫 | 6～7月 | 100～120 | 17 | 1 | 17 |
| 15 | 金边凤尾兰 | 百合科丝兰属 | 白 | 4～5月 | 30～40 | 16 | 3 | 48 |
| 16 | 毛核木 | 忍冬科毛核木属 | — | — | 35～45 | 22 | 2 | 44 |
| 17 | 百里香 | 唇形科百里香属 | 粉 | 5月 | 15～20 | 8 | 25 | 200 |
| 18 | 迷迭香 | 唇形科迷迭香属 | 浅紫 | 4月 | 21～25 | 6 | 25 | 150 |
| 19 | 荆芥 | 唇形科荆芥属 | 浅紫 | 4～11月 | 15～25 | 8 | 25 | 200 |
| 20 | 粉花溲疏 | 虎耳草科溲疏属 | 粉 | 4～5月 | 40～45 | 6 | 2 | 12 |
| 21 | 显脉香茶菜 | 唇形科香茶菜属 | 紫 | 8～10月 | 20～30 | 2 | 25 | 50 |
| 22 | 薄雪万年草 | 景天科景天属 | — | — | 10～15 | 6 | 50 | 300 |
| 23 | 佛甲草 | 景天科景天属 | — | — | 15～20 | 20 | 25 | 500 |
| 24 | 画眉草 | 禾本科画眉草属 | — | — | 20～25 | 20 | 4 | 80 |
| 25 | 花叶玉蝉花 | 鸢尾科鸢尾属 | 紫 | 4月 | 21～25 | 6 | 25 | 150 |
| 26 | 蜈蚣蕨 | 凤尾蕨科凤尾蕨属 | — | — | 30～40 | 5 | 10 | 50 |
| 27 | 大叶黄杨 | 卫矛科卫矛属 | — | — | 25～30 | 400 | 25 | 10000 |
| 28 | 蜡杨梅 | 杨梅科杨梅属 | — | — | 180～250 | 10 | 1 | 10 |
| 29 | 辉煌女贞 | 木樨科女贞属 | — | — | 120～150 | 2.5 | 2 | 5 |
| 30 | 西瓜红月季 | 蔷薇科蔷薇属 | 红 | 4～1月 | 21～25 | 12.5 | 16 | 200 |
| 31 | 墨西哥鼠尾草 | 唇形科鼠尾草属 | 紫 | 7～11月 | 20～25 | 5 | 10 | 50 |
| 32 | 天堂之门金鸡菊 | 菊科金鸡菊属 | 粉红 | 7～9月 | 20～25 | 12.5 | 16 | 200 |
| 33 | 亮金女贞 | 木樨科女贞属 | 黄、绿 | — | 130～150 | 15 | 1 | 15 |
| 34 | 棕红薹草 | 莎草科薹草属 | 褐 | — | 15～20 | 5.75 | 16 | 92 |
| 35 | 东方狼尾草 | 禾本科狼尾草属 | 白 | 9～11月 | 30～40 | 22 | 5 | 110 |
| 36 | 绿叶千鸟花 | 柳叶菜科山桃草属 | 白 | 5～11月 | 45～70 | 8 | 10 | 80 |
| 37 | 中华景天 | 景天科八宝属 | — | 5～9月 | 30～35 | 10 | 40 | 400 |
| 38 | 落山基圆柏 | 柏科圆柏属 | 绿 | — | 150 | 3 | 1 | 3 |
| 39 | 红叶石楠球 | 蔷薇科石楠属 | 红、绿 | — | 180～200 | 30 | 0.5 | 15 |
| 40 | 火焰卫矛 | 卫矛科卫矛属 | 红 | — | 180 | 10 | 1 | 10 |
| 41 | 细叶芒 | 禾本科芒属 | — | — | 70 | 62 | 5 | 310 |
| 42 | 泽兰 | 菊科泽兰属 | 粉 | 9～11月 | 55～70 | 12 | 25 | 300 |
| 43 | 细茎针茅 | 禾本科针茅属 | 绿 | 4～5月 | 45～50 | 4 | 25 | 100 |
| 44 | 甜心玉簪 | 百合科玉簪属 | 白 | 6～8月 | 20 | 7.2 | 25 | 180 |
| 45 | 紫珠 | 马鞭草科紫珠属 | 紫 | 10月 | 120～150 | 13 | 1 | 13 |
| 46 | 八宝景天 | 景天科八宝属 | 玫红 | 6～8月 | 25～30 | 6 | 25 | 150 |
| 47 | 胭脂红景天 | 景天科景天属 | 红 | — | 5～10 | 8 | 25 | 200 |
| 48 | 粉黛乱子草 | 禾本科乱子草属 | 粉 | 9～11月 | 70 | 28.125 | 16 | 450 |
| 49 | 颖苞糖蜜草 | 禾本科糖蜜草属 | 粉 | 5～10月 | 45～55 | 6.25 | 16 | 100 |
| 50 | 冬青先令 | 冬青科冬青属 | — | — | 90～100 | 7 | 1 | 7 |
| 51 | 大吴风草 | 菊科大吴风草属 | 黄、绿 | — | 45 | 12 | 10 | 120 |
| 52 | 蓝刚芒 | 禾本科芒属 | — | — | 30～35 | 15 | 2 | 30 |
| 53 | 玲珑芒 | 禾本科芒属 | 白 | — | 60～70 | 4 | 5 | 20 |
| 54 | 紫叶叶千鸟花 | 柳叶菜科山桃草属 | 玫红 | 5～11月 | 50～60 | 5 | 16 | 80 |
| 55 | 蒲邦菊 | 菊科金光菊属 | 黄 | 7～10月 | 80～180 | 7 | 10 | 70 |
| 56 | 银霜女贞 | 木樨科女贞属 | — | — | 120 | 8 | 1 | 8 |
| 57 | 彩叶杞柳（高） | 杨柳科柳属 | 粉 | 3～5月 | 100～150 | 6 | 1 | 6 |
| 58 | 完美冬青 | 冬青科冬青属 | — | — | 50 | 7 | 1 | 7 |
| 59 | 鳄梨沙拉玉簪 | 百合科玉簪属 | 白 | — | 20 | 3.75 | 16 | 60 |

# 不知自在小园

## 北京春风画境文化咨询有限公司

赖雪松　王雪　文青燕　倪贵美

### 春季实景

## 不知自在小园

1.设计遵循"以人为本",创造舒适的、人能自然放松、人与自然对话的空间。在有限的空间中提供更多的动线设计、细腻的空间层次变化与丰富的小场景。

2."因地制宜"是设计的根本。全日照植物、半日照植物、林荫植物更具地利条件,合理搭配使植物生态效益最大化。选择园区内的园林垃圾进行创造,搭建休息区与不同的空间,达到事半功倍的效果。

3.丰富的色彩运用。不同季节色彩的运用与季节相呼应。特别是银杏林秋季靓丽的色彩搭配彩叶灌木与彩叶针叶树,还有丰富的宿根观叶花卉、观花花卉,垂直空间层次变化丰富。

## 夏季实景

# 设计阶段图纸

木制休憩空间
木制小品
铁制格栅
木制小品
椰壳小路
原有银杏

| 序号 | 品种 | 系列 | 规格 | 面积(m²) | 密度(棵) | 数量(棵) |
|---|---|---|---|---|---|---|
| 1 | 钓钟柳 | 暗塔 | 18cm | 0.8 | 16 | 12.8 |
| 2 | 紫叶狼尾 | 探索 | 18cm | 4.7 | 16 | 75.2 |
| 3 | 蓝羊茅 | | 15cm | 0.15 | 25 | 3.75 |
| 4 | 飞燕草 | 荆芥 | 18cm | 0.4 | 16 | 6.4 |
| 5 | 鸢尾 | | 18cm | 0.1 | 16 | 1.6 |
| 6 | 玉簪 | 白马蓝 | 15cm | 0.6 | 25 | 15 |
| 7 | 紫露草 | 狼猫 | 18cm | 0.2 | 16 | 3.2 |
| 8 | 薯草 | 美运符 | 15cm | 1.5 | 25 | 37.5 |
| 9 | 华北香薷 | 蓝色终点 | 2加仑 | 0.4 | | 1 |
| 11 | 火炬 | 花暗红色金心 | 12cm | 0.1 | 36 | 3.6 |
| 12 | 毛地黄 | 火热 | 18cm | 0.4 | 16 | 6.4 |
| 13 | 假龙头 | 玫红女王 | 18cm | 2.2 | 16 | 35.2 |
| 14 | 毛地黄 | | 15cm | 0.5 | 25 | 12.5 |
| 15 | 岩白菜 | | 18cm | 0.4 | 16 | 6.4 |
| 16 | 矾根 | 疯狂 | 18cm | 0.6 | 16 | 9.6 |
| 17 | 细叶针芒 | 天使秀发 | 12cm | 0.2 | 36 | 7.2 |
| 18 | 紫叶风箱果 | | 15cm | 2 | 25 | 50 |
| 19 | 薯草 | 噢西之火 | 2加仑 | 2.8 | 16 | 20 |
| 20 | 枯根 | | 18cm | 0.6 | 16 | 9.6 |
| 21 | 箱根草 | | 15cm | 0.3 | 25 | 7.5 |
| 22 | 滨菊 | | 18cm | 2 | 16 | 3.2 |
| 23 | 矾根 | 新娘手捧花 | 2加仑 | 1.8 | 4 | 7.2 |
| 24 | 英蓬 | | 2加仑 | 4.2 | 4 | 16.8 |
| 25 | 英果缬 | | | 4 | 4 | 4 |
| 26 | 矾根 | 加拿大蓝 | | 1 | 16 | 11.2 |
| 27 | 毛叶木水苏 | 玉簪 | 12cm | 0.7 | 36 | 10.8 |
| 28 | 银毛头 | 上海 | 15cm | 0.3 | 25 | 12.5 |
| 29 | 安娜贝拉 | | 18cm | 0.5 | 16 | 16 |
| 30 | 安娜贝拉 | | 18cm | 1 | 4 | 4.4 |
| 31 | 彩叶扶芳藤 | | 2加仑 | 1.1 | 9 | 16.2 |

| 序号 | 品种 | 系列 | 规格 | 面积(m²) | 密度(棵) | 数量(棵) |
|---|---|---|---|---|---|---|
| 32 | 飞燕草 | 夏日美酒 | 15cm | 0.6 | 16 | 9.6 |
| 33 | 薯草 | | 18cm | 0.3 | 25 | 7.5 |
| 34 | 蓝盆花 | 蓝蝶 | 2加仑 | 0.2 | 4 | 0.8 |
| 35 | 荆芥 | 扶芳 | 15cm | | 25 | 5 |
| 36 | 藤本月季 | 大游行 | | | | 5 |
| 37 | 藤本月季 | 薰衣草色花杯 | | | | 4 |
| 37 | 铁线莲 | 蓝紫色大花 | | | | 5 |
| 38 | 钓钟柳 | 暗红色大花 | 15cm | 0.7 | 25 | 17.5 |
| 39 | 钓钟黄钓柳 | 毛地黄色钓钟 | | | | 10 |
| 40 | 松果菊 | 希望 | 15cm | 0.6 | 25 | 15 |
| 41 | 火尾蓼 | | 2加仑 | 1.3 | 4 | 5.2 |
| 42 | 玉簪 | 加拿大蓝 | 15cm | 0.4 | 4 | 1.6 |
| 43 | 落新妇 | | 18cm | 0.9 | 16 | 14.4 |
| 44 | 矾根 | 飘狂 | 12cm | 0.2 | 36 | 7.2 |
| 45 | 安娜贝拉 | | 2加仑 | 2.2 | 4 | 8.8 |
| 46 | 毛地黄多头 | | 18cm | 2.5 | 16 | 40 |
| 47 | 箱根草 | | 15cm | 1.4 | 25 | 35 |
| 48 | 薯草 | | 18cm | 0.8 | 16 | 12.8 |
| 49 | 彩叶扶芳藤 | | 18cm | 1.9 | | 10 |
| 50 | 矾根 | 蓝色忱仿 | 2加仑 | 0.7 | 4 | 2.8 |
| 51 | 萱草 | 圣诞鸟 | 18cm | 0.6 | 16 | 9.6 |
| 52 | 鸢尾 | | 12cm | 0.4 | 36 | 14.4 |
| 53 | 鬼针草 | 紫花 | 15cm | 0.7 | 25 | 17.5 |
| 54 | 华北香薷 | | | 0 | | 0 |
| 55 | 荆芥 | | | 0.8 | | 1 |
| 56 | 银龙头 | | 15cm | 0.3 | 25 | 7.5 |
| 57 | 滨菊 | | 2加仑 | 0.4 | 4 | 1.6 |
| 58 | 薯盆花 | 新娘手捧花 | 15cm | 2 | 25 | 50 |
| 59 | 蓝盆花 | 红球飘 | 18cm | 0.5 | 16 | 8 |
| 60 | 假龙头 | | 2加仑 | 0.5 | 4 | 2 |

| 序号 | 品种 | 系列 | 规格 | 面积(m²) | 密度(棵) | 数量(棵) |
|---|---|---|---|---|---|---|
| 61 | 荆芥 | 蓝色忱仿 | 2加仑 | 0.4 | 4 | 1.6 |
| 62 | 鸢尾 | 白色波防 | 15cm | 1.6 | 25 | 40 |
| 63 | 薯草 | 香草棒冰 | 18cm | 1.2 | 25 | 30 |
| 64 | 落新妇 | 大红色 | 18cm | 0.5 | 16 | 8 |
| 65 | 华北香薷 | | 18cm | 0.8 | 16 | 12 |
| 66 | 鬼针草 | | 12cm | 0.4 | 36 | 14.4 |
| 67 | 蓝羊茅 | | 15cm | 0.3 | 25 | 7.5 |
| 68 | 蓝羊茅 | 探索 | 15cm | 1 | 25 | 25 |
| 69 | 火炬 | 香草棒冰 | 15cm | 2 | 25 | 50 |
| 70 | 薯草 | 蓝色终点 | 15cm | 1 | 25 | 25 |
| 71 | 蓝盆花 | | 2加仑 | 0.3 | 4 | 1.2 |
| 72 | 钓钟柳 | 暗塔 | 18cm | 1.1 | 16 | 17.6 |
| 73 | 松果菊 | 番茄汤 | 15cm | 0.4 | 25 | 10 |
| 74 | 蓝羊茅 | 探索 | 15cm | 0.9 | 25 | 22.5 |
| 75 | 紫叶风箱果 | | 15cm | 1.2 | 9 | 10.8 |
| 76 | 细叶针芒 | 天使秀发 | 15cm | 2.2 | 25 | 55 |
| 77 | 松果菊 | 希望 | 15cm | 0.4 | 25 | 10 |
| 78 | 薯草 | 初恋 | 15cm | 1.3 | 25 | 32.5 |
| 79 | 松果菊 | 蓝色终点 | 15cm | 0.5 | 25 | 12.5 |
| 80 | 薯草 | 希望 | 15cm | 0.3 | 15 | 4.5 |
| 81 | 虾夷葱 | 丙伯利亚 | 18cm | 0.3 | 25 | 7.5 |
| 82 | 鸢尾 | | 18cm | 0.2 | 25 | 5 |
| 83 | 金边麦冬 | 火热棒冰 | 12cm | 0.9 | 16 | 14.4 |
| 84 | 火炬 | 尼罗河之鹤 | 18cm | 0.3 | 16 | 4.8 |
| 85 | 萱草 | | 18cm | 0.6 | 16 | 9.6 |
| 86 | 钓钟柳 | | 18cm | 0.3 | 16 | 4.8 |
| 87 | 华北香薷 | | 18cm | 0.8 | 16 | 12.8 |
| 88 | 飞燕草 | | | | | |
| 89 | 挪威圆柏 | | | | | 1 |
| 90 | 洛基山圆柏 | 蓝色天堂 | | | | 2 |
| 91 | 蓝剑圆柏 | | 15cm | | | 6 |

# 花境植物材料

| 序号 | 植物名称 | 植物科属 | 拉丁名 | 花（叶）色 | 开花期及持续时间 | 长成高度 | 种植面积（m²） | 种植密度（株/m²） | 株数（株） |
|---|---|---|---|---|---|---|---|---|---|
| 1 | 贝拉安娜绣球 | 虎耳草科绣球属 | Hydrangea arborescens | 白色 | 花期5~10月 | 高1m | 5.1 | 4 | 20 |
| 2 | 滨菊 | 菊科滨菊属 | Leucanthemum vulgare | 花黄白色 | 5~8月 | 株高可达70cm | 2.4 | 16 | 38 |
| 3 | 钓钟柳 | 玄参科钓钟柳属 | Penstemon campanulatus | 钟状花混色 | 花期4~5月 | 株高15~45cm | 3.2 | 25 | 80 |
| 4 | 矾根 | 虎耳草科矾根属 | Heuchera micrantha | 彩叶 | 花期4~6月 | 株高15~35cm | 0.7 | 36 | 25 |
| 5 | 鬼针草 | 菊科鬼针草属 | Bidens pilosa | 花黄色 | 花果期8~10月 | 高30~40cm | 0.9 | 36 | 32 |
| 6 | 火炬 | 百合科火把莲属 | Kniphofia uvaria | 花冠橘红色 | 6~10月开花 | 高50~100cm | 4.5 | 25 | 112 |
| 7 | 火尾蓼 | 蓼科蓼属 | Persicaria amplexicaulis 'Firetail' | 花红色 | 6~9月开花 | 高40~80cm | 1.3 | 4 | 5 |
| 8 | 荚果蕨 | 球子蕨科荚果蕨属 | Matteuccia struthiopteris | 叶绿色 | | 高0.3~1m | 0.7 | 16 | 11 |
| 9 | 假龙头 | 唇形科假龙头花属 | Physostegia virginiana | 花粉色或玫红 | 8~10月开花 | 株高60~120cm | 1.3 | 25 | 33 |
| 10 | 金边麦冬 | 百合科麦冬属 | Liriope spicata var. variegata | 花紫色 | 6~9月开花，8~10月结果 | 植株高约30cm | 0.2 | 25 | 5 |
| 11 | 绵毛水苏 | 唇形科水苏属 | Stachys lanata | 花紫色 | 7月 | 高约60cm | 0.5 | 25 | 13 |
| 12 | 荆芥 | 唇形科荆芥属 | Nepeta cataria | 花紫色 | | 高1.2~1.5m | 1.3 | 25 | 33 |
| 13 | 桔梗 | 桔梗科桔梗属 | Platycodon grandiflorus | 花蓝色 | 花期7~9月 | 高20~120cm | 2.1 | 25 | 53 |
| 14 | 蓝盆花 | 川续断科蓝盆花属 | Scabiosa comosa | 花蓝色 | 花期4~5月 | 高30~50cm | 1 | 4 | 4 |
| 15 | 蓝羊茅 | 禾本科羊茅属 | Festuca glauca | 叶灰绿色 | | 高30~40cm | 2.05 | 25 | 51 |
| 16 | 洛基山圆柏 | 柏形科圆柏属 | Sabina chinensis | 叶灰绿色 | | 高1.2~1.5m | | | 2 |
| 17 | 落新妇 | 虎耳草科落新妇属 | Astilbe chinensis | 花玫红色 | 花期6~9月 | 高50~100cm | 1.4 | 16 | 22 |
| 18 | 毛地黄 | 玄参科毛地黄属 | Digitalis purpurea | 花混色 | 花期5~6月 | 高60~120cm | 6.1 | 16 | 97 |
| 19 | 蓍草 | 菊科蓍属 | Achillea wilsoniana | 花红色 | 花果期7~9月 | 高40~100cm | 6.1 | 25 | 152 |
| 20 | 松果菊 | 菊科松果菊属 | Echinacea purpurea | 花紫红色 | 花期5~9月 | 高30~150cm | 1.9 | 25 | 48 |
| 21 | 铁线莲 | 毛茛科铁线莲属 | Clematis florida | 花紫色 | 花期6~9月 | 长1~2m | | | 9 |
| 22 | 细叶针茅 | 禾本科芒属 | Miscanthus spp. | | 花期9~10月 | 高30~100cm | 2.4 | 25 | 60 |
| 23 | 虾夷葱 | 百合科葱属 | Allium schoenoprasum | 花紫色 | 花期6~9月 | 高20~50cm | 0.6 | 25 | 15 |
| 24 | 箱根草 | 禾本科箱根草属 | Hakonechloa macra 'Alboaurea' | 叶黄色 | 花期6~7月 | 高20~40cm | 1.1 | 16 | 18 |
| 25 | 萱草 | 百合科萱草属 | Hemerocallis fulva | 花红色 | 花果期5~7月 | 高30~60cm | 1.5 | 16 | 24 |
| 26 | 岩白菜 | 虎耳草科岩白菜属 | Bergenia purpurascens | 花粉红色 | 5~10月开花结果 | 高可达52cm | 0.6 | 16 | 10 |
| 27 | 玉簪 | 百合科玉簪属 | Hosta plantaginea | 花白色和紫色 | 花果期8~10月 | 株高30~50cm | 2 | 25 | 50 |
| 28 | 鸢尾 | 鸢尾科鸢尾属 | Iris tectorum | 花蓝紫色 | 花期4~5月 | 高30~50cm | 2.7 | 15 | 40.5 |
| 29 | 紫露草 | 鸭跖草科紫露草属 | Tradescantia ohiensis | 花蓝紫色 | 花期6月至10月下旬 | 高度可达25~50cm | 0.2 | 16 | 3 |
| 30 | 棒芒 | 禾本科芒属 | Miscanthus sinensis | 叶绿色 | 花期7~12月 | 秆高1~2m | 4.7 | 16 | 75 |
| 31 | 海棠 | 蔷薇科苹果属 | Malus spp. | 花粉色 | 花期4月 | 高2~3m | | | 1 |
| 32 | 华北香薷 | 唇形科香薷属 | Elsholtzia stauntoni | 花紫色 | 花，果期7~10月 | 高0.7m左右 | 2.2 | 16 | 35 |
| 33 | 蓝叶忍冬 | 忍冬科忍冬属 | Lonicera korolkowii | 花粉红色 | 4~5月开花 | 高可达3m | | | 1 |
| 34 | 紫叶风箱果 | 蔷薇科风箱果属 | Physocarpus opulifolius 'Summer Wine' | 花白色 | 花果期6~7月 | 高2~2.5m | | | 16 |
| 35 | 彩叶扶芳藤 | 卫矛科卫矛属 | Euonymus fortunei 'Harleguin' | 叶绿色渐变红 | | 高0.7m左右 | | | 36 |
| 36 | 荚蒾 | 忍冬科荚蒾属 | Viburnum dilatatum | 花白色 | 5~6月开花 | 高可达3m | | | 2 |
| 37 | 蓝剑柏 | 柏科圆柏属 | Sabina scop 'Blue arrow' | 叶蓝绿色 | | 高可达2m | | | 6 |
| 38 | 藤本月季 | 蔷薇科蔷薇属 | Rosa chinensis | 花红色，粉色 | 5~10月开花 | 藤长2m左右 | | | 10 |
| 39 | 圆锥绣球 | 虎耳草科绣球属 | Hydrangea paniculata | 花绿色，粉色 | 花期6~7月 | 藤1~5m | | | 5 |
| 40 | 飞燕草 | 毛茛草科飞燕草属 | Consolida ajacis | 花紫色 | 花期4~5月 | 高30~50cm | 1.8 | 16 | 29 |

# 花境植物更换表

## 6月植物更换表

| 序号 | 植物名称 | 植物科属 | 拉丁名 | 花（叶）色 | 开花期及持续时间 | 长成高度 | 种植面积（m²） | 种植密度（株/m²） | 株数（株） |
|---|---|---|---|---|---|---|---|---|---|
| 31 | 海棠改穗花牡荆 | 马鞭草科牡荆属 | Vitex agnus-castus | 蓝紫系 | 7~8月持续开花 | 高2~3m | 1.8 | 16 | 3 |
| 40 | 飞燕草改松果菊 | 菊科松果菊属 | Echinacea purpurea | 粉紫系 | 6~8月临续开花 | 高50~150cm | | 16 | 29 |

## 9月植物更换表

| 序号 | 植物名称 | 植物科属 | 拉丁名 | 花（叶）色 | 开花期及持续时间 | 长成高度 | 种植面积（m²） | 种植密度（株/m²） | 株数（株） |
|---|---|---|---|---|---|---|---|---|---|
| 17 | 落新妇改香彩雀 | 车前科香彩雀属 | Angelonia angustifolia | 粉紫花 | 9~10月 | 30cm | 1.4 | 25 | 35 |
| 27 | 玉簪改香彩雀 | 车前科香彩雀属 | Angelonia angustifolia | 粉紫花 | 9~10月 | 30cm | 0.5 | 25 | 12 |
| 27 | 玉簪改醉蝶花 | 白花菜科醉蝶花属 | Cleome spinosa | 粉花 | 9~10月 | 50cm | 0.5 | 16 | 8 |
| 17 | 落新妇改百日草 | 菊科百日菊属 | Zinnia elegans | 橘色花 | 9~11月 | 25cm | 1 | 25 | 25 |
| 17 | | 菊科百日菊属 | Zinnia elegans | | 9~11月 | 25cm | 1.2 | 25 | 30 |

# 金曲奏鸣

## 郑州嘉景花境园艺有限公司

余兴卫　何红丽　孙瑞兵

### 春季实景

**夏季实景**

## 金曲奏鸣

本场地位于洛阳市宜阳县洛邑小镇，面积 130m²，主要营造春夏、初夏花境景观效果为主，兼顾四季景观的黄色系主题花境——"金曲奏鸣"。

春季金叶佛甲草、过路黄、黄金菊、金边丝兰，作为花境中前景的亮色，给人耳目一新的感觉，毛地黄乳黄色和鲁冰花的硕大花序让人顾盼流连，拉开了一幕"金曲奏鸣"的序幕！春夏之交，火星花、金鸡菊、金光菊"金曲"，花与叶同放，异彩纷呈，火炬花和柠檬女贞的黄色又让人惊艳！尤其是大量乡土植物秋金光菊和串叶松香

草的使用，让整个花境更有立体美感，中间穿插蓝色系鼠尾草和红火箭紫薇，让整个夏季里，人们不断欣赏着这幕"黄色主题绝唱"——"黄野交响曲"！在金秋的季节里，背景的金枝国槐、金心阔叶芒和花叶芒，配合中景的黄金菊、亮晶女贞和金冠女贞等，与前景金叶石菖蒲和金叶佛甲草交相辉映，其间随风飘来阵阵花叶香桃木的清香，迷迭香的浓香，百里香的甜香，在金秋岁月里，将这首金曲奏鸣的交响乐推向一波波高潮！人行于花境间，自得其味。

人们近看远观，都能体会花之魂、花之韵。三个季节花境用黄色系列的"纯金"打造，三季有花，景观连续。

# 秋季实景

# 设计阶段图纸

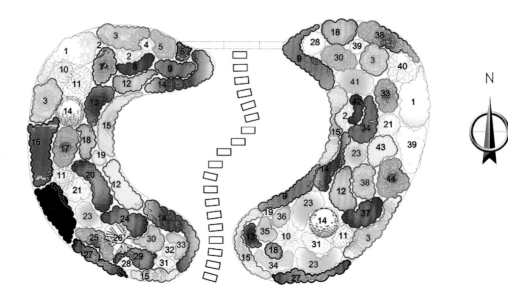

| | | | |
|---|---|---|---|
| 1. 喷雪花 | 11. 紫薇 | 21. 龙柏 | 31. 金冠柏 | 41. 雪柳 |
| 2. 亚麻 | 12. 彩叶草 | 22. 紫叶狼尾草 | 32. 金叶连翘 | 42. 蛇鞭菊 |
| 3. 歌舞芒 | 13. 紫松果菊 | 23. 山桃草 | 33. 灯心草 | 43. 蕾丝金露花 |
| 4. 金枝国槐 | 14. 天人菊 | 24. 彩叶狼尾草 | 34. 金鸡菊 | 44. 花叶芦竹 |
| 5. 小兔子狼尾草 | 15. 金叶佛甲草 | 25. 花叶蒲苇 | 35. 玉蝉花 | |
| 6. 紫藤 | 16. 醉鱼草 | 26. 寿星桃 | 36. 玉簪 | |
| 7. 天蓝鼠尾草 | 17. 柳枝稷 | 27. 桑托斯马鞭草 | 37. 小叶紫薇 | |
| 8. 千屈菜 | 18. 美人蕉 | 28. 金冠女贞 | 38. 矮蒲苇 | |
| 9. 紫娇花 | 19. 亮晶女贞 | 29. 常绿萱草 | 39. 金姬小蜡（球） | |
| 10. 蓝冰柏 | 20. 火星花 | 30. 斑叶芒 | 40. 鸡爪槭 | |

金曲奏鸣总平面图  1∶100

金曲奏鸣立面图  1∶50

# 花境植物材料

| 序号 | 名称 | 拉丁文 | 季相 | 规格 | 观赏特性及花期 | 特色及说明 | 数量 | 更换说明 |
|---|---|---|---|---|---|---|---|---|
| 1 | 矮蒲苇 | Cortaderia selloana 'Pumila' | 常绿 | 40杯 | | 9~10月银白色花 | 18 | |
| 2 | 天蓝鼠尾草 | Salvia uliginosa | 冬落 | 21杯 | | 7~8月蓝色花 | 20 | |
| 3 | 灯心草 | Juncus effusus | 冬落 | 21杯 | | 叶绿色 | 25 | |
| 4 | 火星花 | Crocosmia crocosmiflora | 冬落 | 21杯 | | 6~8红色花 | 20 | |
| 5 | 紫娇花 | Tulbaghia violacea | 冬落 | 15杯 | | 5~7月紫色花 | 150 | |
| 6 | 小兔子狼尾草 | Pennisetum alopecuroides | 冬落 | 26杯 | | 7~11月白色花 | 25 | |
| 7 | 金叶佛甲草 | Sedum lineare | 常绿 | 13杯 | | 5~6金黄色花 | 300 | |
| 8 | 松果菊 | Echinacea purpurea | 冬落 | 13杯 | | 4~10月粉红、黄色，紫红花 | 90 | |
| 9 | 花叶玉蝉花 | Iris ensata | 冬落 | 26杯 | | 6~7月紫色花 | 25 | |
| 10 | 歌舞芒 | Miscanthus sinensis | 冬枯 | 5加仑 | | 株形优美 | 18 | |
| 11 | 蓝冰柏 | Cupressus arizonica var. glabra 'Blue Ice' | 常绿 | 5加仑 | | 颜色好 | 2 | |
| 12 | 亚麻 | Linum usitatissimum | 常绿 | 5加仑 | | 观叶植物 | 6 | |
| 13 | 金枝国槐 | Sophora japonica 'Winter Gold' | 冬落 | 50袋 | | 适应性强 | 5 | |
| 14 | 紫藤 | Wisteria sinensis | 冬落 | 50袋 | | 花期4~5月，花量大 | 3 | |
| 15 | 千屈菜 | Lythrum salicaria | 冬落 | 18杯 | | 花期长，极耐修剪，水陆两生 | 25 | |
| 16 | 紫薇 | Lagerstroemia indica | 冬落 | 50袋 | | 弥补夏季缺少蓝花的不足 | 18 | 霜后更换为亮晶女贞 |
| 17 | 彩叶草 | Plectranthus scutellarioides | 冬枯 | 18杯 | | 7月开花 | 100 | |
| 18 | 天人菊 | Gaillardia pulchella | 冬枯 | 18杯 | | 花期超长 | 60 | |
| 19 | 红叶石楠（球） | Photinia serrulata | 常绿 | 18杯 | | 常绿灌木 | 2 | |
| 20 | 醉鱼草 | Buddleja lindleyana | 冬枯 | 30袋 | | 花期长，耐修剪 | 12 | |
| 21 | 柳枝稷 | Panicum virgatum | 冬枯 | 5加仑 | | 木本花前观赏，夏季开花，花由红变白 | 9 | |
| 22 | 美人蕉 | Canna indica | 冬枯 | 2加仑 | | 水陆两生观叶植物 | 18 | |
| 23 | 亮晶女贞 | Ligustrum × vicaryi | 常绿 | 50袋 | | 常绿灌木 | 4 | |
| 24 | 紫叶狼尾草 | Pennisetum setaceum 'Rubrum' | 冬枯 | 21杯 | | 花期6~10月 | 30 | |
| 25 | 山桃草 | Gaura lindheimeri | 常绿 | 18杯 | | 花期长，耐修剪 | 60 | |
| 26 | 彩叶狼尾草 | Pennisetum setaceum 'Rubrum' | 冬枯 | 18杯 | | 适应性强 | 25 | 霜后更换为羽衣甘蓝 |
| 27 | 柔托斯马鞭草 | Verbena officinalis | 冬枯 | 18杯 | | 矮生 | 130 | |
| 28 | 花叶蒲苇 | Cortaderia selloana | 常绿 | 5加仑 | | 常绿 | 6 | |
| 29 | 红伞寿星桃 | Amygdalus persica var. densa | 冬落 | 50袋 | | 观叶观花小乔木 | 2 | |
| 30 | 常绿萱草 | Hemerocallis fulva | 常绿 | 3加仑 | | 抗性好 | 30 | |
| 31 | 金冠女贞 | Ligustrum × vicaryi | 常绿 | 50袋 | | 耐修剪 | 4 | |
| 32 | 金叶连翘 | Forsythia koreana 'Sun Gold' | 冬落 | 50袋 | | 观叶植物 | 3 | |
| 33 | 斑叶芒 | Miscanthus sinensis 'Zebrinus' | 冬枯 | 5加仑 | | 适应性强 | 9 | |
| 34 | 金姬小蜡球 | Ligustrum sinense 'Variegatum' | 常绿 | 30袋 | | 常绿前修剪 | 3 | |
| 35 | 鸡爪槭 | Acer palmatum | 冬落 | 50袋 | | 株型优美 | 2 | |
| 36 | 喷雪花 | Spiraea thunbergii | 冬落 | 5加仑 | | 花期3~4月，花白色 | 28 | |
| 37 | 花叶芦竹 | Arundo donax var. versicolor | 冬枯 | 23杯 | | 体型高大，适应性强 | 12 | |
| 38 | 雪柳 | Fontanesia fortunei | 常绿 | 50袋 | | 净化空气 | 9 | |
| 39 | 金鸡菊 | Coreopsis basalis | 冬枯 | 50袋 | | 花期长 | 50 | |
| 40 | 蕾丝金露花 | Duranta repens | 冬枯 | 16杯 | | 花期长，极耐修剪 | 30 | 霜后更换为黄杨散状灌木 |
| 41 | 玉簪 | Hosta plantaginea | 冬枯 | 18杯 | | 花果期8~10月 | 35 | |
| 42 | 金冠柏 | Cupressus macrocarpa 'Goldcrest' | 常绿 | 50袋 | | 常绿 | 3 | |
| 43 | 龙柏 | Sabina chinensis 'Kaizuca' | 常绿 | 50袋 | | 常绿 | 2 | |
| 44 | 辉煌女贞 | Ligustrum lucidum 'Excelsum Superbum' | 常绿 | 50袋 | | 常绿 | 1 | |

# 诗·远方

## 安徽省蓝斯凯园林工程有限公司

蔡振华

## 春季实景

### 诗·远方

每个人的内心都藏着一愿望。

心中蕴含着"远方的愿景"，

心中向往着自由、快乐、回忆、梦想。

无论他外表如何，童心未泯、还是成熟内敛，

进入此园中都会有不一样的惊喜。

此处花境巧妙地运用覆盖物做溪流。打造缘溪行，忘路之远近。进入溪中央想象自己在田野郊游一般，非常放松、舒缓。我们用灵动飘逸的线条造了一条"溪流"。溪流边，彩叶杞柳、观赏草随风飘荡，视线透过野草，隐约可见远方，随风摆动的风铃草如诗如画一般。

方案以观赏草为特色，点缀蓝紫色开花植物，凸显环境的野趣。观赏草飘逸灵动的姿态以及植物线条呼应景石，恰似溪水流动的感觉，设计以宿根花卉为主和亮金女贞棒棒糖和蓝冰柏为支撑。选取线形蓝紫色系花材以及观赏草的垂直线条与匍匐状的花境素材形成竖向与横向的对比。

**夏季实景**

**秋季实景**

设计阶段图纸

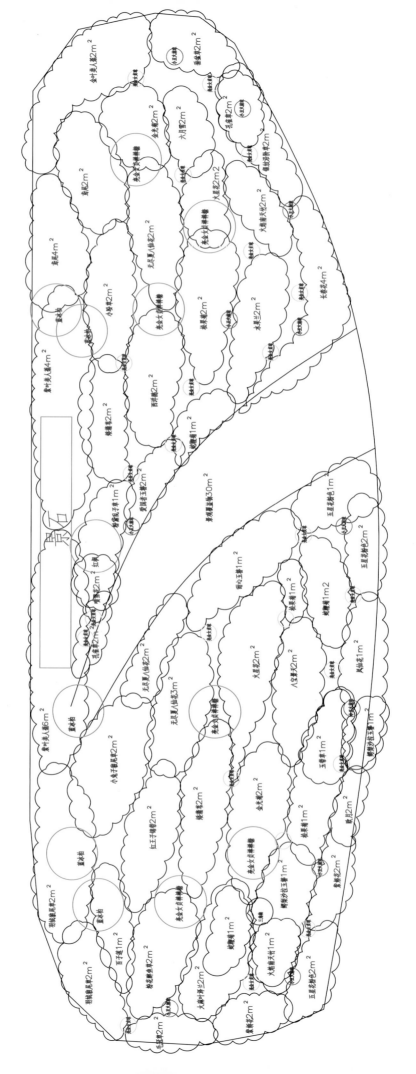

# 花境植物材料

| 序号 | 植物名称 | 植物科科属 | 拉丁名 | 花（叶）色 | 开花期及持续时间 | 长成高度（m） | 种植面积（m²） | 种植密度（株/m²） | 株数（株） |
|---|---|---|---|---|---|---|---|---|---|
| 1 | 蓝冰柏 | 柏科柏木属 | Cupressus 'Blue Ice' | 绿白色 | 无花 | 2 | 4 | 1 | 4 |
| 2 | 矮蒲苇 | 天南星科菖蒲属 | Acorus calamus | 银白色 | 9~10月 | 1.5 | 3 | 4 | 12 |
| 3 | 埃比胡颓子 | 胡颓子科胡颓子属 | Elaeagnus × ebbngei 'GillEdge' | 黄绿色 | 无花 | 1.5 | 3 | 1 | 3 |
| 4 | 红枫 | 槭树科槭树属 | Acer palmatum 'Atropurpureum' | 紫色 | 无花 | 2.5 | 1 | 1 | 1 |
| 5 | 无尽夏绣球（粉色） | 虎耳草科绣球属 | Hydrangea macrophylla 'Endless Summer' | 粉色 | 6~9月 | 0.6 | 3 | 10 | 30 |
| 6 | 火焰南天竹 | 小檗科南天竹属 | Nandina domestica 'Firepower' | 红色 | 无花 | 0.4 | 8 | 25 | 200 |
| 7 | 鸢尾 | 鸢尾科鸢尾属 | Iris tectorum | 蓝紫色 | 4~6月 | 0.3 | 7 | 36 | 252 |
| 8 | 粉黛乱子草 | 禾本科乱子草属 | Muhlenbergia capillaris | 粉色 | 9~11月 | 0.8 | 5 | 16 | 80 |
| 9 | 欧石竹 | 石竹科石竹属 | Dianthus 'Carthusian Pink' | 红色 | 1~12月 | 0.1 | 16 | 64 | 1024 |
| 10 | 百子莲 | 石蒜科百子莲属 | Agapanthus africanus | 深蓝 | 7~8月 | 0.5 | 5 | 16 | 80 |
| 11 | 亮金女贞（球） | 木樨科女贞属 | Ligustrum × vicaryi | 金黄色 | 5~6月 | 0.8 | 5 | 4 | 20 |
| 12 | 亮金女贞（高杆球） | 木樨科女贞属 | Ligustrum × vicaryi | 金黄色 | 5~6月 | 1.5 | 3 | 2 | 6 |
| 13 | 朝雾草 | 菊科蒿属 | Artemisia schmidtianai | 银白色 | 7~8月 | 0.1 | 5 | 9 | 45 |
| 14 | 黄金香柳 | 桃金娘科白千层属 | Melaleuca bracteata 'Revolution Gold' | 绿白色 | 2~3月 | 0.6 | 3 | 2 | 6 |
| 15 | 醉鱼草 | 马钱科醉鱼草属 | Buddleja lindleyana | 紫色 | 4~10月 | 1 | 5 | 5 | 25 |
| 16 | 黄金菊 | 菊科梳黄菊属 | Euryops pectinatus | 黄色 | 7~10月 | 0.4 | 6 | 16 | 96 |
| 17 | 玉簪爱国者 | 百合科玉簪属 | Hosta plantaginea 'Patriot' | 白色 | 7~9月 | 0.4 | 6 | 16 | 96 |
| 18 | 小丑火棘（球） | 蔷薇科火棘属 | Pyracantha fortuneana 'Harlequin' | 白色 | 3~5月 | 0.7 | 6 | 3 | 18 |
| 19 | 日本大花花菖蒲 | 鸢尾科鸢尾属 | Iris ensata var. hortensis | 紫色 | 6~7月 | 0.6 | 6 | 16 | 96 |
| 20 | 甜心玉簪 | 百合科玉簪属 | Hosta 'So Sweet' | 白紫色 | 7~9月 | 0.3 | 5 | 16 | 80 |
| 21 | 百子莲 | 石蒜科百子莲属 | Agapanthus africanus | 洋红色 | 7~8月 | 0.6 | 5 | 16 | 80 |
| 22 | 西洋鹃（粉色） | 杜鹃花科杜鹃花属 | Rhododendron sp. | 粉色 | 10月至翌年4月 | 0.2 | 4 | 16 | 64 |
| 24 | 大棌叶泽兰 | 菊科泽兰属 | Eupatorium heterophyllum | 淡白色 | 4~10月 | 0.5 | 5 | 16 | 80 |
| 25 | 水果蓝（散木） | 唇形科香科科属 | Teucrium fruticans | 淡紫色 | 3~4月 | 0.6 | 5 | 9 | 45 |
| 26 | 松果菊盛情 | 菊科松果菊属 | Echinacea purpurea cv. | 紫色 | 6~9月 | 0.3 | 4 | 16 | 64 |
| 27 | 紫叶美人蕉 | 美人蕉科美人蕉属 | Canna warszewiczii cv. | 紫红色 | 6~10月 | 1.2 | 5 | 16 | 80 |
| 28 | 金叶美人蕉 | 美人蕉科美人蕉属 | Canna warszewiczii cv. | 橙红色 | 6~10月 | 1.2 | 6 | 16 | 86 |

（续）

| 序号 | 植物名称 | 植物科属 | 拉丁名 | 花（叶）色 | 开花期及持续时间 | 长成高度（m） | 种植面积（m²） | 种植密度（株/m²） | 株数（株） |
|---|---|---|---|---|---|---|---|---|---|
| 29 | 火星花 | 鸢尾科雄黄兰属 | *Crocosmia crocosmiflora* | 橙红色 | 6~8月 | 0.5 | 9 | 16 | 144 |
| 30 | 玉带草 | 禾本科䔄草属 | *Phalaris arundinacea var. picta* | 绿白色 | 9~11月 | 1 | 5 | 9 | 45 |
| 31 | 黑心金光菊 | 菊科金光菊属 | *Rudbeckia laciniata* | 金黄色 | 5~11月 | 0.8 | 4 | 16 | 64 |
| 32 | 超级鼠尾草蓝霸 | 唇形科鼠尾草属 | *Salvia* 'Mystic Spires Blue' | 深蓝色 | 6~9月 | 0.5 | 4 | 16 | 64 |
| 33 | 紫花翠芦莉 | 爵床科单药花属 | *Ruellia simplex* | 紫色 | 3~10月 | 0.3 | 10 | 16 | 160 |
| 34 | 粉黛乱子草 | 禾本科乱子草属 | *Muhlenbergia capillaris* | 粉紫色 | 9~10月 | 0.6 | 5 | 10 | 50 |
| 35 | 金叶石菖蒲 | 天南星科菖蒲属 | *Acorus tatarinowii* | 绿色 | 4~5月 | 0.4 | 5 | 50 | 250 |
| 36 | 八宝景天 | 景天科八宝属 | *Hylotelephium erythrostictum* | 粉红色 | 8~9月 | 0.7 | 7 | 60 | 420 |
| 37 | 紫娇花 | 石蒜科紫娇花属 | *Tulbaghia violacea* | 淡紫红色 | 6~8月 | 0.4 | 8 | 50 | 400 |
| 38 | 矮生马鞭草 | 马鞭草科马鞭草属 | *Verbena officinalis* | 蓝色 | 6~10月 | 1 | 6 | 16 | 96 |
| 39 | 美女樱 | 马鞭草科马鞭草属 | *Verbena hybrida* | 粉色 | 5~11月 | 0.1 | 10 | 64 | 640 |
| 40 | 五星花（粉色） | 旋花科茑萝属 | *Quamoclit pennata* | 粉色 | 5~11月 | 0.15 | 10 | 60 | 600 |
| 41 | 银叶菊 | 菊科千里光属 | *Centaurea cineraria* | 银白色 | 6~9月 | 0.3 | 8 | 50 | 400 |
| 42 | 五星花（红色） | 旋花科茑萝属 | *Quamoclit pennata* | 红色 | 5~11月 | 0.15 | 10 | 60 | 600 |
| 43 | 欧月 | 蔷薇科蔷薇属 | *Rosa chinensis* | 红，粉，白 | 1~12月 | 0.4 | 9 | 16 | 144 |
| 44 | 墨西哥鼠尾草 | 唇形科鼠尾草属 | *Salvia japonica* | 蓝色 | 6~9月 | 0.3 | 5 | 16 | 80 |
| 45 | 凤仙花（橙色） | 凤仙花科凤仙花属 | *Impatiens balsamina* | 橙色 | 7~10月 | 0.4 | 6 | 50 | 300 |
| 46 | '无尽夏'绣球（白色） | 虎耳草科绣球属 | *Hydrangea macrophylla* 'Endless Summer' | 白色 | 6~9月 | 0.6 | 3 | 10 | 30 |
| 47 | 景观覆盖物 | — | — | — | — | — | 26 | — | — |

## 花境植物更换表

| 序号 | 植物名称 | 植物科属 | 拉丁名 | 花（叶）色 | 开花期及持续时间 | 长成高度（m） | 种植面积（m²） | 种植密度（株/m²） | 株数（株） |
|---|---|---|---|---|---|---|---|---|---|
| 1 | 穗花婆婆纳 | 玄参科婆婆纳属 | *Veronica spicata* | 淡蓝紫色 | 7~9月 | 0.4 | 4 | 16 | 64 |
| 2 | 绿叶红景天 | 景天科红景天属 | *Rhodiola viridula* | 绿色 | 4~6月 | 0.2 | 6 | 60 | 360 |
| 3 | 无尽夏绣球（蓝色） | 虎耳草科绣球属 | *Hydrangea macrophylla* 'Endless Summer' | 蓝色 | 6~9月 | 0.6 | 3 | 10 | 30 |
| 4 | 无尽夏绣球（白色） | 虎耳草科绣球属 | *Hydrangea macrophylla* 'Endless Summer' | 白色 | 6~9月 | 0.6 | 3 | 10 | 30 |
| 5 | 无尽夏绣球（粉色） | 虎耳草科绣球属 | *Hydrangea macrophylla* 'Endless Summer' | 粉色 | 6~9月 | 0.6 | 3 | 10 | 30 |

# 常州都会里

## 苏州满庭芳景观工程有限公司

覃乐梅　杨华

**春季实景**

## 常州都会里

旭辉·都会里示范区位于常州天宁区青洋路高架和龙城大道高架交会地带，西临水晶生态公园，并与东南方向的丁塘河湿地公园比邻而居。花境位于都会里示范区屋顶的空中花园，属于台式花境。屋顶花园为活动中心提供一处安静的休憩场所，也为城市提供一处集体生活的舞台，以露天派对等公共活动建立起与城市的亲密连接，而花园中的台式花境则是屋顶花园的灵魂，展现出了生命的活力和油画般绚烂的景色。

花境材料选用千层金、亮金女贞、花叶蒲苇、花叶美人蕉等金色系植物和散尾葵、春羽等绿色系植物作骨架，搭配西洋杜鹃、粉花石竹、三角梅等粉色系植物和荷兰菊、莫奈薰衣草、墨西哥鼠尾草等紫色系植物，再点缀一些火红色的火焰南天竹，最终呈现出一个五彩斑斓、如梦似幻的台式花境，使人们仿佛游走于山林之间，置身于万紫千红的大自然之中。

## 夏季实景

## 秋季实景

# 设计阶段图纸

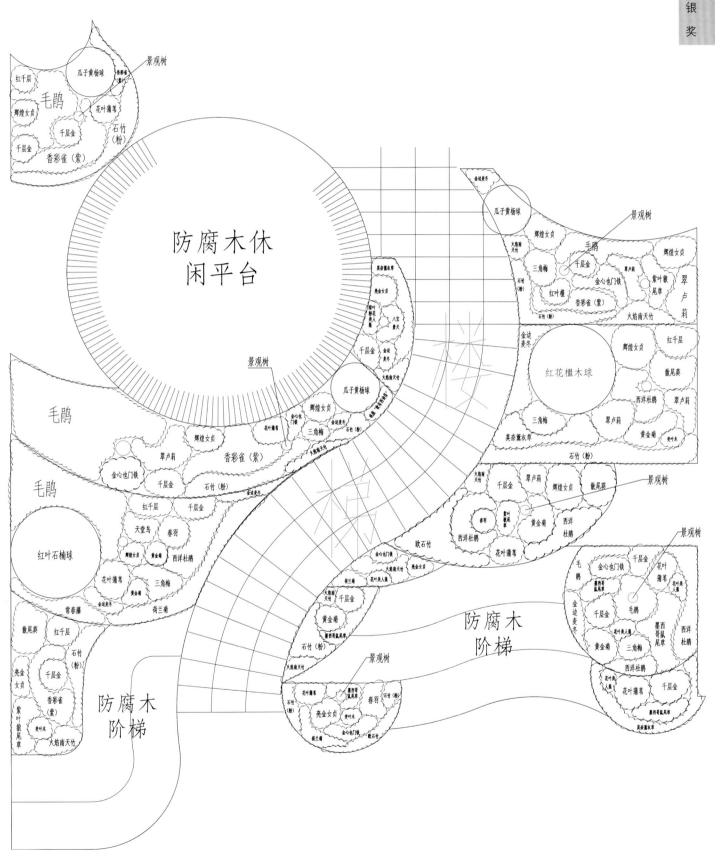

## 花境植物材料

| 序号 | 植物名称 | 植物科属 | 拉丁名 | 规格 | | 种植密度（株/m²） | 面积（m²） | 株数（株） | 花期 | 生长习性 |
|---|---|---|---|---|---|---|---|---|---|---|
| | | | | 高度（cm） | 冠幅（cm） | | | | | |
| 1 | 红千层 | 桃金娘科红千层属 | Callistemon rigidus | 40～180 | 30～80 | 4 | 1.480 | 6 | 夏花，6～8月 | 灌木、常绿、红花 |
| 2 | 辉煌女贞 | 木樨科女贞属 | Ligustrum lucidum 'Excelsum Superbum' | 40～150 | 30～60 | 4 | 3.820 | 10 | 四季观叶 | 小乔木、常绿、白花 |
| 3 | 千层金 | 桃金娘科白千层属 | Melaleuca bracteata | 70～200 | 30～50 | 9 | 3.460 | 20 | 四季观叶 | 灌木、常绿、黄绿色叶 |
| 4 | 花叶蒲苇 | 禾本科蒲苇属 | Cortaderia selloana | 100～150 | 50～200 | 4 | 2.250 | 9 | 观叶、秋冬花，9月至翌年1月 | 宿根、常绿、白花 |
| 5 | 香彩雀（紫） | 玄参科香彩雀属 | Angelonia angustifolia | 20～30 | 10～30 | 80 | 3.940 | 315 | 夏花，6～9月 | 宿根、冬枯、紫花 |
| 6 | 石竹（卫星 粉色） | 石竹科石竹属 | Dianthus chinensis | 30～50 | 15～25 | 80 | 14.790 | 1183 | 春秋冬花，11月至翌年4月 | 多年生草本、常绿、粉白花 |
| 7 | 莫奈薰衣草 | 唇形科马刺花属 | Plectranthus 'Mona Lavender' | 30～50 | 30～40 | 16 | 2.410 | 39 | 夏秋花，6～11月 | 宿根、紫花 |
| 8 | 亮金女贞 | 木樨科女贞属 | Ligustrum × vicaryi | 60～200 | 30～50 | 4 | 1.050 | 4 | 四季观叶，春花，3～5月 | 灌木、常绿、白花 |
| 9 | 绿叶粉花美人蕉 | 美人蕉科美人蕉属 | Canna indica | 120～180 | 30～40 | 16 | 0.200 | 3 | 夏秋观叶，6～11月 | 宿根、冬枯、粉花 |
| 10 | 毛鹃（锦绣杜鹃） | 杜鹃花科杜鹃花属 | Rhododendron pulchrum | 50 | 20～30 | 80 | 9.850 | 788 | 春花，4～5月 | 灌木、常绿、玫红色花 |
| 11 | 三角梅（叶子花） | 紫茉莉科叶子花属 | Bougainvillea spectabilis | 200～300 | 30～60 | 4 | 1.780 | 7 | 冬春花，11月至翌年6月 | 花灌木、冬落、玫红色花 |
| 12 | 翠卢莉 | 爵床科芦莉草属 | Ruellia simplex | 60～130 | 25～30 | 16 | 2.990 | 48 | 夏花，7～8月 | 宿根、常绿、蓝紫花 |
| 13 | 紫叶狼尾草 | 禾本科狼尾草属 | Pennisetum setaceum 'Rubrum' | 70～200 | 20～40 | 9 | 1.200 | 11 | 观叶、观穗，穗期6～9月 | 宿根、冬枯、紫叶 |
| 14 | 矾根 '欧布西迪品' | 虎耳草科矾根属 | Heuchera micrantha cv. | 20～35 | 20～40 | 64 | 0.210 | 13 | 四季观叶，夏花，4～10月 | 宿根、常绿、叶色紫红、白花 |
| 15 | 黄金菊 | 菊科梳黄菊属 | Euryops pectinatus | 30～50 | 25～30 | 25 | 2.220 | 56 | 四季观叶，花期，4～12月 | 宿根、常绿、黄花 |
| 16 | 常春藤 | 五加科常春藤属 | Hedera nepalensis var. sinensis | 10～30 | 10～30 | 25 | 0.600 | 15 | 四季观叶 | 藤本、常绿 |
| 17 | 散尾葵 | 棕榈科散尾葵属 | Chrysalidocarpus lutescens | 200～500 | 50 | 2 | 1.980 | 4 | 四季观叶，花期5月 | 丛生灌木、常绿、羽状叶 |
| 18 | 变叶木 | 大戟科变叶木属 | Codiaeum variegatum | 20～40 | 20～30 | 36 | 0.500 | 18 | 四季观叶 | 灌木、常绿、花叶 |
| 19 | 红花檵木（球） | 金缕梅科檵木属 | Loropetalum chinense var. rubrum | 120 | 90 | 1 | 5.210 | 3 | 春花，4～5月 | 灌木、常绿、玫红色花 |
| 20 | 欧石竹 | 石竹科石竹属 | Dianthus 'Carthusian Pink' | 10～20 | 10～20 | 80 | 1.510 | 121 | 四季开花 | 宿根、常绿、玫红色花 |
| 21 | 墨西哥鼠尾草 | 唇形科鼠尾草属 | Salvia leucantha | 30～100 | 40～50 | 9 | 2.190 | 20 | 秋冬花，9～12月 | 宿根、冬枯、蓝紫花 |
| 22 | 花叶美人蕉 | 美人蕉科美人蕉属 | Canna indica | 120～180 | 30～40 | 16 | 0.660 | 11 | 夏秋花，6～11月 | 宿根、冬枯、橙色花 |

| 序号 | 植物名称 | 植物科属 | 拉丁名 | 规格 高度（cm） | 规格 冠幅（cm） | 种植密度（株/m²） | 面积（m²） | 株数（株） | 花期 | 生长习性 |
|---|---|---|---|---|---|---|---|---|---|---|
| 23 | 火焰南天竹 | 小檗科南天竹属 | *Nandina domestica* 'Firepower' | 20~30 | 20~30 | 25 | 2.700 | 68 | 花期3~6月、果期5~11月 | 灌木、常绿、春夏秋冬红叶、秋冬红果 |
| 24 | 金边麦冬 | 百合科麦冬属 | *Liriope spicata var. variegata* | 20~40 | 20~30 | 36 | 2.200 | 79 | 春秋冬观叶、夏花、6~9月 | 宿根、常绿、紫花 |
| 25 | 红叶槿 | 锦葵科木槿属 | *Hibiscus acetosella* | 100~300 | 30~60 | 4 | 0.250 | 2 | 四季观叶 | 灌木、常绿、紫红色叶 |
| 26 | 金心也门铁 | 龙舌兰科龙血树属 | *Draceana arborea* | 30~40 | 35~45 | 9 | 1.950 | 18 | 四季观叶 | 多年生草本、常绿、黄绿色叶 |
| 27 | 天堂鸟 | 芭蕉科鹤望兰属 | *Strelitzia reginae* | 80~200 | 30~50 | 2 | 0.400 | 1 | 四季观叶、冬花、12月至翌年2月 | 多年生草本、常绿、橙色花 |
| 28 | 春羽 | 天南星科喜林芋属 | *Philodendron bipinnatifidum* | 40~50 | 30~50 | 9 | 0.900 | 6 | 四季观叶 | 多年生草本、常绿 |
| 29 | 西洋杜鹃 | 杜鹃花科杜鹃花属 | *Rhododendron hybridum* | 30~50 | 30~50 | 9 | 4.210 | 38 | 一年四季多次开花 | 灌木、常绿、粉花 |
| 30 | 荷兰菊 | 菊科联毛紫菀属 | *Symphyotrichum novi-belgii* | 30~50 | 20~40 | 36 | 1.850 | 67 | 夏秋花、8~10月 | 宿根、冬枯、紫花 |
| 31 | 瓜子黄杨（球） | 黄杨科黄杨属 | *Buxus microphylla* | 150~300 | 150 | 1 | 1.580 | 2 | 四季观叶 | 灌木、常绿、叶绿色 |
| 32 | 红叶石楠（球） | 蔷薇科石楠属 | *Photinia × fraseri* | 80~300 | 150 | 1 | 2.700 | 1 | 四季观叶 | 灌木、常绿、叶红色 |
| 33 | 八宝景天 | 景天科八宝属 | *Hylotelephium erythrostictum* | 30~50 | 15~30 | 25 | 0.280 | 7 | 夏花、8~9月 | 宿根、常绿、粉花 |

## 花境植物更换表

| 序号 | 植物名称 | 植物科属 | 拉丁名 | 规格 高度（cm） | 规格 冠幅（cm） | 种植密度（株/m²） | 面积（m²） | 株数（株） | 花期 | 生长习性 |
|---|---|---|---|---|---|---|---|---|---|---|
| 1 | 细叶姬小菊 | 菊科雁河菊属 | *Brachyscome angustifolia* | 15~30 | 10~20 | 64 | 1.420 | 91 | 四季开花 | 宿根、冬枯、紫花 |
| 2 | 四季秋海棠 | 秋海棠科秋海棠属 | *Begonia cucullata* | 15~30 | 20~30 | 25 | 0.180 | 5 | 春夏秋花、3~12月 | 宿根、常绿、红花 |
| 3 | 夏堇（蓝猪耳） | 玄参科蝴蝶草属 | *Torenia fournieri* | 10~30 | 15~30 | 80 | 5.770 | 462 | 夏秋花、6~11月 | 时令、粉花 |
| 4 | 法国薰衣草 | 唇形科薰衣草属 | *Lavandula angustifolia* | 40~60 | 23~35 | 25 | 1.910 | 48 | 春秋花、5月、9月、10月 | 灌木、冬枯、紫花 |
| 5 | 玛格丽特（粉紫色） | 菊科木茼蒿属 | *Argyranthemum frutescens* | 10~20 | 10~20 | 80 | 0.800 | 64 | 春夏秋花、花期3~10月 | 亚灌木、冬落、粉紫色花 |

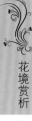
# 公元弘庭

## 苏州满庭芳景观工程有限公司

覃乐梅 杨华

## 春季实景

### 公元弘庭

"小隐隐于野，中隐隐于市，大隐隐于朝。"

旭辉公元弘庭位于孙武路和茅蓬路交会处，孙武路东端，西临太湖。公元弘庭打造一个隐藏在城市之中的自然山水空间，"人道我居城市里，我疑身在万山中"，这句诗则是对旭辉公元弘庭的最好诠释。

花境位于公元弘庭示范区入口处两侧，呈对称分布。在设计意图上，更多追求的是形式上的美感以及视觉上的享受。使人们在匆匆路过之时，也能够沿着道路观赏到美好的景色。

选用亮金女贞、南天竹等四季常绿植物作为骨架，百子莲、花叶玉蝉花、彩叶杞柳、千鸟花等竖向花境材料和大吴风草、玉簪等大叶植物不同质感相互交错搭配，多花筋骨草、银叶菊、矾根、粉花石竹、红花石竹、蓝色角堇、橙色角堇等紫色、银色、粉色、橙色等不同色彩的植物按照自由斑块、不规则大小的面积搭配错落有致，再收以平滑的边缘，从而形成一种既对称工整又自然随性，既严谨又天马行空的四面观赏花境。将庭院与喧嚣的城市道路进行隔离，向人们传递一种入此处进山林的讯息，回归自然。

**夏季实景**

## 秋季实景

设计阶段图纸

# 花境植物材料

| 序号 | 植物名称 | 植物科属 | 拉丁名 | 花（叶）色 | 开花期及持续时间 | 长成高度（cm） | 面积（m²） | 种植密度（株/m²） | 株数（株） |
|---|---|---|---|---|---|---|---|---|---|
| 1 | 亮金女贞 | 木樨科女贞属 | Ligustrum × vicaryi | 叶黄绿色，白花 | 四季观叶，春花，3~5月 | 200 | 2.90 | 1 | 3 |
| 2 | 金丝薹草 | 莎草科薹草属 | Carex 'Evergold' | 叶黄色 | 春花，花期4~5月 | 20 | 0.80 | 25 | 20 |
| 3 | 南天竹 | 小檗科南天竹属 | Nandina domestica | 春夏秋冬红叶，秋冬红果 | 花期3~6月，果期5~11月 | 300 | 1.91 | 4 | 8 |
| 4 | 千叶蓍 | 菊科蓍草属 | Achillea millefolium | 粉花 | 春夏秋花，5~10月 | 100 | 2.02 | 25 | 51 |
| 5 | 千鸟花 | 柳叶菜科山桃草属 | Gaura lindheimeri | 白，粉花 | 春夏秋花，5~8月 | 100 | 4.75 | 9 | 43 |
| 6 | 银叶菊 | 菊科千里光属 | Centaurea cineraria | 叶灰蓝色，黄花 | 夏秋花，6~9月 | 80 | 3.30 | 25 | 83 |
| 7 | 花叶玉蝉花 | 鸢尾科鸢尾属 | Iris ensata | 紫花 | 初夏花，6~7月 | 80 | 3.80 | 9 | 34 |
| 8 | 大滨菊 | 菊科滨菊属 | Leucanthemum maximum | 白花 | 初夏花，花期5~7月 | 100 | 2.33 | 60 | 140 |
| 9 | 紫叶酢浆草 | 酢浆草科酢浆草属 | Oxalis corniculata | 叶紫色，粉花 | 春夏秋花，5~11月 | 30 | 2.10 | 80 | 168 |
| 10 | 彩叶杞柳 | 杨柳科柳属 | Salix integra 'Hakuro Nishiki' | 花叶 | 春夏秋观叶 | 300 | 3.26 | 1 | 3 |
| 11 | 百子莲 | 石蒜科百子莲属 | Agapanthus africanus | 蓝花 | 夏花，7~8月 | 80 | 4.12 | 9 | 37 |
| 12 | 滴水观音 | 天南星科海芋属 | Alocasia macrorrhiza | 叶常绿 | 春夏花，4~7月 | 40 | 3.500 | 9 | 32 |
| 13 | 毛地黄钓钟柳 | 玄参科钓钟柳属 | Penstemon gloxinioides | 紫红花 | 春夏花，5~6月 | 40 | 1.18 | 25 | 30 |
| 14 | 水果蓝 | 唇形科香科科属 | Teucrium fruticans | 叶灰蓝色，淡紫色花 | 四季观叶，春花3~5月 | 100 | 3.64 | 4 | 15 |
| 15 | 菱叶绣线菊 | 蔷薇科绣线菊属 | Spiraea vanhouttei | 白花 | 春花，5~6月 | 200 | 2.97 | 4 | 12 |
| 16 | 玉簪（甜心） | 百合科玉簪属 | Hosta plantaginea | 白花 | 夏秋花，7~9月 | 30 | 2.95 | 25 | 74 |
| 17 | 多花筋骨草 | 唇形科筋骨草属 | Ajuga ciliata | 叶紫红色，玫红色花 | 春夏秋花，5~10月 | 35 | 1.97 | 16 | 32 |
| 18 | 大吴风草 | 菊科大吴风草属 | Farfugium japonicum | 黄花 | 晚秋花，9~11月 | 90 | 4.14 | 9 | 37 |
| 19 | 矾根'欧布西迪昂' | 虎耳草科矾根属 | Heuchera micrantha cv. | 叶紫红，白花 | 四季观叶，夏花，4~10月 | 35 | 2.05 | 64 | 131 |
| 20 | 矾根'莱姆里基' | 虎耳草科矾根属 | Heuchera micrantha cv. | 叶色黄绿，白花 | 四季观叶，夏花，4~10月 | 35 | 1.63 | 64 | 104 |
| 21 | 肾蕨 | 肾蕨科肾蕨属 | Nephrolepis auriculata | 叶常绿 | 四季观叶 | 30 | 4.30 | 9 | 39 |
| 22 | 蓝叶忍冬 | 忍冬科忍冬属 | Lonicera korolkowii | 红花 | 春花，4~5月 | 300 | 4.10 | 1 | 4 |
| 23 | 羽衣甘蓝 | 十字花科芸薹属 | Brassica oleracea var. acephala f. tricolor | 叶淡紫色渐变至黄色 | 冬花，11~12月 | 30 | 3.73 | 80 | 298 |

（续）

| 序号 | 植物名称 | 植物科属 | 拉丁名 | 花（叶）色 | 开花期及持续时间 | 长成高度（cm） | 面积（m²） | 种植密度（株/m²） | 株数（株） |
|---|---|---|---|---|---|---|---|---|---|
| 24 | 迷迭香 | 唇形科迷迭香属 | Rosmarinus officinalis | 叶常绿 | 四季观叶，秋花11月 | 70 | 0.61 | 25 | 15 |
| 25 | 石竹钻石（红色） | 石竹科石竹属 | Dianthus chinensis cv. | 红花 | 春秋冬花，11月至翌年4月 | 50 | 4.53 | 80 | 362 |
| 26 | 石竹卫星（粉色） | 石竹科石竹属 | Dianthus chinensis cv. | 粉白花 | 春秋冬花，11月至翌年4月 | 50 | 4.50 | 80 | 360 |
| 27 | 角堇蓝蝴蝶 | 堇菜科堇菜属 | Viola tricolor cv. | 蓝花 | 春冬花，10月至翌年3月 | 30 | 8.70 | 80 | 696 |
| 28 | 角堇超级宾哥（橙黄色） | 堇菜科堇菜属 | Viola tricolor cv. | 橙色花 | 春冬花，10月至翌年3月 | 30 | 1.34 | 80 | 107 |
| 29 | 角堇空降兵（华丽混色） | 堇菜科堇菜属 | Viola tricolor cv. | 紫黄色花 | 春冬花，10月至翌年3月 | 30 | 1.49 | 80 | 119 |
| 30 | 三色堇蓝色信号灯 | 堇菜科堇菜属 | Viola tricolor cv. | 紫白色花 | 春冬花，10月至翌年3月 | 30 | 5.92 | 80 | 474 |

## 花境植物更换表

| 序号 | 植物名称 | 植物科属 | 拉丁名 | 规格 | | 种植密度（株/m²） | 面积（m²） | 株数（株） | 花期 | 生长习性 |
|---|---|---|---|---|---|---|---|---|---|---|
| | | | | 高度（cm） | 冠幅（cm） | | | | | |
| 1 | 松果菊 | 菊科松果菊属 | Echinacea purpurea | 30~70 | 20~30 | 25 | 5.23 | 131 | 初夏开花，6~7月 | 宿根、常绿、粉紫花、橙黄花 |
| 2 | 矮牵牛 | 茄科碧冬茄属 | Petunia hybrida | 20~45 | 20~30 | 25 | 0.83 | 21 | 春夏秋花，花期4~11月 | 时令花开、蓝花 |
| 3 | 姬小菊 | 菊科雁河菊属 | Brachyscome angustifolia | 15~30 | 15~30 | 25 | 7.48 | 187 | 四季开花 | 宿根、冬枯、紫花 |
| 4 | 八宝景天 | 景天科八宝属 | Hylotelephium erythrostictum | 30~50 | 15~30 | 25 | 1.46 | 37 | 夏花，8~9月 | 宿根、常绿、粉花 |
| 5 | 薰衣草 | 唇形科薰衣草属 | Lavandula angustifolia | 40~60 | 23~35 | 25 | 5.10 | 128 | 春秋花，5月、9月、10月 | 灌木、冬枯、紫花 |
| 6 | 萼距花（满天星） | 千屈菜科萼距花属 | Cuphea hookeriana | 30~60 | 15~30 | 36 | 12.49 | 450 | 春夏秋花，5~12月 | 灌木、常绿、紫花 |
| 7 | 美女樱 | 马鞭草科马鞭草属 | Verbena hybrida | 20~25 | 15~30 | 36 | 2.94 | 106 | 春夏秋花，花期4~12月 | 时令花开、粉紫色花 |
| 8 | 欧石竹 | 石竹科石竹属 | Dianthus 'Carthusian Pink' | 10~20 | 10~25 | 80 | 0.34 | 27 | 四季开花 | 宿根、常绿、玫红色花 |
| 9 | 红巨人朱蕉 | 百合科朱蕉属 | Cordyline australis 'Torbay Red' | 30~60 | 20~30 | 25 | 0.36 | 9 | 四季观叶 | 灌木、常绿、红叶 |
| 10 | 变叶木 | 大戟科变叶木属 | Codiaeum variegatum | 20~40 | 20~30 | 36 | 2.25 | 81 | 四季观叶 | 灌木、常绿、花叶 |

# 芳满园

## 晋城市白马寺山植物园事务中心

刘宇飞

### 春季实景

**夏季实景**

## 芳满园

　　该项目位于晋城市白马寺山植物园入口处，是游园的重点路线，此次提升结合原有场景，以花灌木及观赏草为骨架，运用表现良好稳定的乡土宿根植物，整体季相明显。春天万物复苏，花境以红色和紫色为主调，绿毯上鲜艳的色彩给人以欣喜。夏季植物群落的整体美、层次美体现出来，整体以红色和黄色为主调，在植物园片片绿意中感到热烈欢快的味道。秋季花灌木开始成熟，观赏草摇曳着飘逸的身姿，成为景观的主景。让人们在不同季节的赏园中都能看到鲜花盛开。

## 秋季实景

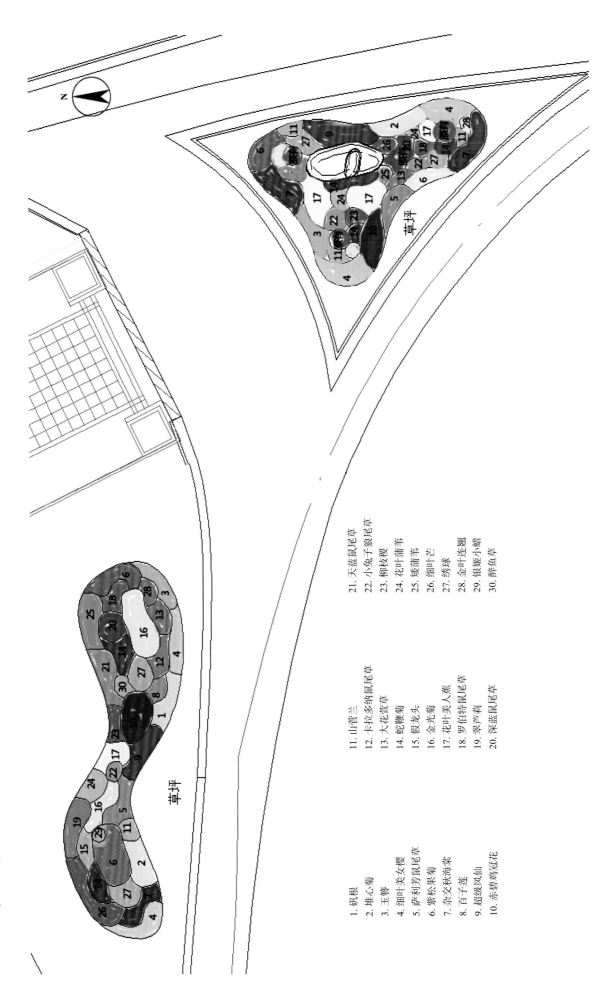

设计阶段图纸

草坪

草坪

1. 矾根
2. 堆心菊
3. 玉簪
4. 细叶美女樱
5. 萨利芳鼠尾草
6. 紫松果菊
7. 杂交秋海棠
8. 百子莲
9. 超级凤仙
10. 赤碧鸡冠花
11. 山营兰
12. 卡拉多纳鼠尾草
13. 大花萱草
14. 蛇鞭菊
15. 假龙头
16. 金光菊
17. 花叶美人蕉
18. 罗伯特鼠尾草
19. 翠芦莉
20. 深蓝鼠尾草
21. 天蓝鼠尾草
22. 小兔子狼尾草
23. 柳枝稷
24. 花叶蒲苇
25. 矮蒲苇
26. 细叶芒
27. 绣球
28. 金叶连翘
29. 银姬小蜡
30. 醉鱼草

# 花境植物材料

| 序号 | 植物名称 | 拉丁名 | 植物科属 | 花（叶）色 | 开花期及持续时间 | 成长高度（cm） | 种植面积（m²） | 种植密度（株/m²） | 株数（株） | 备注 |
|---|---|---|---|---|---|---|---|---|---|---|
| 1 | 矾根 | Heuchera micrantha | 虎耳草科矾根属 | 柠檬绿、红色 | | 15~20 | 4 | 25 | 100 | 观叶 |
| 2 | 堆心菊 | Helenium autumnale | 菊科堆心菊属 | 黄色 | 4~10月 | 20~25 | 5 | 36 | 180 | |
| 3 | 玉簪 | Hosta plantaginea | 百合科玉簪属 | | | 20~30 | 4 | 25 | 100 | 观叶 |
| 4 | 细叶美女樱 | Glandularia tenera | 马鞭草科美女樱属 | 混色 | 4~10月 | 20~30 | 12 | 36 | 432 | |
| 5 | 萨利芳鼠尾草 | Salvia japonica | 唇形科鼠尾草属 | 蓝、紫色 | 6~10月 | 25~35 | 8 | 16 | 128 | |
| 6 | 紫松果菊 | Echinacea purpurea | 菊科紫松果菊属 | 粉色、混色 | 7~10月 | 30~40 | 12 | 25 | 300 | |
| 7 | 杂交秋海棠 | Begonia cucullata | 秋海棠科秋海棠属 | 红色 | 4~10月 | 30~40 | 6 | 25 | 150 | 秋季更换 |
| 8 | 百子莲 | Agapanthus africanus | 石蒜科百子莲属 | 蓝色 | 6~8月 | 30~45 | 3 | 9 | 27 | |
| 9 | 超级凤仙 | Impatiens balsamina | 凤仙花科凤仙花属 | 橙、猩红色 | 5~9月 | 35~40 | 8 | 25 | 200 | 秋季更换 |
| 10 | 赤碧鸡冠花 | Celosia cristata | 苋科青葙属 | 红色 | | 40~50 | 10 | 25 | 250 | 秋季更换 |
| 11 | 山菅兰 | Dianella ensifolia | 阿福花科山菅兰属 | | | 30~50 | 3 | 9 | 27 | 观叶 |
| 12 | 卡拉多纳鼠尾草 | Salvia japonica | 唇形科鼠尾草属 | 蓝（上午） | 5~9月 | 35~40 | 6 | 16 | 96 | |
| 13 | 大花萱草 | Hemerocallis hybrida | 阿福花科萱草属 | 黄、粉色 | 6~9月 | 50~60 | 4 | 16 | 64 | |
| 14 | 蛇鞭菊 | Liatris spicata | 菊科蛇鞭菊属 | 紫色 | 6~9月 | 50~60 | 10 | 16 | 160 | |
| 15 | 假龙头 | Physostegia virginiana | 唇形科假龙头花属 | 粉色 | 6~10月 | 50~60 | 6 | 16 | 96 | |
| 16 | 金光菊 | Rudbeckia laciniata | 菊科金光菊属 | 黄色 | 6~9月 | 60~80 | 14 | 25 | 350 | |
| 17 | 花叶美人蕉 | Canna generalis 'Striatus' | 美人蕉科美人蕉属 | 橙色 | 6~9月 | 60~80 | 8 | 9 | 72 | |
| 18 | 罗伯特干屈菜 | Lythrum salicaria | 千屈菜科千屈菜属 | 玫红色 | 6~10月 | 60~80 | 6 | 25 | 150 | |
| 19 | 翠芦莉 | Ruellia simplex | 爵床科单药花属 | 紫色 | 6~8月 | 60~80 | 8 | 16 | 128 | |
| 20 | 深蓝鼠尾草 | Salvia guaranitica 'Black and Blue' | 唇形科鼠尾草属 | 深蓝色 | 6~10月 | 60~120 | 6 | 16 | 96 | |
| 21 | 天蓝鼠尾草 | Salvia uliginosa | 唇形科鼠尾草属 | 蓝色 | 6~10月 | 60~120 | 7 | 16 | 112 | |
| 22 | 小兔子狼尾草 | Pennisetum alopecuroides 'Little Bunny' | 禾本科狼尾草属 | | | 40~80 | 3 | 9 | 27 | 观叶 |
| 23 | 柳枝稷 | Panicum virgatum | 禾本科黍属 | | | 80~120 | 4 | 9 | 36 | 观叶 |
| 24 | 花叶蒲苇 | Cortaderia selloana 'Silver Comet' | 禾本科蒲苇属 | | | 80~120 | 5 | 9 | 45 | 观叶 |
| 25 | 矮蒲苇 | Cortaderia selloana 'Pumila' | 禾本科蒲苇属 | | | 80~120 | 7 | 4 | 28 | 观叶 |
| 26 | 细叶芒 | Miscanthus sinensis cv. | 禾本科芒属 | | | 100~120 | 9 | 9 | 81 | 观叶 |
| 27 | 绣球 | Hydrangea macrophylla | 虎耳草科绣球属 | 蓝、粉色 | 5~9月 | 50~60 | 8 | 9 | 72 | |
| 28 | 金叶连翘 | Forsythia koreana 'Sun Gold' | 木樨科连翘属 | 黄色 | 3~4月 | 80~120 | | | 27 | |
| 29 | 银姬小蜡 | Ligustrum sinense 'Variegatum' | 木樨科女贞属 | | | 80~150 | | | 11 | 观叶 |
| 30 | 醉鱼草 | Buddleja lindleyana | 马钱科醉鱼草属 | 紫色 | 6~9月 | 120~180 | | | 7 | |

# 浮岛花境

郑州贝利得花卉有限公司

陈建波

银奖

## 春季实景

## 浮岛花境

花境位于生产温室一侧,将原有的基址进行设计,充分利用小乔木、灌木及草本植物进行配置,尤其利用观赏草在质感上柔和、飘动的特点,软化了之前基址上植物配置中灌木的直硬感,给植物配置带来质感变化。同时,植物的多样性及岛屿的配合形成了错落有致的浮岛花境。在设计意图上,更多追求的是形式上的美感及视觉上的享受。使游客在匆匆路过之时,也能够沿着生产空间欣赏美好的景色。

在花境植物的选择上,根据植物的生态习性,综合考虑植物的株高、花期、花色、质地等观赏特点,以能在本地区露地越冬便于管理的宿根花卉为主,掌握长效

花境的配置原则。宿根花卉带来如调色板一样丰富的色彩视觉效果,紫色的墨西哥鼠尾草,白色的大滨菊与柳叶白菀,蓝色的百子莲,红色的无尽夏绣球,黄色的黄金菊,以及多彩丰富的观赏草,使整个花境效果搭配得自然错落有致。

浮岛花境外形轮廓美观,以体现植物的自然美和群体美,使整个花境季相分明,色彩丰富,为创建四季观赏和富有想象力的植物组合提供最大的可能。各种花卉高低错落,排列层次丰富,多样性的植物混合组成的花境可以做到一年三季观花,四季有景。

此作品的特色在于:花境的花期长,三季开花不断,建立一个良好的工作环境,并为花卉的生长提供良好的条件,景观优美,给贝利得家人及游客带来美的享受。

## 夏季实景

**秋季实景**

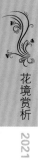

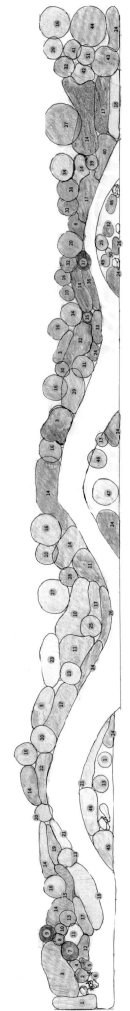

## 设计阶段图纸

| | | |
|---|---|---|
| 1. 玉簪 | 10. 细叶芒 | 19. 木槿 |
| 2. 水果蓝 | 11. 石竹 | 20. 斑叶芒 |
| 3. 墨西哥鼠尾草 | 12. 画眉草 | 21. 黄金菊 |
| 4. 龙舌兰 | 13. 亮晶女贞 | 22. 射干 |
| 5. 绢毛水苏 | 14. 蓝霸鼠尾草 | 23. 柳叶白苑 |
| 6. 金边龙舌兰 | 15. 羽裙豆 | 24. 细叶美女樱 |
| 7. 密花千屈菜 | 16. 黄杨 | 25. 六道木 |
| 8. 火星花 | 17. 无尽夏绣球 | 26. 狐尾天门冬 |
| 9. 红花檵木 | 18. 堆心菊 | 27. 金叶复叶槭 |

| | |
|---|---|
| 28. 连翘 | 37. 山桃草 |
| 29. 天蓝鼠尾草 | 38. 晨光芒 |
| 30. 花叶蒲苇 | 39. 金叶莸 |
| 31. 香樟 | 40. 天人菊 |
| 32. 粉花绣线菊 | 41. 矮蒲苇 |
| 33. 紫娇花 + 玉簪 | 42. 天竺葵 |
| 34. 银姬小蜡 | 43. 六月雪 |
| 35. 金焰绣线菊 | 44. 醉鱼草 |
| 36. 银叶菊 | 45. 金叶甘薯 |

| |
|---|
| 46. 百子莲 |
| 47. 风车草 |
| 48. 仙人柱 |
| 49. 旅人蕉 |
| 50. 蓝羊茅 |
| 51. 先知草芦 |

**花境植物材料**

| 序号 | 植物名称 | 植物科科属 | 拉丁名 | 花（叶）色 | 开花期及持续时间 | 长成高度（cm） | 种植面积（m²） | 种植密度（株/m²） | 株数（株） |
|---|---|---|---|---|---|---|---|---|---|
| 1 | 阳光玉簪 | 百合科玉簪属 | *Hosta plantaginea* | 观叶 | 5~7月 | 30~40 | 1.5 | 6 | 9 |
| 2 | 水果蓝 | 唇形科香科科属 | *Teucrium fruticans* | 观叶 | 5~11月 | 60~80 | 1 | 1 | 2 |
| 3 | 墨西哥鼠尾草 | 唇形科鼠尾草属 | *Salvia leucantha* | 紫色 | 9~11月 | 100 | 5 | 6 | 30 |
| 4 | 龙舌兰 | 石蒜科龙舌兰属 | *Agave americana* | 观叶 | 4~11月 | 75~90 | 1 | 1 | 1 |
| 5 | 绵毛水苏 | 唇形科水苏属 | *Stachys lanata* | 观叶 | 4~11月 | 20~25 | 0.5 | 16 | 8 |
| 6 | 金边龙舌兰 | 龙舌兰科龙舌兰属 | *Agave americana* var. *marginataaurea* | 观叶 | 4~11月 | 25~30 | 2 | 6 | 12 |
| 7 | 密花千屈菜 | 千屈菜科千屈菜属 | *Lythrum salicaria* | 粉红色 | 5~10月 | 60~70 | 1 | 6 | 6 |
| 8 | 火星花 | 鸢尾科雄黄兰属 | *Crocosmia crocosmiflora* | 红色 | 5~8月 | 50~60 | 1 | 10 | 10 |
| 9 | 红花檵木 | 金缕梅科檵木属 | *Loropetalum chinense* var. *rubrum* | 暗红色 | 4~5月 | 100 | 1 | 1 | 1 |
| 10 | 细叶芒 | 禾本科芒属 | *Miscanthus sinensis* cv. | 绿色 | 9~10月 | 120 | 3 | 2 | 6 |
| 11 | 石竹 | 石竹科石竹属 | *Dianthus chinensis* | 红色 | 5~10月 | 35~45 | 2.5 | 16 | 40 |
| 12 | 画眉草 | 禾本科画眉草属 | *Eragrostis pilosa* | 粉色 | 8~10月 | 80~100 | 1 | 2 | 2 |
| 13 | 亮晶女贞 | 木樨科女贞属 | *Ligustrum* × *vicaryi* | 观叶 | 全年 | 70~90 | 4 | 1 | 4 |
| 14 | 蓝霸鼠尾草 | 唇形科鼠尾草属 | *Salvia japonica* | 蓝色 | 5~10月 | 60~75 | 9 | 9 | 81 |
| 15 | 羽扇豆 | 豆科羽扇豆属 | *Lupinus micranthus* | 红色 | 4~6月 | 35~50 | 1 | 9 | 9 |
| 16 | 黄杨 | 黄杨科黄杨属 | *Buxus sinica* | 小灌木 | 全年 | 100~120 | 7 | 1 | 7 |
| 17 | 无尽夏绣球 | 虎耳草科绣球属 | *Hydrangea macrophylla* 'Endless Summer' | 蓝色 | 5~10月 | 60~80 | 5 | 2 | 10 |
| 18 | 堆心菊 | 菊科堆心菊属 | *Helenium autumnale* | 黄色 | 4~11月 | 25~30 | 4 | 25 | 100 |
| 19 | 丹麦木槿 | 锦葵科木槿属 | *Hibiscus syriacus* | 玫红 | 5~10月 | 45~55 | 2 | 10 | 20 |
| 20 | 斑叶芒 | 禾本科芒属 | *Miscanthus sinensis* 'Zebrinus' | 观叶 | 4~11月 | 60~80 | 3 | 1 | 3 |
| 21 | 黄金菊 | 菊科梳黄菊属 | *Euryops pectinatus* | 黄色 | 5~10月 | 35~40 | 2 | 10 | 20 |
| 22 | 射干 | 鸢尾科射干属 | *Belamcanda chinensis* | 红色 | 4~6月 | 40~50 | 1.5 | 20 | 30 |
| 23 | 柳叶白菀 | 菊科马兰属 | *Kalimeris pinnatifida* 'Hortensis' | 白色 | 9~11月 | 60~70 | 2 | 10 | 20 |
| 24 | 美女樱 | 马鞭草科马鞭草属 | *Verbena hybrida* | 红色 | 4~11月 | 25~30 | 5 | 20 | 100 |
| 25 | 大花六道木 | 忍冬科六道木属 | *Zabelia biflora* | 观叶 | 全年 | 80~110 | 3 | 1 | 3 |

| 序号 | 植物名称 | 植物科科属 | 拉丁名 | 花（叶）色 | 开花期及持续时间 | 长成高度（cm） | 种植面积（m²） | 种植密度（株/m²） | 株数（株） |
|---|---|---|---|---|---|---|---|---|---|
| 26 | 孤尾天门冬 | 百合科天门冬属 | Asparagus densiflorus 'Myers' | 观叶 | 4~11月 | 30~40 | 2 | 8 | 16 |
| 27 | 金叶复叶槭 | 槭树科槭属 | Acer negundo 'Aurea' | 观叶 | 全年 | 220~260 | | | 2 |
| 28 | 金叶连翘 | 木樨科连翘属 | Forsythia suspensa | 黄色 | 3~4月 | 50~70 | 3 | 1 | 3 |
| 29 | 天蓝鼠尾草 | 唇形科鼠尾草属 | Salvia uliginosa | 天蓝色 | 5~10月 | 60~80 | 3 | 16 | 48 |
| 30 | 花叶蒲苇 | 禾本科蒲苇属 | Cortaderia argente | 观叶 | 全年 | 100~120 | 2 | 1 | 2 |
| 31 | 香樟 | 樟科樟属 | Cinnamomum camphora | 观叶 | 4~11月 | 220~260 | | 1 | 1 |
| 32 | 粉花绣线菊 | 蔷薇科绣线菊属 | Spiraea japonica | 粉色 | 6~8月 | 70~90 | 5 | 1 | 5 |
| 33 | 紫娇花 | 石蒜科紫娇花属 | Tulbaghia violacea | 紫色 | 6~10月 | 30~40 | 4 | 25 | 100 |
| 34 | 银姬小蜡 | 木樨科女贞属 | Ligustrum sinense 'Variegatum' | 浅绿 | 全年 | 80~100 | 2 | 1 | 2 |
| 35 | 金焰绣线菊 | 蔷薇科绣线菊属 | Spiraea × bumalda 'Gold Flame' | 观叶 | 4~11月 | 80~100 | 1 | 1 | 1 |
| 36 | 银叶菊 | 菊科千里光属 | Centaurea cineraria | 观叶 | 4~11月 | 25~35 | 1.5 | 30 | 45 |
| 37 | 山桃草 | 柳叶菜科山桃草属 | Gaura lindheimeri | 粉色 | 5~10月 | 40~50 | 1.5 | 20 | 30 |
| 38 | 晨光芒 | 禾本科芒属 | Miscanthus sinensis 'Morning Light' | 观叶 | 5~11月 | 100~150 | 2 | 1 | 2 |
| 39 | 金叶莸 | 马鞭草科莸属 | Caryopteris × clandonensis 'Worcester Gold' | 观叶 | 5~11月 | 50~60 | 1 | 1 | 1 |
| 40 | 天人菊 | 菊科天人菊属 | Gaillardia pulchella | 桃红色 | 5~10月 | 25~30 | 1.5 | 20 | 30 |
| 41 | 矮蒲苇 | 禾本科蒲苇属 | Cortaderia selloana 'Pumila' | 绿色 | 9~11月 | 100~150 | 2 | 1 | 2 |
| 42 | 天竺葵 | 牻牛儿苗科天竺葵属 | Pelargonium hortorum | 橙色 | 4~10月 | 30~40 | 1.5 | 20 | 30 |
| 43 | 六月雪 | 茜草科六月雪属 | Serissa japonica | 白色 | 6~10月 | 55~65 | 1 | 1 | 1 |
| 44 | 醉鱼草 | 马钱科醉鱼草属 | Buddleja lindleyana | 紫色 | 7~10月 | 150~200 | | | 1 |
| 45 | 金叶甘薯 | 旋花科番薯属 | Ipomoea batatas 'Tainon No.62' | 观叶 | 4~11月 | 25~35 | 1 | 20 | 20 |
| 46 | 百子莲 | 百合科百子莲属 | Agapanthus africanus | 蓝色 | 4~7月 | 70~80 | 3 | 3 | 9 |
| 47 | 风车草 | 唇形科风轮菜属 | Cyperus alternifolius subsp. flabelliformis | 观叶 | 5~11月 | 100~150 | 1 | | 1 |
| 48 | 仙人柱 | 仙人掌科量天尺属 | Hylocereus undatus | | 5~11月 | 80~100 | | | 1 |
| 49 | 旅人蕉 | 旅人蕉科旅人蕉属 | Ravenala madagascariensis | 观叶 | 5~11月 | 100~150 | | | 1 |
| 50 | 蓝羊茅 | 禾本科羊茅属 | Festuca glauca | 观叶 | 4~11月 | 20~30 | 1 | 20 | 20 |

# 平湖道路岛头女贞属主题花境

## 海宁驰帆花圃

王玉亮　胡荣

## 春季实景

### 平湖道路岛头女贞属主题花境

以樱花和女贞为主，注意层次、色彩、叶形及树种的搭配，再配以管理简便的球宿根花卉、观赏草等组成一个四季变化的自然景观美的新形式。它既可以表现植物个体的自然美，又可展示植物的群体美。

作为整个"花境"的点睛之笔，点种了多株月季球，其形态及颜色吸引路人注目，浪漫柔和中尽显清凉宁静。花境季相分明、疏密有致、层次分明，植物有足够的生长空间，色彩更丰富、叶形变化更多，加强了节奏感，提升了道路颜值。

## 夏季实景

## 秋季实景

# 设计阶段图纸

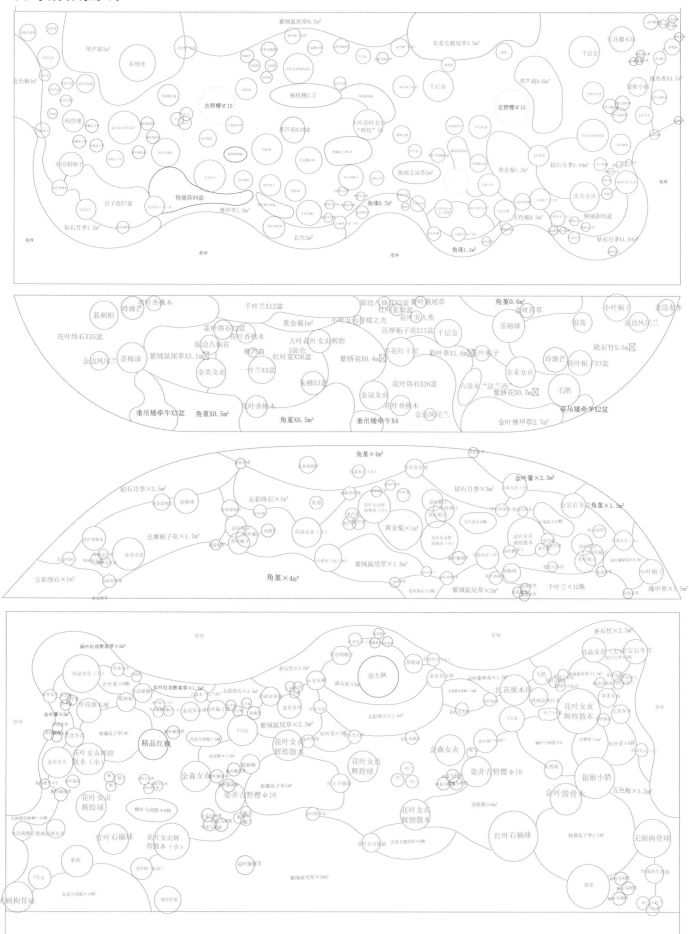

# 花境植物材料

| 序号 | 品种名称 | 植物科属 | 拉丁名 | 花（叶）色 | 开花期及持续时间 | 长成高度（cm） | 盆规格（cm×cm） | 高度（cm） | 蓬径（cm） | 单位 | 面积（m²） | 种植密度（株/m²） | 数量 |
|---|---|---|---|---|---|---|---|---|---|---|---|---|---|
| 1 | 花叶女贞'银霜' | 木樨科女贞属 | Ligustrum japonicum 'JackFrost' | | 5~6月 | | 5加仑盆 | H70~100 | P60~80 | 盆 | | | 1 |
| 2 | 大叶花叶女贞'辉煌' | 木樨科女贞属 | Ligustrum lucidum 'Excelsum Superbum' | 常绿 | 5~6月 | 200~500 | 5加仑 | H60 | P40 | 盆 | | | 7 |
| 3 | 大叶花叶女贞'辉煌'（球） | 木樨科女贞属 | Ligustrum lucidum 'Excelsum Superbum' | 常绿 | 5~6月 | 200~500 | 50×40美植袋·地栽 | H120 | P150 | 盆 | | | 3 |
| 4 | 大叶花叶女贞'辉煌' | 木樨科女贞属 | Ligustrum lucidum 'Excelsum Superbum' | 常绿 | 5~6月 | 200~500 | 50×40美植袋（低分枝、独干） | H200~250 | P100~150 | 盆 | | | 2 |
| 5 | 大叶花叶女贞'辉煌' | 木樨科女贞属 | Ligustrum lucidum 'Excelsum Superbum' | 常绿 | 5~6月 | 200~500 | 50×40美植袋（独干）棒棒糖 | H200~250 | P100~150 | 盆 | | | 4 |
| 6 | 精品染井吉野樱（φ18） | 蔷薇科李属樱亚属 | Prunus × yedoensis | 粉白色 | 3~4月 | | 美植袋60×50、地栽φ12 | H401~550 | P350~400 | 株 | | | 2 |
| 7 | 精品染井吉野樱（φ15） | 蔷薇科李属樱亚属 | Prunus × yedoensis | 粉白色 | 3~4月 | | 美植袋60×50、地栽φ15 | H450~600 | P400~450 | 株 | | | 2 |
| 8 | 精品红枫（低分枝） | 槭树科槭树属 | Acer palmatum 'Dissectum' | 秋叶深黄至橙红色 | | | 60×50美植袋、地栽φ12 | H330~350 | P300~350 | 盆 | | | 1 |
| 9 | 90高接石榴红羽毛枫 | 槭树科槭树属 | Acer palmatum 'Dissectum' | 秋叶深黄至橙红色 | 5月 | 400 | D5 | H100~150 | P100~150 | 盆 | | | 1 |
| 10 | 金陵黄枫 | 槭树科槭树属 | Acer palmatum 'Dissectum' | 秋叶深黄至橙红色 | 6月 | | 80×55美植袋D5 | H250~300 | P150~200 | 盆 | | | 1 |
| 11 | 六道木'法兰西' | 忍冬科六道木属 | Abelia biflora cv. | 秋色橙红色 | | | 5加仑 | H30~40 | P40~50 | 盆 | | | 4 |
| 12 | 六道木'法兰西' | 忍冬科六道木属 | Abelia biflora cv. | 秋色橙红色 | | | 40×35美植袋 | H60~80 | P50~60 | 盆 | | | 2 |
| 13 | 亮晶女贞（大） | 木樨科女贞属 | Ligustrum × vicaryi | 秋冬、早春柠檬黄 | 5~7月 | | 40×35美植袋 | H80~100 | P100~120 | 盆 | | | 3 |
| 14 | 亮晶女贞（小） | 木樨科女贞属 | Ligustrum × vicaryi | 秋冬、早春柠檬黄 | 5~7月 | | 3加仑 | H30~50 | P30~40 | 盆 | | | 11 |
| 15 | 金禾女贞 | 木樨科女贞属 | Ligustrum quihoui cv. | 黄色 | 5~7月 | | 5加仑 | H50 | P40~60 | 盆 | | | 7 |
| 16 | 金美女贞 | 木樨科女贞属 | Ligustrum × vicaryi cv. | 黄色 | 5~7月 | 100~200 | 50×40美植袋 | H60~80 | P50~70 | 盆 | | | 7 |
| 17 | 金冠女贞 | 木樨科女贞属 | Ligustrum × vicaryi cv. | 常绿 | 5~7月 | 100~300 | 40×35美植袋 | H60~80 | P50~70 | 盆 | | | 5 |
| 18 | 大叶花叶栀子（小） | 茜草科栀子属 | Gardenia jasminoides 'Variegata' | 叶大面积白色斑纹 | 5~6月 | 100~200 | 50×40美植袋P80 | H120~150 | P60~80 | 盆 | | | 2 |
| 19 | 大叶花叶栀子（球） | 茜草科栀子属 | Gardenia jasminoides 'Variegata' | 叶大面积白色斑纹 | 5~6月 | 100~200 | 3加仑 | H50~70 | P30~50 | 盆 | | | 26 |
| 20 | 小丑栀子 | 茜草科栀子属 | Gardenia jasminoides | 叶片翠绿花白色 | 6~8月 | 100~200 | 5加仑 | H35 | P60~80 | 盆 | | | 2 |
| 21 | 小丑火棘 | 蔷薇科火棘属 | Pyracantha fortuneana 'Harlequin' | 常绿 | 3~5月 | | 50×40美植袋 | H40 | P50 | 盆 | | | 3 |
| 22 | 钻石月季 | 蔷薇科蔷薇属 | Rosa chinensis | | 全年 | | 180# 20×15 | H20 | P15 | 盆 | 7.28 | 25 | 182 |
| 23 | 欧洲进口品种月季 | 蔷薇科蔷薇属 | Rosa chinensis cv. | 单色、双色、同色、变色、复色、混色 | 花期全年 | 30 | 6L-10L5-7加仑盆 | H60~100 | P60~100 | 盆 | | | 3 |
| 24 | 火焰卫矛 | 卫矛科卫矛属 | Euonymus alatus 'Compacta' | 夏季深绿色秋季火焰红色 | | | 5加仑盆 | H60 | P40 | 盆 | | | 2 |
| 25 | 银姬小蜡 | 木樨科女贞属 | Ligustrum sinense 'Variegatum' | | 4~6月 | | 50×40美植袋 | H120~150 | P80~100 | 盆 | | | 3 |
| 26 | '红王子'锦带 | 忍冬科锦带花属 | Weigela florida 'Red Prince' | 红色 | 4~5月 | 100~200 | 5加仑 | H200~250 | P120~150 | 盆 | | | 2 |
| 27 | '花叶'香桃木 | 桃金娘科香桃木属 | Myrtus communis 'Variegata' | 花色洁白 | 5月下旬至6月中旬 | 200~400 | 5加仑 | H35 | P40 | 盆 | | | 12 |
| 28 | 金边胡颓子 | 胡颓子科胡颓子属 | Elaeagnus pungens var. variegata | 深绿色边缘有一圈金边 | 9~11月 | 100~200 | 5加仑盆 | H100~120 | P80~100 | 盆 | | | 5 |
| 29 | 钝齿冬青'完美' | 冬青科冬青属 | Ilex crenata | 常绿 | | | 50×40美植袋（精球） | H70 | P50 | 盆 | | | 3 |
| 30 | 冬青'金宝石' | 冬青科冬青属 | Ilex crenata 'Golden Gem' | 叶金黄色 | | 60~80 | 5加仑 | H30 | P50 | 盆 | | | 3 |
| 31 | 冬青'先令' | 冬青科冬青属 | Ilex chinensis cv. | 常绿 | | | 5加仑 | H35 | P65~100 | 盆 | | | 2 |
| 32 | 冬青'先令' | 冬青科冬青属 | Ilex chinensis cv. | 常绿 | | | 10加仑、60×40美植袋 | H60 | P50 | 盆 | | | 4 |

| 序号 | 品种名称 | 植物科属 | 拉丁名 | 花（叶）色 | 干花期及持续时间 | 长成高度（cm） | 盆规格（cm×cm） | 高度（cm） | 蓬径（cm） | 单位 | 单位面积（m²） | 种植密度（株/m²） | 数量 |
|---|---|---|---|---|---|---|---|---|---|---|---|---|---|
| 33 | 红花檵木（球） | 金缕梅科檵木属 | Loropetalum chinense var. rubrum | 花紫红色 | 花期4~5月，花期长，30~41天 | 30~80 | 60×50美植袋 | H100~120 | P150~200 | 棵 |  |  | 2 |
| 34 | 无刺枸骨 | 冬青科冬青属 | Ilex cornuta var. fortunei | 常绿，果红色 |  |  | 50×40美植袋地栽 | H100~120 | P60~80 | 棵 |  |  | 2 |
| 35 | 金森女贞（球） | 木樨科女贞属 | Ligustrum japonicum 'Howardii' | 常绿叶色黄 |  |  | 50×40美植袋地栽 | H100~120 | P60~80 | 棵 |  |  | 3 |
| 36 | 红叶石楠（球） | 蔷薇科石楠属 | Photinia × fraseri | 常绿，春秋叶红 |  |  | 50×40美植袋地栽 | H100~120 | P60~80 | 棵 |  |  | 3 |
| 37 | 花叶柳'哈诺' | 杨柳科柳属 | Salix integra 'Hakuro Nishiki' | 黄色 | 全年 | 100~300 | 5加仑 | H100~150 | P50~80 | 盆 |  |  | 8 |
| 38 | '无尽夏'绣球 | 虎耳草科绣球属 | Hydrangea macrophylla 'Endless Summer' | 粉色、蓝色、白色等 | 6~9月 | 150 | 2加仑 | H35 | P30 | 盆 |  |  | 11 |
| 39 | 木绣球 | 虎耳草科绣球属 | Hydrangea macrophylla | 白色 | 4~5月 | 200~300 | 160# | H40 | P40 | 盆 |  |  | 13 |
| 40 | 银边八仙花 | 忍冬科荚蒾属 | Viburnum plicatum | 花紫色 | 花期7~9月 | 40~80 | 50×40美植袋 | H220~250 | P120~150 | 盆 |  |  | 2 |
| 41 | 百子莲 | 百合科百子莲属 | Agapanthus africanus | 花紫色 | 花期6~9月 |  | 2加仑 | H30 | P35 | 盆 |  |  | 15 |
| 42 | 大花醉鱼草 | 马钱科醉鱼草属 | Buddleja colvilei | 花紫色 |  | 200~600 | 5加仑盆 | H50 | P40 | 盆 |  |  | 1 |
| 43 | 迷迭香 | 唇形科迷迭香属 | Rosmarinus officinalis | 花蓝色 | 7~11月 |  | 130#红盆 | H15 | P15 | 盆 | 5.2 | 9 | 47 |
| 44 | 金叶榆（球） | 榆科榆属 | Ulmus pumila 'Jinye' | 叶黄色 |  | 90~100 | M50 | H80~100 | P60~80 | 盆 |  |  | 1 |
| 45 | 佩兰 | 菊科泽兰属 | Eupatorium fortunei | 微红色 | 5~10月 |  | 2加仑盆 | H80~100 | P30 | 盆 |  |  | 4 |
| 46 | 毛地黄钓钟柳 | 玄参科钓钟柳属 | Penstemon laevigatus subsp. digitalis | 紫色 | 6~7月 |  | 1加仑盆 | H30 | P30 | 盆 | 8 | 4 | 32 |
| 47 | 紫珠 | 马鞭草科紫珠属 | Callicarpa bodinieri | 白色 | 5~7月 | 200 | 50×40美植袋 | H150~200 | P150~200 | 盆 |  |  | 3 |
| 48 | 达摩栀子花 | 茜草科栀子属 | Gardenia jasminoides | 白色 | 花期6~8月 | 100~150 | 180双色盆 | H30~40 | P30~50 | 盆 | 3.1 | 16 | 50 |
| 49 | 多花红千层 | 桃金娘科红千层属 | Callistemon rigidus | 花鲜红色 | 6~9月 | 300~400 | 30×35种植袋 | H110 | P70 | 盆 |  |  | 3 |
| 50 | 千层金 | 桃金娘科白千层属 | Melaleuca bracteata | 绿白色 | 7~8月 | 200~300 | 25×30种植袋 | H100 | P80 | 盆 |  |  | 9 |
| 51 | 穗花牡荆 | 马鞭草科牡荆属 | Vitex agnus-castus | 蓝紫色 |  | 200~300 | 2加仑盆 | H60 | P60 | 盆 |  |  | 2 |
| 52 | 金叶素馨 | 木樨科素馨属 | Jasminum officinale 'Aurea' | 叶黄色 | 8~9月 |  | 2加仑盆 | H20 | P40 | 盆 |  |  | 1 |
| 53 | 高砂芙蓉葵 | 锦葵科孔雀葵属 | Pavonia hastata | 花粉色 | 花期4~5月 |  | 2加仑盆 | H30 | P30 | 盆 |  |  | 5 |
| 54 | 金叶接骨木 | 忍冬科接骨木属 | Sambucus williamsii | 花白色或淡黄色 | 4~5月 | 400 | 2加仑盆 | H80 | P60 | 盆 |  |  | 3 |
| 55 | 金叶锦带 | 忍冬科锦带花属 | Weigela florida 'Variegata' | 叶白色或淡黄色 | 7~9月 | 100~200 | 5加仑盆 | H70~90 | P100 | 盆 |  |  | 8 |
| 56 | 金叶假连翘 | 马鞭草科假连翘属 | Duranta erecta 'Golden Leaves' | 叶色黄 |  |  | 5加仑盆 | H80 | P100 | 盆 |  |  | 1 |
| 57 | 蓝冰柏（高杆球） | 柏科柏木属 | Cupressus arizonica var. glabra 'Blue Ice' | 叶色蓝 |  |  | 150# | H100~150 | P35 | 盆 |  |  | 2 |
| 58 | 蓝冰柏（坡地柏） | 柏科柏木属 | Cupressus arizonica var. glabra 'Blue Ice' | 叶色蓝 |  |  | 25×20种植袋 | H20 | P50 | 盆 |  |  | 1 |
| 59 | 朱槿 | 锦葵科木槿属 | Hibiscus rosa-sinensis | 红色 | 全年 | 100~300 | 2加仑盆 | H45 | P40 | 盆 |  |  | 6 |
| 60 | 花叶连翘 | 木樨科连翘属 | Forsythia suspensa var. variegata | 常绿 | 3~4月 |  | 2加仑盆 | H40 | P60 | 盆 |  |  | 5 |
| 61 | 蜡杨梅 | 杨梅科杨梅属 | Myrica cerifera | 常绿 |  | 200~300 | 5加仑盆 | H80 | P90 | 盆 |  |  | 2 |
| 62 | 花叶金钟花 | 木樨科连翘属 | Forsythia viridissima | 深黄色 |  | 300 | 2加仑盆 | H50 | P90 | 盆 |  |  | 5 |
| 63 | 金边凤尾兰 | 龙舌兰科丝兰属 | Yucca gloriosa | 叶金黄色花白色 | 7~11月 | 50~80 | 25×30种植袋 | H30 | P40 | 盆 |  |  | 8 |
| 64 | 雪球冰生溲疏 | 虎耳草科溲疏属 | Deutzia scabra | 花色白 | 5~6月 |  | 5加仑盆 | H50 | P50 | 盆 |  |  | 2 |
| 65 | 花叶山菅兰 | 百合科山菅兰属 | Dianella ensifolia | 绿色花、浓黄色或青紫色 | 3~5月 | 100~200 | 2加仑 | H50 | P50 | 盆 |  |  | 6 |
| 66 | 茶梅（球） | 山茶科山茶属 | Camellia sasanqua | 花红色 | 1月初开至3月 | 70~90 | 40×35美植袋 | H50 | P90 | 盆 |  |  | 6 |
| 67 | 毛鹃（球） | 杜鹃花科杜鹃花属 | Rhododendron pulchrum | 花色粉 | 5~7月 |  | 40×35美植袋 | H50 | P100~120 | 盆 |  | 20 | 2 |
| 68 | 红花马利筋 | 萝藦科马利筋属 | Asclepias curassavica | 花红色、橙色 | 5~12月 |  | 180# | H100 | P40 | 盆 | 1.5 | 30 | 30 |

（续）

| 序号 | 品种名称 | 植物科属 | 拉丁名 | 花（叶）色 | 开花期及持续时间 | 长成高度（cm） | 盆规格（cm×cm） | 高度（cm） | 蓬径（cm） | 单位 | 单面积（m²） | 种植密度（株/m²） | 数量 |
|---|---|---|---|---|---|---|---|---|---|---|---|---|---|
| 69 | 柳叶马利筋 | 萝摩科马利筋属 | Asclepias curassavica | 黄色 | 5~12月 | 60~120 | 180# | H70 | P40 | 盆 | 2.5 | 20 | 50 |
| 70 | 黄金菊 | 菊科梳黄菊属 | Euryops pectinatus | 花黄色 | 花期全年 | | 150#30×25 | H70 | P40 | 盆 | 5 | 16 | 80 |
| 71 | 翠芦莉 | 爵床科芦莉草属 | Ruellia simplex | 蓝紫色 | 7~8月 | 55~110 | 130# | H35 | P25 | 盆 | 5.6 | 16 | 90 |
| 72 | 紫绒鼠尾草 | 唇形科鼠尾草属 | Salvia leucantha | 蓝紫白 | 6~12月 | | 12×10营养钵 | H80 | P60 | 盆 | 41.6 | 36 | 1500 |
| 73 | 紫叶千鸟花 | 柳叶菜科山桃草属 | Gaura lindheimeri 'Crimson Bunny' | 花粉白色 | 5~11月 | | 150#红盆 | H50 | P20~25 | 盆 | | | 50 |
| 74 | 彩虹美人蕉 | 美人蕉科美人蕉属 | Canna indica | 红白色 | 3~12月 | 70~90 | 2加仑盆 | H70 | P30 | 盆 | | | 10 |
| 75 | 完美石竹 | 石竹科石竹属 | Dianthus 'Carthusian pink' | 深粉红色 | 5~7月 | 15~20 | 120# | H5 | P15 | 盆 | 6.5 | 18 | 117 |
| 76 | 宿根香石竹 | 石竹科石竹属 | Dianthus caryophyllus | 花红色 | 5~8月 | | 130# | H10 | P15 | 盆 | 9.2 | 18 | 166 |
| 77 | 花叶络石 | 夹竹桃科络石属 | Trachelospermum asiaticum | 淡粉色带白边 | | 15~20 | 200#L30 | H10 | P30 | 盆 | 11.3 | 16 | 181 |
| 78 | 千叶兰 | 蓼科千叶兰属 | Muehlenbeckia complexa | 花叶黄绿色 | 夏季 | 20~30 | 200# | H15 | P30 | 盆 | | | 24 |
| 79 | 赤胫散 | 蓼科蓼属 | Polygonum runcinatum | 叶柄及叶中脉均为紫红色 | | 25~70 | 120# | H30 | P50 | 盆 | 16 | 25 | 400 |
| 80 | 一叶兰 | 百合科蜘蛛抱蛋属 | Aspidistra elatior | 叶色深绿 | | | 2加仑盆 | H100 | P40 | 盆 | | | 14 |
| 81 | 花叶紫娇花 | 石蒜科紫娇花属 | Tulbaghia violacea | 花紫色 | 5~7月 | | 120# | H30 | P20 | 盆 | 2 | 49 | 98 |
| 82 | 香茶菜银斑 | 唇形科香茶菜属 | Rabdosia amethystoides | | 6~10月 | | 2加仑盆 | H40 | P40 | 盆 | | | 4 |
| 83 | 金叶佛甲草 | 景天科景天属 | Sedum lineare | 金黄色 | 5~6月 | | 120红盆 | H10 | P15 | 盆 | 8.3 | 16 | 133 |
| 84 | 红叶苋 | 苋科红叶苋属 | Iresine herbstii | | 5~7月 | | 150# | H30 | P25 | 盆 | | | 61 |
| 85 | 满天星 | 千屈菜科萼距花属 | Cuphea hookeriana | 粉色 | 9~11月 | 30~70 | 120#红盆 | H30 | P40 | 盆 | 2.7 | 36 | 100 |
| 86 | 银蒿 | 菊科蒿属 | Artemisia austriaca | 白色 | 8~9月 | 50~80 | 1加仑盆 | H20 | P25 | 盆 | | | 1 |
| 87 | 红叶葵 | | | | | | 2加仑盆 | H60 | P40 | 盆 | | | 4 |
| 88 | 彩叶草 | 唇形科鞘蕊花属 | Coleus scutellarioides | 花红、黄、白、蓝色 | | | 200# | H50 | P40 | 盆 | | | 3 |
| 89 | 垂吊矮牵牛 | 茄科、碧冬茄属 | Petunia hybrida | 花红、黄、白、蓝色 | 4~12月 | 30~40 | 200# | H15 | P25 | 盆 | | | 10 |
| 90 | 五色梅 | 马鞭草科马缨丹属 | Lantana camara | 红色 | 5~10月 | 30~50 | 180# | H15 | P20 | 盆 | 4.1 | 24 | 100 |
| 91 | 特丽莎 | 唇形科马刺花属 | Plectranthus 'Mona Lavender' | 花紫色 | 9~11月 | | 180# | H25 | P25 | 盆 | | | 10 |
| 92 | 金叶薯 | 茄科番薯属 | Ipomoea batatas | 金色 | 8月 | 15~20 | 120# | H10 | P40 | 盆 | 4.6 | 36 | 168 |
| 93 | 角堇 | 堇菜科堇菜属 | Viola cornuta | 花红、黄、蓝色 | 11~5月 | | 200# | H15 | P20 | 盆 | 6.1 | 49 | 300 |
| 94 | 绿叶红花芙蓉酢酱草 | 酢浆草科酢浆草属 | Oxalis corniculata | 花红色 | 花期2~9月 | | 120# | H10 | P15 | 盆 | 5.5 | 18 | 100 |
| 95 | 红叶红花芙蓉酢浆草 | 酢浆草科酢浆草属 | Oxalis corniculata | 花红色 | 花期2~10月 | | 120# | H10 | P15 | 盆 | 9.5 | 18 | 172 |
| 96 | 花叶矮蒲苇 | 禾本科蒲苇属 | Cortaderia selloana | 叶片有黄白色纵向条纹 | 9月至翌年1月 | 100~200 | 40×35美植袋H80-110P40-60 | H80~110 | P40~60 | 盆 | | | 2 |
| 97 | 金丝薹草 | 莎草科薹草属 | Carex 'Evergold' | 叶有条纹，中央呈黄色 | 4~5月 | 30~40 | 2加仑盆 | H20 | P45 | 盆 | | | 5 |
| 98 | 粉黛乱子草 | 禾本科乱子草属 | Muhlenbergia capillaris | 红色 | 9~11月 | 50~90 | 30×35种植袋 | H100 | P100 | 盆 | 5 | 6 | 30 |
| 99 | 紫叶狼尾草 | 禾本科狼尾草属 | Pennisetum setaceum 'Rubrum' | 紫色 | 9~11月 | 50~90 | 180# | H120 | P80 | 盆 | | | 12 |
| 100 | 玲珑芒 | 禾本科芒属 | Miscanthus sinensis 'Yaku Jima' | 花白 | 9~11月 | | 5加仑盆 | H30 | P30 | 盆 | | | 7 |
| 101 | 柳枝稷 | 禾本科黍属 | Panicum virgatum | 紫红色 | 6~10月 | 100~120 | 2加仑盆 | H120 | P60 | 盆 | 2 | 4 | 8 |
| 102 | 长柔毛狼尾草 | 禾本科狼尾草属 | Pennisetum spp. | 白色 | 9~11月 | 50~90 | 25×20种植袋 | H130 | P80 | 盆 | 4.5 | 4 | 18 |
| 103 | 坡地毛冠草 | 禾本科糖蜜草属 | Melinis minutiflora | 粉色 | 9~11月 | 30~50 | 2加仑盆 | H50 | P40 | 盆 | 1.25 | 4 | 5 |
| 104 | 金边麦冬 | 百合科山麦冬属 | Liriope spicata var. variegata | 叶边缘为金黄色，花红紫色 | 6月下旬至9月上旬 | 30 | 2加仑盆 | H20 | P30 | 盆 | | | 21 |

# 梦回花都、灵动百里

## 贵阳天翔景观工程有限公司

向伟军　黄少玉　童福福

## 春季实景

### 梦回花都、灵动百里

　　此设计项目地处广州市花都区，原命名为百花里展示区，结合这些前提条件，给此次花境设计确立了一个富有诗意的花境主题"梦回花都、灵动百里"，意欲营造出深邃、梦幻的感觉，故为梦回花都；想要设计的花境又是十分的高雅、含蓄，和展示区低调奢华的景观风格相辅相成，色彩丰富却又不艳丽，给人一种一揽星河的清凉感觉，故又灵动百里。

　　此花境设计定位为混合长效花境，以蓝紫色系为主基调，凸显低调神秘的意境，加上少量的粉色、橙色系的植物，丰富整体的色彩，使得花境整体色彩和谐不艳俗。植物选择方面，选用天蓝鼠尾草、穗花牡荆、蓝霸鼠尾草，结合常绿的灌木作为主骨架。搭配黄纹美人蕉、马利筋、香水合欢、千屈菜等粉紫、橙色系花境植物丰富点缀。再用蓝星花、香彩雀、蓝花鼠尾草作为前景收边植物，加以佛甲草、鸟尾花等橙黄色系作为辅助呼应，并结合微地形，围绕梦幻、神秘、低调作为设计指引，营造出极具观赏性的主题花境。

**夏季实景**

## 秋季实景

## 设计阶段图纸

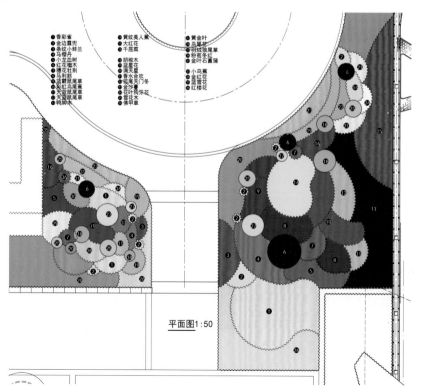

平面图1:50

## 花境植物材料

| 序号 | 植物名称 | 植物科属 | 拉丁名 | 花（叶）色 | 开花期及持续时间 | 长成高度（cm） | 种植面积（m²） | 种植密度（株/m²） | 株数（株） |
|---|---|---|---|---|---|---|---|---|---|
| 1 | 香彩雀 | 玄参科香彩雀属 | Angelonia angustifolia | 花色粉色、紫色、蓝色 | 花期6~9月 | 30~70 | 14.3 | 49 | 700 |
| 2 | 金钩露兜 | 露兜树科露兜树属 | Pandanus tectorius | 叶浅绿色、黄色 | 常绿 | 50~100 | 4.2 | 5 | 21 |
| 3 | 条纹小蚌兰 | 鸭跖草科紫露草属 | Rhoeo spathaceo 'Compacta' | 花多而小、白色、叶紫色 | 花期5~7月 | 20~30 | 3.2 | 49 | 157 |
| 4 | 马缨丹 | 马鞭草科马缨丹属 | Lantana camara | 花冠黄色或橙黄色 | 花期6~12月 | 100~200 | 5.8 | 49 | 284 |
| 5 | 小龙血树 | 龙舌兰科龙血树属 | Dracaena draco | 叶蓝绿色 | 常绿 | 60~120 | 5.4 | 9 | 49 |
| 6 | 红花檵木 | 金缕梅科檵木属 | Loropetalum chinense var. rubrum | 叶暗红色 | 花期4~5月 |  | 4.2 | 64 | 268 |
| 7 | 穗花牡荆 | 马鞭草科牡荆属 | Vitex agnus-castus | 花冠蓝紫色 | 花期7~8月 | 100 | 3.6 | 2 | 8 |
| 8 | 马利筋 | 萝藦科马利筋属 | Asclepias curassavica | 花冠朱红色 | 花期全年 | 80 | 6.3 | 16 | 101 |
| 9 | 蓝霸鼠尾草 | 唇形科鼠尾草属 | Salvia japonica | 花序蓝紫色 | 花期6~9月 | 30~100 | 3.9 | 36 | 140 |
| 10 | 彩虹鸟尾蕉 | 芭蕉科蝎尾蕉属 | Heliconia psittacorum cv. | 花萼片橙黄色 | 花期4~11月 | 100~200 | 9.1 | 5 | 45 |
| 11 | 天蓝鼠尾草 | 唇形科鼠尾草属 | Salvia uliginosa | 花序蓝紫色至粉紫色 | 8~11月 | 80 | 4.6 | 3 | 14 |
| 12 | 鸭脚木 | 五加科鹅掌柴属 | Schefflera octophylla | 常绿、小花白色 | 花期9~12月 | 30~60 | 14.5 | 36 | 522 |
| 13 | 黄纹美人蕉 | 美人蕉科美人蕉属 | Canna indica | 花冠大多红色 | 花果期3~12月 | 150 | 7.6 | 25 | 183 |
| 14 | 大红花 |  |  |  |  |  | 12 | 49 | 588 |
| 15 | 千屈菜 | 千屈菜科千屈菜属 | Lythrum salicaria | 红紫色或淡紫色 |  | 30~100 | 4.1 | 36 | 144 |
| 16 | 胡椒木 | 芸香科花椒属 | Zanthoxylum piperitum | 叶深绿色 | 5月开花 | 20~30 | 3 | 64 | 192 |
| 17 | 蓝星花 | 旋花科蓝星花属 | Tweedia caerulea | 花冠蓝色、中心白星形 | 全年开花 | 20~60 | 5.4 | 36 | 194 |
| 18 | 满天星 | 石竹科霞草属 | Gypsophila paniculata | 花色黄至黄绿 | 花期6~8月 | 30~80 | 8.5 | 64 | 544 |
| 19 | 香水合欢 | 豆科粉扑花属 | Calliandra brevipes | 花瓣白色或淡红色 | 花期5~7月 | 40~200 | 3 | 5 | 15 |
| 20 | 狐尾天门冬 | 百合科天门冬属 | Asparagus densiflorus 'Myers' | 花色粉红色 |  | 30~60 | 5.5 | 25 | 137 |
| 21 | 金婆曼 |  |  | 常绿、小花白色 | 常绿 |  | 6.3 | 9 | 55 |
| 22 | 花叶狗牙花 | 夹竹桃科狗牙花属 | Ervatamia divaricata 'Gouyahua' | 花冠白色 | 花期6~11月 | 300 | 1 | 3 | 3 |
| 23 | 雪花木 | 大戟科黑面神属 | Breynia nivosa | 花冠有橙、红、黄、白等色 | 夏秋两季 | 25~30 | 4.3 | 64 | 275 |
| 24 | 佛甲草 | 景天科景天属 | Sedum lineare | 金色、黄色 | 花期4~5月 | 10~20 | 14.5 | 81 | 1174 |
| 25 | 黄金叶 | 马鞭草科假连翘属 | Duranta repens 'Dwarf Yellow' | 金黄至黄绿 | 常绿 | 20~50 | 3 | 49 | 147 |
| 26 | 鸟尾花 | 爵床科十字爵床属 | Crossandra infundibuliformis | 橙红或橙粉红色 | 夏秋两季 | 20~60 | 1.8 | 64 | 115 |
| 27 | 羽绒狼尾草 |  | Pennisetum alopecuroides cv. | 穗状花序粉白色 | 6~8月 | 120~150 | 2 | 16 | 32 |
| 28 | 粉苞匍冬红 |  |  | 常绿 |  | 80 | 1.8 | 9 | 16 |
| 29 | 金叶石菖蒲 | 天南星科菖蒲属 | Acorus gramineus 'Ogan' | 叶色翠绿 | 花期4~5月 | 30~40 | 1 | 49 | 49 |
| 30 | 小鸟蕉 | 芭蕉科蝎尾蕉属 | Heliconia psittacorum cv. | 花序蓝紫色或粉红色 | 花期4~11月 | 100~200 | 1 | 36 | 36 |
| 31 | 金红花 |  |  | 花萼片橙黄色 | 花期7~11月 | 20~30 | 0.6 | 49 | 30 |
| 32 | 蓝雪花 | 白花丹科蓝雪花属 | Ceratostigma plumbaginoides | 花蓝色 | 夏秋两季 | 20~30 | 0.4 | 36 | 49 |
| 33 | 红楼花 | 爵床科鸡冠爵床属 | Odontonema strictum | 花红色 |  | 100~300 | 0.4 | 9 | 4 |

## 花境植物更换表

| 序号 | 植物名称 | 植物科属 | 拉丁名 | 花（叶）色 | 更换时间 | 长成高度（cm） | 种植面积（m²） | 种植密度（株/m²） | 株数（株） |
|---|---|---|---|---|---|---|---|---|---|
| 1 | 香彩雀 | 玄参科香彩雀属 | Angelonia angustifolia | 花色粉色、紫色、蓝色 | 10月 | 30~70 | 14.3 | 91 | 1301 |
| 2 | 天蓝鼠尾草 | 唇形科鼠尾草属 | Salvia uliginosa | 花序蓝紫色至粉紫色 | 10月 | 80 | 4.6 | 3 | 14 |
| 3 | 金莎蔓 |  |  |  | 10月 |  | 6.3 | 9 | 55 |
| 4 | 鸟尾花 | 爵床科十字爵床属 | Crossandra infundibuliformis | 橙红或橙粉红色 | 10月 | 20~60 | 1.8 | 64 | 115 |
| 5 | 金红花 |  |  |  | 10月 | 20~30 | 0.6 | 49 | 30 |

# 懒人花园

## 华北水利水电大学

王旭东　王治勋　张海洋　任璐　惠雪　王盼　丁广宇　崔思贤　王家淳

### 春季实景

## 懒人花园

懒，是一种病。但不是不治之症。

人会偷懒，但花园不会变懒，花园中的植物一直在生长的过程中努力改变着。那么我们如何才能在少管养、低维护的情况下营造花园？

懒人花园的核心在于让植物任意生长发挥。在植物选择过程中遵循顺其自然的规律，选用多年生植物类型，不考虑时令花卉，植物数量上保持精简克制。

在花园中用矾根、羽扇豆、佛甲草等观叶植物，创造万物复苏的景象；用绣球、飞燕草、欧石竹、蓝山鼠尾草等观花植物，创造缤纷花海的景象。

在最少干预的情况下，不修边幅的植物虽略显嘈杂，却真实彰显自然野趣。

## 夏季实景

## 秋季实景

## 设计阶段图纸

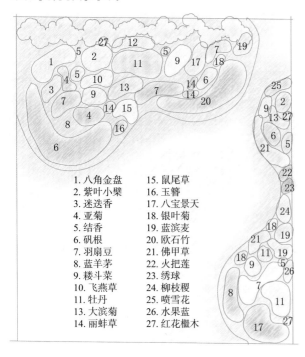

1. 八角金盘
2. 紫叶小檗
3. 迷迭香
4. 亚菊
5. 结香
6. 矾根
7. 羽扇豆
8. 蓝羊茅
9. 耧斗菜
10. 飞燕草
11. 牡丹
13. 大滨菊
14. 丽蚌草
15. 鼠尾草
16. 玉簪
17. 八宝景天
18. 银叶菊
19. 蓝滨麦
20. 欧石竹
21. 佛甲草
22. 火把莲
23. 绣球
24. 柳枝稷
25. 喷雪花
26. 水果蓝
27. 红花檵木

## 花境植物材料

| 序号 | 名称 | 颜色 | 规格 | 数量 | 单价 | 小计 | 备注 |
|---|---|---|---|---|---|---|---|
| 1 | 银边草 | | 18×16 | 10 | 8 | 80 | |
| 2 | 矾根 | | 150# | 150 | 7 | 1050 | |
| 3 | 蓝冰麦 | | 30×25 | 10 | 50 | 500 | |
| 4 | 火把莲 | | 120# | 9 | 5 | 45 | |
| 5 | 灯心草 | | 泡沫箱 | 3 | 60 | 180 | |
| 6 | 蓝羊茅 | | 150# | 100 | 5 | 500 | |
| 7 | 亚菊 | | 1加仑 | 15 | 15 | 225 | |
| 8 | 迷迭香 | | 150# | 15 | 8 | 120 | |
| 9 | 玉簪 | 混 | 150# | 40 | 8 | 320 | |
| 10 | 绣球 | | 3加仑 | 4 | 55 | 220 | |
| 11 | 八宝景天 | | 77# | 24 | 15 | 360 | |
| 12 | 羽扇豆 | 混 | 77# | 50 | 10 | 500 | |
| 13 | 飞燕草 | 蓝色 | 77# | 10 | 10 | 100 | |
| 14 | 欧石竹 | | 150# | 100 | 3 | 300 | |
| 15 | 柳枝稷 | | 88# | 10 | 25 | 250 | |
| 16 | 矮蒲苇 | | 30×25 | 3 | 50 | 150 | |
| 17 | 蓝山鼠尾草 | | 2加仑 | 3 | 30 | 90 | |
| 18 | 细叶芒 | | 30×25 | 6 | 50 | 300 | |
| 19 | 耧斗菜 | 混色 | 77# | 30 | 10 | 300 | |
| 20 | 银叶菊 | | 120# | 50 | 2.5 | 125 | |
| 21 | 佛甲草 | | 13×12 | 200 | 0.8 | 160 | |
| 22 | 水果蓝 | | 3加仑 | 3 | 80 | 240 | |
| 23 | 天人菊 | | 120# | 10 | 4 | 40 | |
| 24 | 大滨菊 | | 120# | 10 | 4 | 40 | |
| 25 | 合计 | | | | | 6195 | |

# 原野

## 上海市花木有限公司

黄亮

## 春季实景

---

### 原野

尊重自然，适地适树。以汉中地带性植物为基调树种，集中体现区域特征，优先选择抗逆性强的乡土树种，特别注意岛屿植物群落的形成。并适当考虑经过长期引种试验且表现良好的外来品种，构筑具有地带性植被特征的城市植物多样性格局。

观赏草园以禾本科植物为主，种植各类狼尾草、芒草，上木配植松类，春夏观叶，秋季赏色，冬季悦序。

绿化景观在体现植物自然群落式的同时注意与其他景观元素（地形、水体、建筑）的结合，形成彼此协调、变化丰富的植物景观。体现植物景观秩序感，同时自身也有意识地组织密林、疏林、草地等多样的景观空间和活动空间。

## 夏季实景

## 秋季实景

## 花境植物材料

| 序号 | 植物名称 | 植物科属 | 花（叶）色 | 开花期及持续时间 | 长成高度（cm） | 种植面积（m²） | 种植密度（株/m²） | 株数（株） |
|---|---|---|---|---|---|---|---|---|
| 1 | 紫花美女樱 | 马鞭草科美女樱属 | 紫 | 5~6月、9~11月 | 15 | 45 | 16 | 720 |
| 2 | 矮生马鞭草'桑托斯' | 马鞭草科马鞭草属 | 紫 | 5~11月 | 25 | 15.2 | 25 | 380 |
| 3 | 鼠尾草'卡拉多纳' | 唇形科鼠尾草属 | 紫 | 5~6月、9~11月 | 30~35 | 14 | 25 | 350 |
| 4 | 大花萱草 | 百合科萱草属 | 橙 | 6~8月 | 35~65 | 40 | 5 | 200 |
| 5 | 紫娇花 | 石蒜科紫娇花属 | 紫 | 4~11月 | 35~45 | 37.5 | 16 | 600 |
| 6 | 蓝花鼠尾草 | 唇形科鼠尾草属 | 蓝 | 5~7月 | 50~60 | 40 | 25 | 1000 |
| 7 | 东方狼尾草'高尾' | 禾本科狼尾草属 | 白 | 9~11月 | 70~80 | 28 | 10 | 280 |
| 8 | 粉黛乱子草 | 禾本科乱子草属 | 粉 | 9~11月 | 50~65 | 40 | 10 | 400 |
| 9 | 画眉草 | 禾本科画眉草属 | 绿 | 5~6月 | 50~65 | 55 | 10 | 550 |
| 10 | 玲珑芒 | 禾本科芒属 | 白 | 10~12月 | 70~80 | 4 | 10 | 40 |
| 11 | 绿叶千鸟花 | 柳叶菜科山桃草属 | 白 | 5~11月 | 50~60 | 45.6 | 16 | 730 |
| 12 | 天蓝鼠尾草 | 唇形科鼠尾草属 | 天蓝 | 5~7月、9~11月 | 50~60 | 6 | 25 | 150 |
| 13 | 蒲棒菊 | 菊科蒲棒菊属 | 黄 | 7~11月 | 80~180 | 6 | 10 | 60 |
| 14 | 小盼草 | 禾本科裂冠花属 | 浅绿 | — | 35~50 | 8.3 | 36 | 300 |
| 15 | 火炬花 | 百合科火炬花属 | 橙 | 6~7月 | 50~60 | 4 | 25 | 100 |
| 16 | 松果菊 | 菊科松果菊属 | 玫红 | 6~7月、9~11月 | 35~50 | 8 | 25 | 200 |
| 17 | 细叶芒 | 禾本科芒属 | 绿 | — | 60~70 | 8 | 5 | 40 |
| 18 | 柳枝稷 | 禾本科黍属 | — | — | 60~70 | 28 | 5 | 140 |
| 19 | 紫花美女樱 | 马鞭草科美女樱属 | 紫 | 5~6月、9~11月 | 15 | 45 | 16 | 720 |
| 20 | 千叶蓍 | 菊科蓍属 | 粉、玫红 | 6~8月 | 35~45 | 4 | 25 | 100 |
| 21 | 穗花婆婆纳 | 玄参科婆婆纳属 | 紫 | 8~11月 | 35~40 | 6.4 | 25 | 160 |
| 22 | 黄金菊 | 菊科梳黄菊属 | 黄 | 10月至翌年5月 | 50~70 | 20 | 5 | 100 |
| 23 | 柳叶马鞭草 | 马鞭草科马鞭草属 | 紫 | 5~11月 | 60~120 | 16 | 25 | 400 |
| 24 | 小兔子狼尾草 | 禾本科狼尾草属 | — | — | 15~25 | 5.6 | 25 | 140 |
| 25 | 紫叶千鸟花 | 柳叶菜科山桃草属 | 玫红 | 5~11月 | 50~60 | 31.25 | 16 | 500 |
| 26 | 画眉草'喷泉' | 禾本科画眉草属 | — | 4~12月 | 50~65 | 20 | 5 | 100 |
| 27 | 细叶芒 | 禾本科芒属 | — | 4~12月 | 50~65 | 22 | 5 | 110 |
| 28 | 大花金鸡菊 | 菊科金鸡菊属 | 黄 | 5~11月 | 30~45 | 18.75 | 16 | 300 |
| 29 | 金光菊'金色风暴' | 菊科金光菊属 | 黄 | 5~11月 | 30~45 | 12.5 | 16 | 200 |
| 30 | 毛地黄钓钟柳 | 玄参科钓钟柳属 | 淡紫 | 4~5月 | 70~80 | 4 | 25 | 100 |
| 31 | 东方狼尾草 | 禾本科狼尾草属 | 白 | 8~11月 | 60~70 | 7 | 10 | 70 |
| 32 | 墨西哥鼠尾草 | 唇形科鼠尾草属 | 紫 | 7~11月 | 100 | 20 | 1 | 20 |
| 33 | 荆芥 | 唇形科荆芥属 | 紫 | 5~11月 | 15~25 | 1.8 | 25 | 45 |
| 34 | 画眉草'细叶' | 禾本科画眉草属 | — | — | 60~70 | 20 | 5 | 100 |
| 35 | 细茎针茅 | 禾本科针茅属 | 淡绿 | 4~5月 | 40~50 | 8 | 25 | 200 |
| 36 | 泽兰 | 菊科泽兰属 | 粉 | 9~11月 | 60~70 | 8 | 25 | 200 |

# 印象诗城

## 马鞍山东方园林建设有限公司、马鞍山市园林绿化管理处

*印治远*

### 印象诗城

此处位于马鞍山市唯一一个五岔路口，见证了改革开放以来马鞍山人民用勤劳和汗水书写着这座城市发展的壮丽史诗。五岔路口车水马龙，人流量很大，所以在设计阶段就考虑到整体的景观效果和景观观赏面。

花境的色彩如同云朵尽头的天空一般，透着日落的黄昏，唯美浪漫。以素色为基调，多彩的植物相衬，犹如云朵尽头的宁和，温柔又不失优雅，打造温和舒适的路缘花境，稳重色彩的风格，讨人深思。

在整体设计上，采用自然种植形式进行表达，开放式的花境，可供人近距离观赏。中心位置以文明马鞍山绿雕形式布置混合花境，营造轻松、舒适、富有夏日气息的记忆点，背景以团状花境结合灌木球类，打造层次丰富、富于变化的围合场景。全景素色植物为主基调，使用色彩明快的亮黄色植株局部点缀，来丰富整个花境的色彩和层次感。

### 春季实景

**夏季实景**

**秋季实景**

## 设计阶段图纸

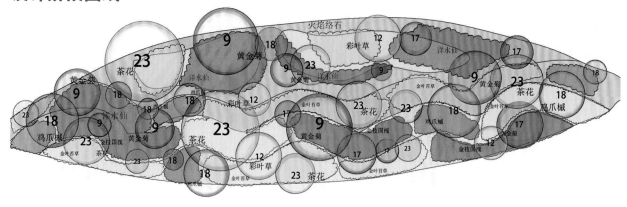

## 花境植物材料

| 序号 | 品种 | 单位 | 规格 | 面积 | 密度 | 数量 |
|---|---|---|---|---|---|---|
| 1 | 千层金 | 盆 | 35美植袋 | | | 3 |
| 2 | 亮金女贞（球） | 盆 | 35美植袋 | | | 10 |
| 3 | 银姬小蜡 | 盆 | 35美植袋 | | | 3 |
| 4 | 小丑火棘（球） | 盆 | 35美植袋 | | | 6 |
| 5 | 六道木（球） | 盆 | 35美植袋 | | | 1 |
| 6 | 水果蓝（散本） | 盆 | 21×26营养钵 | 3 | 16 | 48 |
| 7 | 火星花 | 盆 | 16×18营养钵 | 2 | 36 | 72 |
| 8 | 紫萝莉 | 盆 | 21×26营养钵 | 3 | 25 | 75 |
| 9 | 金娃娃萱草（常绿） | 盆 | 21×26营养钵 | 2 | 25 | 50 |
| 10 | 穗花婆婆纳 | 盆 | 1加仑 | 3 | 16 | 48 |
| 11 | 六月雪 | 盆 | 21×26营养钵 | 3 | 16 | 48 |
| 12 | 西洋杜鹃（粉色） | 盆 | 16×18营养钵 | 3 | 25 | 75 |
| 13 | 三角梅（紫色） | 盆 | 5加仑 | 3 | 1 | 3 |
| 14 | 重金柳樱 | 盆 | 1加仑 | 2 | 16 | 32 |
| 15 | 风铃草 | 盆 | 21×26营养钵 | 2 | 25 | 50 |
| 16 | 小兔子狼尾草 | 盆 | 21×26营养钵 | 2 | 16 | 32 |
| 17 | 金叶美人蕉 | 盆 | 21×26营养钵 | 2 | 25 | 50 |
| 18 | 鳄梨沙拉玉簪 | 盆 | 1加仑 | 3 | 16 | 48 |
| 19 | 百子莲 | 盆 | 21×26营养钵 | 2 | 16 | 32 |
| 20 | 荷兰菊 | 盆 | 1加仑 | 2 | 25 | 50 |
| 21 | 紫娇花 | 盆 | 150#红塑盆 | 3 | 40 | 120 |
| 22 | 金叶满天星 | 盆 | 2加仑 | 2 | 25 | 50 |
| 23 | 圆锥绣球 | 盆 | 2加仑 | 2 | 16 | 32 |
| 24 | 欧月 | 盆 | 16×18营养钵 | 2 | 25 | 50 |
| 25 | 黄金菊 | 盆 | 21×26营养钵 | 3 | 16 | 48 |
| 26 | 新几内亚凤仙花 | 盆 | 120#红塑盆 | 3 | 50 | 150 |
| 27 | 花叶络石 | 盆 | 120#红塑盆 | 3 | 50 | 150 |
| 28 | 彩叶草 | 盆 | 120#红塑盆 | 3 | 60 | 180 |
| 29 | 金鱼草 | 盆 | 180#红塑盆 | 2 | 25 | 50 |
| 30 | 蓝雪花 | 盆 | 120#红塑盆 | 2 | 60 | 120 |
| 31 | 五星花红色 | 盆 | 120#红塑盆 | 2 | 60 | 120 |
| 32 | 银纹沿阶草 | 盆 | 120#红塑盆 | 3 | 60 | 180 |
| 33 | 地肤 | 盆 | 180#红塑盆 | 1 | 6 | 6 |
| 34 | 垂盆草 | 盆 | 120#红塑盆 | 2 | 80 | 160 |

## 花境植物更换表

| 序号 | 植物名称 | 植物科属 | 拉丁名 | 花（叶）色 | 开花期及持续时间（月） | 长成高度（cm） | 种植面积（m²） | 种植密度（株/m²） | 株数（株） |
|---|---|---|---|---|---|---|---|---|---|
| 1 | 长春花 | 夹竹桃科长春花属 | *Catharanthus roseus* | 白色、黄色 | 5~10 | 30~60 | 3 | 49 | 147 |
| 2 | 四季海棠 | 秋海棠科秋海棠属 | *Begonia cucullata* var. *hookeri* | 红色、绿色 | 5~10 | 15~30 | 5 | 49 | 245 |
| 3 | 粉毯美女樱 | 马鞭草科美女樱属 | *Glandularia hybrida* | 粉色 | 5~11 | 15~25 | 5 | 49 | 245 |
| 4 | 矮牵牛 | 茄科碧冬茄属 | *Petunia hybrida* | 红色 | 4~11 | 15~25 | 6 | 49 | 294 |
| 5 | 五星花 | 茜草科五星花属 | *Pentas lanceolata* | 红色 | 5~10 | 20~25 | 7 | 49 | 343 |

# 远方

马鞍山东方园林建设有限公司、马鞍山市园林绿化管理处

*印治远*

## 春季实景

## 夏季实景

### 远方

　　此处花境位于马鞍山市慈湖河的一个角落，美丽的古河承载着相思，乡愁。夜晚市民在此歇息散步，所以在营造花境时充分考虑到情景相融的画面，营造出来的意境让人舒心。

　　设计手法：采用混合花境的种植形式，以多年生植物作为骨架植物，营造以绿色、黄色等浅色系为主的清新花境。花境平面轮廓美观，季相分明，错落有致，并充分利用观赏草在质感上柔和、律动的特点，体现出花境的自然美和群体美。达到三季有花、四季有景的视觉效果。

**秋季实景**

**设计阶段图纸**

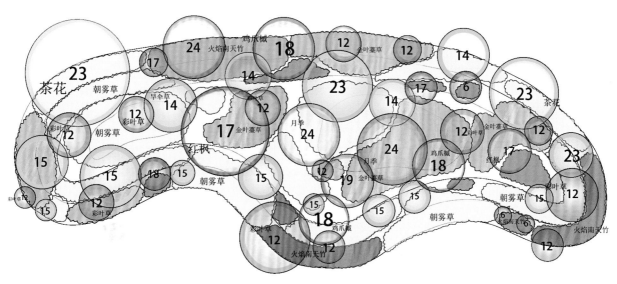

| 序号 | 图例 | 植物名称 | 序号 | 图例 | 植物名称 | 序号 | 图例 | 植物名称 |
|---|---|---|---|---|---|---|---|---|
| 1 | ① | 金叶薹草 | 10 | ⑩ | 翠芦莉 | 18 | ⑱ | 鸡爪械 |
| 2 | ② | 火焰络石 | 11 | ⑪ | 红星朱蕉（金边丝兰） | 19 | ⑲ | 羽毛枫 |
| 3 | ③ | 金叶石菖蒲 | 12 | ⑫ | 彩叶草 | 20 | ⑳ | 羽毛枫 |
| 4 | ④ | 洋水仙 | 13 | ⑬ | 迷迭香 | 21 | ㉑ | 金叶水杉 |
| 5 | ⑤ | 四季秋海棠 | 14 | ⑭ | 旱伞草 | 22 | ㉒ | 龙柏 |
| 6 | ⑥ | 火焰南天竹 | 15 | ⑮ | 矮蒲苇 | 23 | ㉓ | 茶花 |
| 7 | ⑦ | 朝雾草 | 16 | ⑯ | 金枝国槐 | 24 | ㉔ | 月季 |
| 8 | ⑧ | 银叶菊 | 17 | ⑰ | 红枫 | 25 | ㉕ | 金叶榆 |
| 9 | ⑨ | 黄金菊 | | | | | | |

## 花境植物材料

| 序号 | 品种 | 单位 | 规格（cm） | 面积 | 密度 | 数量 |
|---|---|---|---|---|---|---|
| 1 | 亮金女贞（球） | 盆 | 35美植袋 | | | 10 |
| 2 | 银姬小蜡 | 盆 | 35美植袋 | | | 6 |
| 3 | 小丑火棘（球） | 盆 | 35美植袋 | | | 5 |
| 4 | 红王子锦带（散本） | 盆 | 35美植袋 | | | 8 |
| 5 | 圆锥锈球 | 盆 | 2加仑 | | | 20 |
| 6 | 水果蓝（散本） | 盆 | 21×26营养钵 | 2 | 16 | 32 |
| 7 | 火星花 | 盆 | 16×18营养钵 | 3 | 25 | 75 |
| 8 | 紫萝莉 | 盆 | 21×26营养钵 | 3 | 25 | 75 |
| 9 | 穗花婆婆纳 | 盆 | 1加仑 | 3 | 16 | 48 |
| 10 | 无尽夏绣球 | 盆 | 2加仑 | 2 | 16 | 32 |
| 11 | 西洋杜鹃粉色 | 盆 | 16×18营养钵 | 2 | 25 | 50 |
| 12 | 三角梅 | 盆 | 5加仑 | 1 | 3 | 3 |
| 13 | 斑叶芒 | 盆 | 21×26营养钵 | 2 | 16 | 32 |
| 14 | 紫叶美人蕉 | 盆 | 21×26营养钵 | 3 | 25 | 75 |
| 15 | 小兔子狼尾草 | 盆 | 21×26营养钵 | 2 | 25 | 50 |
| 16 | 八宝景天 | 盆 | 120#红塑盆 | 2 | 60 | 120 |
| 17 | 紫娇花 | 盆 | 150#红塑盆 | 3 | 40 | 120 |
| 18 | 风铃草 | 盆 | 21×26营养钵 | 2 | 25 | 50 |
| 19 | 盛情松果菊 | 盆 | 1加仑 | 2 | 25 | 50 |
| 20 | 金光菊 | 盆 | 1加仑 | 2 | 25 | 50 |
| 21 | 百子莲 | 盆 | 21×26营养钵 | 2 | 16 | 32 |
| 22 | 花叶山菅兰 | 盆 | 21×26营养钵 | 4 | 16 | 64 |
| 23 | 欧月 | 盆 | 180#红塑盆 | 2 | 36 | 72 |
| 24 | 紫叶千鸟花 | 盆 | 1加仑 | 2 | 25 | 50 |
| 25 | 紫花美女樱 | 盆 | 1加仑 | 2 | 25 | 50 |
| 26 | 黄金菊 | 盆 | 21×26营养钵 | 3 | 16 | 48 |
| 27 | 凤仙花橙色 | 盆 | 120#红塑盆 | 2 | 60 | 120 |
| 28 | 垂盆草 | 盆 | 120#红塑盆 | 2 | 80 | 160 |
| 29 | 五星花粉色 | 盆 | 120#红塑盆 | 2 | 60 | 120 |
| 30 | 金叶石菖蒲 | 盆 | 120#红塑盆 | 1 | 60 | 60 |
| 31 | 满天星 | 盆 | 120#红塑盆 | 2 | 60 | 120 |
| 32 | 蓝雪花 | 盆 | 120#红塑盆 | 2 | 60 | 120 |

## 花境植物更换表

| 序号 | 植物名称 | 植物科属 | 拉丁名 | 花（叶）色 | 开花期及持续时间 | 长成高度（cm） | 种植面积（m²） | 种植密度（株/m²） | 株数（株） |
|---|---|---|---|---|---|---|---|---|---|
| 1 | 长春花 | 夹竹桃科长春花属 | *Catharanthus roseus* | 白色、黄色 | 5～10月 | 30～60 | 3 | 49 | 147 |
| 2 | 四季海棠 | 秋海棠科秋海棠属 | *Begonia cucullata* var. *hookeri* | 红色、绿色 | 5～10月 | 15～30 | 5 | 49 | 245 |
| 3 | 粉毯美女樱 | 马鞭草科美女樱属 | *Glandularia hybrida* | 粉色 | 5～11月 | 15～25 | 5 | 49 | 245 |
| 4 | 矮牵牛 | 茄科碧冬茄属 | *Petumia hybrida* | 红色 | 4～11月 | 15～25 | 6 | 49 | 294 |
| 5 | 五星花 | 茜草科五星花属 | *Pentas lanceolata* | 红色 | 5～10月 | 20～25 | 7 | 49 | 343 |

# 都会上品

## 苏州满庭芳景观工程有限公司

覃乐梅　杨华

### 春季实景

### 夏季实景

### 秋季实景

## 都会上品

　　旭辉都会上品花园位于狮山南木渎板块，金猫路西侧南环苏福路高架南。都会上品借鉴"美学馆"的空间关系，在整洁干净的围合场地内，形成了既分割又连接，既简单又复杂的序列关系，呈现出一个建筑和景观彼此消融的流动空间。

　　"流动空间，即不把空间作为一种消极静止的存在，而是把它看作一种生动的力量"。

　　因此，示范区入口处的单面观临水花境也以"流动"为主题打造，充分利用小乔木、灌木、草本植物进行配置，尤其是利用观赏草类和千鸟花在质感上柔和、飘动的特点，软化了铺装上的直硬感，给花境整体带来质感变化。

　　在花境植物的选择上，采用圆锥绣球、金边连翘、穗花牡荆、墨西哥鼠尾草、花叶蒲苇、银姬小蜡、翠芦莉、红千层等植物作骨架，不等距间隔种植，填充以黄金菊、千鸟花、蓝花鼠尾草、千屈菜、八宝景天等宿根花卉，同时矾根、鸢尾、玫红筋骨草、银叶菊、金叶石菖蒲等植物沿边种植，形成了错落有致的缤纷花境，随着深紫、浅紫、白色、绿色、淡黄色自由斑块的拼接和交替形成了如水波纹般的形式美感。与前方水景交相呼应，完美融合于景观之中。

## 花境植物材料

| 序号 | 植物名称 | 植物科属 | 拉丁名 | 规格 高度（cm） | 规格 冠幅（cm） | 种植密度（株/m²） | 面积（m²） | 株数（株） | 花期 | 生长习性 |
|---|---|---|---|---|---|---|---|---|---|---|
| 1 | 鸢尾 | 鸢尾科鸢尾属 | Iris tectorum | 30~50 | 20 | 25 | 0.6 | 13 | 夏花、4~6月 | 多年生草本、常绿、蓝紫花 |
| 2 | 圆锥绣球'石灰灯' | 虎耳草科绣球属 | Hydrangea paniculata | 150~240 | 50~150 | 1 | 1.8 | 2 | 夏花、7~8月 | 灌木、冬落、白花 |
| 3 | 花边石竹 | 石竹科石竹属 | Dianthus chinensis | 30~50 | 15~25 | 80 | 2.6 | 208 | 春夏秋花、4~11月 | 多年生草本、常绿、粉紫花 |
| 4 | 金边假连翘 | 马鞭草科假连翘属 | Duranta erecta 'Golden Leaves' | 20~60 | 10~30 | 9 | 3.72 | 47 | 春夏秋花、5~10月 | 灌木、常绿、蓝紫花 |
| 5 | 银姬小蜡 | 木樨科女贞属 | Ligustrum sinense 'Variegatum' | 60~150 | 50~130 | 1 | 0.5 | 1 | 观叶、春花4~6月 | 小乔木、常绿、白花 |
| 6 | 南天竹 | 小檗科南天竹属 | Nandina domestica | 30~100 | 20~50 | 8 | 1 | 5 | 花期3~6月，果期5~11月 | 灌木、常绿、春夏秋冬红叶、秋冬红果 |
| 7 | 黄金菊 | 菊科梳黄菊属 | Euryops pectinatus | 30~50 | 25~30 | 25 | 2.22 | 55.5 | 四季开花、4~12月 | 宿根、常绿、黄花 |
| 8 | 千鸟花 | 柳叶菜科山桃草属 | Gaura lindheimeri | 60~100 | 40~50 | 9 | 1 | 9 | 春夏秋花、5~8月 | 宿根、常绿、白粉花 |
| 9 | 银叶菊 | 菊科千里光属 | Centaurea cineraria | 40~80 | 25~30 | 25 | 1.62 | 28 | 春夏花、6~9月 | 灌木、常绿、黄花 |
| 10 | 金边连翘 | 木樨科连翘属 | Forsythia suspensa | 50~180 | 50~120 | 2 | 1.2 | 2 | 春夏花、3~4月 | 灌木、冬落、金黄花 |
| 11 | 墨西哥鼠尾草 | 唇形科鼠尾草属 | Salvia leucantha | 30~100 | 40~50 | 9 | 4.42 | 68 | 秋冬花、9~12月 | 宿根、常绿、蓝紫花 |
| 12 | 紫叶酢浆草 | 酢浆草科酢浆草属 | Oxalis corniculata | 15~30 | 10~15 | 80 | 1.8 | 144 | 夏秋花、5~11月 | 多年生草本、常绿、粉红花 |
| 13 | 矮蒲苇 | 禾本科蒲苇属 | Cortaderia selloana | 100~150 | 50~200 | 4 | 1.7 | 9 | 观叶、秋冬花9月至翌年1月 | 宿根、常绿、白花 |
| 14 | 穗花牡荆 | 马鞭草科牡荆属 | Vitex agnus-castus | 100~300 | 100~300 | 1 | 3.39 | 3.39 | 夏秋花、7~8月 | 灌木、冬落、蓝紫花 |
| 15 | 紫红钓钟柳 | 玄参科钓钟柳属 | Penstemon gloxinioides | 30~40 | 20~30 | 25 | 2.05 | 51.25 | 春夏花、5~6月 | 灌木、冬枯、紫红花 |
| 16 | 水果蓝 | 唇形科香科科属 | Teucrium fruticans | 30~100 | 50~100 | 4 | 0.3 | 2 | 四季观叶、春花3~5月 | 灌木、常绿、淡紫花 |
| 17 | 小丑火棘 | 蔷薇科火棘属 | Pyracantha fortuneana 'Harlequin' | 30~50 | 30~50 | 9 | 2.86 | 24 | 四季观叶、春花3~5月 | 灌木、常绿、白花 |
| 18 | 千屈菜 | 千屈菜科千屈菜属 | Lythrum salicaria | 25~40 | 20~40 | 25 | 3.25 | 81.25 | 夏花6~10月 | 多年生草本、冬枯、淡紫花或红紫花 |
| 19 | 玫红筋骨草 | 唇形科筋骨草属 | Ajuga ciliata | 25~40 | 25~40 | 16 | 2.31 | 36 | 观叶观花、春花5月 | 宿根、冬枯、蓝紫花 |
| 20 | 迷迭香 | 唇形科迷迭香属 | Rosmarinus officinalis | 25~70 | 20~50 | 25 | 2.12 | 53 | 四季观叶 | 灌木、常绿 |
| 21 | 矾根'莱姆里基' | 虎耳草科矾根属 | Heuchera micrantha | 20~35 | 20~40 | 64 | 2.32 | 71 | 四季观叶、4~10月 | 宿根、叶色嫩绿 |
| 22 | 矾根'欧布西迪昂' | 虎耳草科矾根属 | Heuchera micrantha | 20~35 | 20~40 | 64 | 2.32 | 71 | 四季观叶、4~10月 | 宿根、叶色红紫 |
| 23 | 翠芦莉 | 爵床科芦莉草属 | Ruellia simplex | 60~130 | 25~30 | 16 | 1.1 | 20 | 夏秋花、7~8月 | 灌木、常绿、蓝紫花 |
| 24 | 八宝景天 | 景天科八宝属 | Sedum spectabile | 30~50 | 20~40 | 64 | 0.4 | 26 | 夏秋花、7~10月 | 宿根、常绿、淡粉红花 |
| 25 | 红千层 | 桃金娘科红千层属 | Callistemon rigidus | 40~180 | 30~80 | 4 | 0.54 | 2 | 夏花、6~8月 | 灌木、常绿、红花 |
| 26 | 蓝花鼠尾草 | 唇形科鼠尾草属 | Salvia farinacea | 50~70 | 30~50 | 20 | 0.82 | 16.4 | 春夏花、3~9月 | 宿根、冬枯、蓝紫花 |
| 27 | 海滨木槿 | 锦葵科木槿属 | Hibiscus hamabo | 50~200 | 59~200 | 1 | 2.1 | 2 | 夏花、7~10月 | 小乔木、冬落、粉花 |
| 28 | 喷雪花 | 蔷薇科绣线菊属 | Spiraea thunbergii | 50~150 | 50~130 | 4 | 1.31 | 6 | 春花、3~4月 | 灌木、冬落、白花 |
| 29 | 角堇'蓝蝴蝶' | 堇菜科堇菜属 | Viola tricolor | 10~30 | 20~30 | 80 | 1.26 | 100.8 | 春夏花、10月至翌年3月 | 时令草本、蓝花 |
| 30 | 花叶锦带 | 忍冬科锦带花属 | Weigela florida 'Variegata' | 50~200 | 50~100 | 4 | 0.6 | 4 | 初夏花、4~5月 | 灌木、冬落、粉花 |
| 31 | 糖蜜草 | 禾本科糖蜜草属 | Melinis minutiflora | 10~40 | 20~40 | 25 | 2.8 | 70 | 夏秋花7~10月 | 宿根、粉色 |
| 32 | 海芋 | 天南星科海芋属 | Alocasia macrorrhiza | 10~40 | 20~40 | 25 | 0.42 | 10.5 | 春夏花4~7月 | 宿根、常绿、白花 |
| 33 | 花叶山菅兰 | 百合科山菅兰属 | Dianella ensifolia | 20~50 | 20~40 | 9 | 1.52 | 8 | 观叶 | 宿根、常绿、叶灰绿 |
| 34 | 金叶石菖蒲 | 天南星科菖蒲属 | Acorus gramineus 'Ogan' | 30~40 | 30~40 | 16 | 0.41 | 8 | 观叶 | 宿根、常绿、叶金黄 |

## 花境植物更换表

| 序号 | 植物名称 | 植物科属 | 拉丁名 | 规格 高度（cm） | 规格 冠幅（cm） | 种植密度（株/m²） | 面积（m²） | 株数（株） | 花期 | 生长习性 |
|---|---|---|---|---|---|---|---|---|---|---|
| 1 | 欧石竹 | 石竹科石竹属 | Dianthus 'Carthusian Pink' | 10~20 | 10~20 | 80 | 1.85 | 148 | 四季开花 | 宿根、常绿、玫红色花 |
| 2 | 绵毛水苏 | 唇形科水苏属 | Stachys lanata | 30~50 | 25~30 | 25 | 1.1 | 28 | 观叶、夏花、7月 | 宿根、常绿、紫花 |
| 3 | 姬小菊 | 菊科雁河菊属 | Brachyscome angustifolia | 15~30 | 10~20 | 25 | 1.2 | 30 | 四季开花 | 宿根、冬枯、紫花 |
| 4 | 小兔子狼尾草 | 禾本科狼尾草属 | Pennisetum alopecuroides 'Little Bunny' | 30~40 | 20~30 | 36 | 1.12 | 18 | 观叶、秋季观花 | 宿根、常绿、叶黄白花 |

# 欣欣向荣

## 湖北合一花境景观工程有限公司

王进　何立　李博贤　朱玉虎

### 春季实景

## 欣欣向荣

　　该花境位于武汉市东西湖经济开发区，国家存储器基地即位于此，未来三路从基地门口穿过，而该花境位于未来三路与高新大道十字路口南侧道路中央绿化隔离带。从花境位置分类讲，属于草坪花境。

　　花境以树形美观、寿命长久的乡土植物朴树为主景树，喻意自强不息的民族精神，采用观花如映山红、喷雪花等，观叶灌木如金姬小蜡、花叶大叶女贞等点状种植与多年生草本条带状种植相结合的配置手法，营造色彩缤纷、整洁大气的混合花境景观——象征日新月异的高科技竞争时代背景。通过植物景观传达出中国企业自强不息、勇于自主创新、不断开拓的精神风貌；也体现了武汉人民在疫情后，团结一心，不屈不挠，艰苦奋斗，使武汉更加欣欣向荣。

**夏季实景**

## 秋季实景

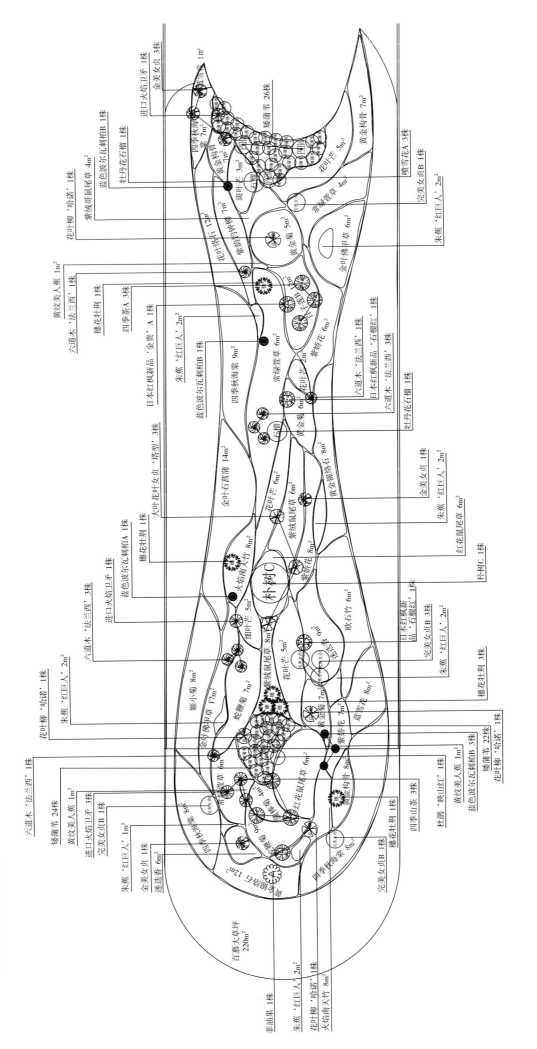

设计阶段图纸

# 花境植物材料

| 序号 | 植物名称 | 植物科属 | 拉丁名 | 花（叶）色 | 开花期及持续时间 | 长成高度（m） | 种植面积（m²） | 种植密度（株/m²） | 株数（株） |
|---|---|---|---|---|---|---|---|---|---|
| 1 | 六道木'法兰西' | 忍冬科六道木属 | Abelia grandiflora 'Francis Mason' | 花：白色 叶：金黄色或绿色 | 5~11月 | 0.7~0.8 | 4.5 | 2 | 9 |
| 2 | 四季茶花A | 山茶科山茶属 | Camellia azalea | 花：红色 | 8月至翌年4月 | 1~1.2 | 0 | 0 | 3 |
| 3 | 进口火焰卫矛 | 卫矛科卫矛属 | Euonymus alatus 'Compacta' | 花：黄色 叶：秋季红色 | 5~6月 | 1~1.2 | 0 | 0 | 5 |
| 4 | 四季山茶 | 山茶科山茶属 | Camellia azalea | 花：红色 | 8月至翌年4月 | 1.3~1.5 | 0 | 0 | 3 |
| 5 | 牡丹花石榴 | 千屈菜科石榴属 | Punica granatum | 花：红色 | 4~11月 | 2.2~2.5 | 0 | 0 | 2 |
| 6 | 日本红枫新品'金贵' A | 槭树科槭树属 | Acer palmatum 'Atropurpureum' | 叶：金黄色~绿色 | 4~5月 | 2~3 | 0 | 0 | 1 |
| 7 | 喷雪花A | 蔷薇科绣线菊属 | Spiraea thunbergii | 花：白色 | 3~4月 | 2~3 | 3 | 1 | 3 |
| 8 | 大叶花叶女贞（塔型） | 木樨科女贞属 | Ligustrum lucidum 'Excelsum Superbum' | 花：黄色 红色色色 叶：绿色 | 5~6月 | 1.5~1.8 | 0 | 0 | 3 |
| 9 | 菲油果 | 桃金娘科菲油果属 | Feijoa sellowiana | 花：红色 叶：蓝绿色 | 5~6月 | 1~1.1 | 0 | 0 | 1 |
| 10 | 金美女贞 | 木樨科女贞属 | Ligustrum × vicaryi | 花：金黄色 | 3~6月 | 0.8~1 | 0 | 0 | 5 |
| 11 | 完美女贞B | 木樨科女贞属 | Ligustrum sinense | 叶：有淡黄、金黄、浅绿、深绿等变化 | 3~5月 | 0.8~1 | 3 | 2 | 6 |
| 12 | 穗花牡荆 | 马鞭草科牡荆属 | Vitex agnus-castus | 花：蓝色 | 6~10月 | 1.2~1.3 | 0 | 0 | 6 |
| 13 | 花叶柳'哈诺' | 杨柳科柳属 | Salix integra 'Hakuro Nishiki' | 叶：新叶粉白色，老叶黄绿色 | 5月 | 1~1.2 | 0 | 0 | 3 |
| 14 | 蓝色波尔瓦花柏B | 柏科扁柏属 | Chamaecyparis pisifera | 叶：绿白相间 | | 1.3~1.5 | 2 | 3 | 6 |
| 15 | 映山红 | 杜鹃花科杜鹃花属 | Rhododendron simsii | 花：红色 | 5~6月 | 1.8~2 | 1 | 1 | 1 |
| 16 | 日本红枫新品'石榴红' | 槭树科槭树属 | Acer palmatum 'Dissectum' | 叶：红色~绿色 | 5月 | 1.6~1.9 | 0 | 0 | 3 |
| 17 | 常绿萱草 | 百合科萱草属 | Hemerocallis fulva var. aurantiaca | 花：橙黄色 | 5~7月 | 0.3~0.4 | 16 | 25 | 400 |
| 18 | 紫韵钓钟柳 | 玄参科钓钟柳属 | Penstemon campanulatus | 花：紫色 | 4~10月 | 0.2~0.3 | 7 | 25 | 175 |
| 19 | 黄金菊 | 菊科梳黄菊属 | Euryops pectinatus | 花：黄色 | 9~10月 | 0.4~0.6 | 18 | 25 | 450 |
| 20 | 黄金锦络石 | 夹竹桃科络石属 | Trachelospermum asiaticum | 花：白色 叶：金黄色 | 5月 | 0.1 | 20 | 25 | 500 |
| 21 | 火焰南天竹B | 小檗科南天竹属 | Nandina domestica 'Firepower' | 叶：绿红色红色 | 3~6月 | 0.3~0.4 | 16 | 9 | 144 |
| 22 | 紫娇花 | 石蒜科紫娇花属 | Tulbaghia violacea | 花：紫粉色 | 5~9月 | 0.3~0.4 | 21 | 25 | 525 |
| 23 | 蓝雪花 | 白花丹科蓝雪花属 | Ceratostigma plumbaginoides | 花：蓝色 | 7~9月 | 0.2~0.3 | 9 | 25 | 225 |
| 24 | 百子莲B | 百合科百子莲属 | Agapanthus africanus | 花：蓝色 | 7~9月 | 0.5~0.8 | 12 | 16 | 192 |
| 25 | 蒲棒菊 | 菊科金光菊属 | Ratibida columnifera | 花：黄色 | 8~9月 | 0.7~1 | 4 | 16 | 64 |
| 26 | 红花鼠尾草 | 唇形科鼠尾草属 | Salvia coccinea | 花：红色 | 8~9月 | 0.5~1 | 12 | 9 | 108 |
| 27 | 斑叶芒 | 禾本科芒属 | Miscanthus sinensis 'Zebrinus' | 穗：银白色 | 9~10月 | 0.6~0.8 | 3 | 9 | 27 |
| 28 | 花叶芒 | 禾本科芒属 | Miscanthus sinensis 'Variegatus' | 穗：银白色 | 9~10月 | 0.6~0.8 | 18 | 9 | 162 |
| 29 | 矮蒲苇 | 禾本科蒲苇属 | Cortaderia selloana 'Pumila' | 穗：银白色 | 9~10月 | 2~3 | 12.5 | 4 | 50 |
| 30 | 四季海棠 | 秋海棠科秋海棠属 | Begonia cucullata | 花：红色 | 3~12月 | 0.1~0.2 | 32 | 49 | 1568 |
| 31 | 金叶佛甲草 | 景天科景天属 | Sedum lineare | 叶：金黄 | 5~6月 | 0.1~0.2 | 4.5 | 49 | 220 |
| 32 | 蛇鞭菊 | 菊科蛇鞭菊属 | Liatris spicata | 花：淡紫色 | 7~8月 | 0.5~0.7 | 16 | 16 | 256 |
| 33 | 黄金枸骨 | 冬青科冬青属 | Ilex × attenuata 'Sunny Foster' | 花：白色 叶：金黄色 | 5~6月 | 0.25 | 23 | 16 | 238 |
| 34 | 金线菖蒲 | 天南星科菖蒲属 | Acorus tatarinowii | 叶：金黄色 | 2~5月 | 0.2~0.4 | 14 | 25 | 350 |
| 35 | 细叶芒 | 禾本科芒属 | Miscanthus sinensis cv. | 穗：银白色 | 7~8月 | 0.6~0.8 | 5 | 16 | 80 |
| 36 | 花叶络石 | 夹竹桃科络石属 | Trachelospermum jasminoides 'Flame' | 叶：粉红色~纯红色白色绿色 | | 0.1 | 12 | 25 | 300 |
| 37 | 朱蕉'红巨人' | 百合科朱蕉属 | Cordyline fruticosa | 叶：暗红色 | | 0.4 | 9 | 16 | 120 |
| 38 | 黄纹美人蕉 | 美人蕉科美人蕉属 | Canna indica | 花：橙黄色 叶：金黄叶绿脉 | 9~10月 | 1~1.2 | 3 | 9 | 30 |
| 39 | 欧石竹 | 石竹科石竹属 | Dianthus 'Carthusian Pink' | 花：淡紫色 | 5~7月，9~11月 | 0.1 | 6 | 36 | 216 |
| 40 | 姬小菊 | 菊科雁河菊属 | Brachyscome angustifolia | 花：淡紫色 | 4~7月，9~11月 | 0.1 | 8 | 49 | 392 |
| 41 | 紫绒鼠尾草 | 唇形科鼠尾草属 | Salvia coccinea | 花紫色 | 8~9月 | 0.5~1 | 18 | 9 | 162 |
| 42 | 一串红（换花） | 唇形科鼠尾草属 | Salvia splendens | 花：红色 | 9~12月 | 0.2 | 32 | 49 | 1568 |
| 43 | 迷迭香 | 唇形科迷迭香属 | Rosmarinus officinalis | 花：蓝紫色 | 11月至翌年2月 | 0.2~0.3 | 15 | 25 | 375 |
| | 合计 | | | | | | | | 7389+（1568换） |

# 荆山之玉

## 湖北合一花境景观工程有限公司

何立　李博贤　王进

### 荆山之玉

　　该花境位于湖北省荆州市荆州园博园荆州园内，一侧有观景亭坐落其中，并有游步道从两侧花境中间直穿而过。以花境场地分类讲，属于路缘花境。

　　"有眼不识荆山玉"，典出《韩非子·何氏》。因和氏璧（稀世宝玉）出自荆山，后人又称之为"荆山玉"。

　　荆州园以游园的观赏顺序为轴线，来依次展现荆州"昨天－今天－明天"。通过"围合"和"延伸"，在有限的场地内，力求打造荆州浴火奋进与焕然新生的千年发展剪影。"荆山之玉"花境选择在游步道两侧，与荆州园轴线"明天"相重合，同时使用大量新品种，来表达出荆州不断推陈出新，荆州的未来必然会欣欣向荣，成为华中区域的一块耀眼的宝玉。

### 夏季实景

# 花境植物材料

| 序号 | 植物名称 | 植物科属 | 拉丁名 | 花（叶）色 | 开花期及持续时间 | 长成高度（m） | 种植面积（m²） | 种植密度（株/m²） | 株数（株） |
|---|---|---|---|---|---|---|---|---|---|
| 1 | 花叶大花六道木 | 忍冬科六道木属 | Abelia grandiflora 'Francis Mason' | 花：白色；叶：黄色或黄绿色 | 5~11月 | 0.7~0.8 | 0.5 | 2 | 1 |
| 2 | 金山绣线菊 | 蔷薇科绣线菊属 | Spiraea japonica 'Gold Mound' | 花：白色 | 3~4月 | 2~3 | 0 | 0 | 1 |
| 3 | 穗花牡荆 | 马鞭草科牡荆属 | Vitex agnus-castus | 花：蓝色 | 6~10月 | 1.2~1.3 | 0 | 0 | 2 |
| 4 | 黄金香柳 | 桃金娘科白千层属 | Melaleuca bracteata | 叶：金黄色 | | 0.5~0.6 | 0 | 0 | 6 |
| 5 | 蓝色波尔瓦剌柏 | 柏科扁柏属 | Chamaecyparis pisifera | 叶：绿白相间 | | 2.1~2.3 | 0 | 0 | 2 |
| 6 | 金姬小蜡 | 木樨科女贞属 | Ligustrum sinense 'Variegatum' | 花：白色；叶：金黄色 | 3~6月 | 1~1.1 | 1 | 2 | 2 |
| 7 | 小丑火棘 | 蔷薇科火棘属 | Pyracantha fortuneana 'Harlequin' | 花：白色；叶：白、黄、绿色 | 3~5月 | 0.8~0.9 | 0 | 0 | 1 |
| 8 | 金森女贞 | 木樨科女贞属 | Ligustrum japonicum 'Howardii' | 花：白色；叶：金黄色~绿色 | 6~7月 | 1~1.1 | 0 | 0 | 1 |
| 9 | 花叶杞柳 | 杨柳科柳属 | Salix integra 'Hakuro Nishiki' | 叶：新叶粉白色，老叶黄绿色 | 5月 | 1~1.2 | 0 | 0 | 1 |
| 10 | 火焰南天竹 | 小檗科南天竹属 | Nandina domestica 'Firepower' | 叶：绿色~红色 | 3~6月 | 0.4~0.5 | 0 | 0 | 3 |
| 11 | 埃比胡颓子 | 胡颓子科胡颓子属 | Elaeagnusx ebbingei 'GillEdge' | 花：白色；叶：叶缘金黄色 | 9~12月 | 1~1.1 | 1 | 4 | 1 |
| 12 | 花叶锦带 | 忍冬科锦带花属 | Weigela florida 'Variegata' | 叶：粉紫色 | 4~5月 | 0.8~0.9 | 0 | 0 | 4 |
| 13 | 红巨人朱蕉 | 百合科朱蕉属 | Cordyline fruticosa | 叶：暗红色 | | 0.4 | 0 | 0 | 3 |
| 14 | 金宝石冬青 | 冬青科冬青属 | Ilex cornuta 'Golden Gem' | 叶：金黄色 | | 0.9~1 | 0 | 0 | 1 |
| 15 | 杜鹃 | 杜鹃花科杜鹃花属 | Rhododendron spp. | 花：红色 | 3~5月 | 0.8~0.9 | 1 | 1 | 1 |
| 16 | 紫荆 | 豆科紫荆属 | Cercis chinensis | 花：紫色 | 3~4月 | 2.8~3 | 0 | 0 | 1 |
| 17 | 金光菊 | 菊科金光菊属 | Rudbeckia laciniata | 花：黄色 | 5~9月 | 0.3~0.4 | 9.84 | 25 | 245 |
| 18 | 兰花三七 | 百合科山麦冬属 | Liriope cymbidiomorpha | 花：蓝色 | 7~10月 | 0.2 | 2 | 36 | 70 |
| 19 | 毛地黄钓钟柳 | 玄参科钓钟柳属 | Penstemon laevigatus subsp. digitalis | 花：粉紫色，白色 | 5~10月 | 0.2~0.3 | 8.22 | 36 | 295 |
| 20 | 醉蝶花 | 白花菜科醉蝶花属 | Cleome spinosa | 花：玫红色 | 6~9月 | 0.3~0.4 | 8.32 | 25 | 210 |
| 21 | 紫娇花 | 石蒜科紫娇花属 | Tulbaghia violacea | 花：紫粉色 | 5~9月 | 0.15 | 9 | 49 | 440 |
| 22 | 矮生向日葵 | 菊科向日葵属 | Helianthus annus | 花：黄色 | 5~6月 | 0.2~0.3 | 27.75 | 16 | 445 |
| 23 | 红秋葵 | 锦葵科木槿属 | Hibiscus coccineus | 花：洋红色 | 8月 | 0.3~0.4 | 11.38 | 16 | 180 |
| 24 | 一叶兰 | 百合科蜘蛛抱蛋属 | Aspidistra elatior | 叶：暗紫色 | 3~4月 | 0.4~0.6 | 7.63 | 16 | 122 |
| 25 | 矮蒲苇 | 禾本科蒲苇属 | Cortaderia selloana 'Pumila' | 穗银白色 | 9~10月 | 1.2~1.3 | 17 | 9 | 153 |
| 26 | 红花鼠尾草 | 唇形科鼠尾草属 | Salvia coccinea | 花：红色 | 8~9月 | 0.3~0.4 | 7.08 | 25 | 180 |
| 27 | 柳枝稷 | 禾本科黍属 | Panicum virgatum | 花：粉紫色 | 6~8月 | 0.6~0.8 | 12 | 16 | 190 |
| 28 | 墨西哥鼠尾草 | 唇形科鼠尾草属 | Salvia coccinea | 花：紫色 | 8~9月 | 0.5~1 | 19.2 | 16 | 307 |
| 29 | 金叶甘薯 | 旋花科番薯属 | Ipomoea batatas 'Tainon No.62' | 叶：黄绿色 | | 0.1~0.2 | 6.19 | 36 | 222 |
| 30 | 蓝霸鼠尾草 | 唇形科鼠尾草属 | Salvia farinacea | 花：深蓝色 | 7~10月 | 0.3 | 18 | 25 | 450 |
| 31 | 火炬花 | 百合科火把莲属 | Kniphofia uvaria | 花：橙色 | 6~10月 | 0.3 | 5.76 | 25 | 145 |
| 32 | 矾根 | 虎耳草科矾根属 | Heuchera micrantha | 叶：红色 | 4~6月 | 0.2~0.3 | 1 | 49 | 50 |
| 33 | 斑叶芒 | 禾本科芒属 | Miscanthus sinensis 'Zebrinus' | 穗银白色 | 9~10月 | 0.6~0.8 | 9 | 16 | 144 |
| 34 | 大滨菊 | 菊科滨菊属 | Leucanthemum maximum | 花：白色 | 7~9月 | 0.2 | 4.32 | 25 | 108 |
| 35 | 金娃娃萱草 | 百合科萱草属 | Hemerocallis fuava | 花：黄色 | 6~9月 | 0.2~0.3 | 28 | 25 | 700 |
| 36 | 花叶玉簪 | 百合科玉簪属 | Hosta undulata | 花：粉紫色 | 7~8月 | 0.2~0.3 | 15.2 | 25 | 380 |
| 37 | 荷兰菊 | 菊科联毛紫菀属 | Aster novi-belgii | 花：紫色 | 8~10月 | 0.15~0.2 | 23.36 | 50 | 1168 |
| 38 | 花叶络石 | 夹竹桃科络石属 | Trachelospermum jasminoides 'Flame' | 叶：粉红色~纯红色白~绿色 | | 0.1~0.2 | 14 | 25 | 350 |
| 39 | 黄金菊 | 菊科梳黄菊属 | Euryops pectinatus | 花：黄色 | 9~10月 | 0.3~0.4 | 25.96 | 25 | 650 |
| 40 | 松果菊 | 菊科松果菊属 | Echinacea purpurea | 花：浅紫色 | 11月至翌年2月 | 0.2~0.3 | 15 | 36 | 540 |
| 41 | 绵毛水苏 | 唇形科水苏属 | Stachys lanata | 花：浅紫色 | 7月 | 0.2~0.3 | 8 | 25 | 200 |
| | 合计 | | | | | | | | 7975 |

# 江南园叟说

2020 年下半年，《中国花卉园艺》杂志为我设置了一个专栏，我给它取名为"江南园叟说"。一是因为我长年工作、生活在江南的苏州；二是因为我一直从事与园艺与园林相关的工作；三是因为我确实已经到了可以称"叟"的年龄。我结合近几年参与花境推广的经历，先后为该专栏写了《竞赛，花境推广的重要手段》《花境的借鉴与创新》《选对植物，花境成功了一半》《也说长效花境与展示花境》和《从花境技能型人才，看花卉行业技能提升的紧迫性》等几篇短文，说说我对花境推广的一知半解。这 5 篇文章分别登载在《中国花卉园艺》2020 年第 18、20、22、24 期和 2021 年第 2 期上。

中国林业出版社继续为球宿根花卉分会编辑出版《花境赏析》，这是第四册《花境赏析》了。作为主编的我，能为《花境赏析 2021》写点什么呢？把为"江南园叟说"专栏写的几篇短文附在《花境赏析 2021》的后面，算作我跟随中国花境系列活动四年的一点心得体会吧。分会会长刘青林博士欣然支持我的想法，并指示我对原文做些修改。

经过我小修小补后的这 5 篇短文，无论是文章结构还是内容，都无法与本领域专家、学者的论文、专著相提并论，但放在《花境赏析 2021》的后面倒是比较搭的。因为我的短文与《花境赏析》一样，都点滴记录了中国花境的进步。

# 竞赛，花境推广的重要手段

　　花境，因植物种类丰富、景观自然稳定、色彩丰富和谐、季相鲜明有序、养护低碳节约等景观特质而成为当下各地景观提档升级、建设花（公）园城市、打造宜居环境的热门植物造景形式。

　　花境，起源于英国，至今有 150～200 年的历史，花境以其"源于自然，高于自然"的植物造景手法，已经成为英国乃至欧美地区植物景观的主要形式之一。纵观英国及欧美地区的花境发展过程，也经历了试行、兴起、推广和成熟的不同发展阶段。

　　花境，随着改革开放而引进中国，起初在开放程度比较高的上海、杭州等沿海地区试行。2008 年的北京奥运会和 2010 年的上海世博会都建设了一些花境，对提升环境质量发挥了积极作用。但花境真正引起我国业界关注并在全国兴起，还是最近五六年的事情。

　　2016 年唐山世界园艺博览会，是在我国首次开展花境专项竞赛的大型专业展览。来自国内外景观营造企业、花卉种苗生产企业、植物园和农林类高等院校的 44 件花境作品参加了唐山世园会花境景观国际竞赛（图1、图2）。花境成了唐山世园会的亮点之一，引起了众多专业同行的关注，也启发了爱好者们的兴趣。合肥植物园的专业技术人员多次赴唐山世园会考察花境，并且当年就在植物园举办了合肥市花境竞赛。在以往一线城市零星试点的基础上，借助唐山世园会的广泛影响力，我国启动了花境在园林绿地、高端地产等领域的应用推广步伐，2016 年成了我国花境推广的"元年"。

图1　2016 年唐山世园会花境景观国际竞赛参赛作品（1）

图2　2016 年唐山世园会花境景观国际竞赛参赛作品（2）

此后，在大型专业展览中，花境成为专项评比项目或评比项目的重要内容。2017年在银川举办的第九届中国花卉博览会，第一次将花境列为中国花博会的专项评比项目（图3、图4）。2019年北京世界园艺博览会，无论是国内各省（自治区、直辖市）的室外展园，还是国际参赛园和大师园，花境成为展示植物种质资源、园艺水平和应用技巧的重要载体，成为展出内容和景观营建的重要组成部分，成为在中国大陆举办的世园会的展出亮点，当然也成了决定展园获奖等次的关键性元素之一（图5、图6）。2021年第十届中国花卉博览会各省（自治区、直辖市）室外展园设计方案中，几乎都设计有花境景观，最多的一个方案中包含了16个特色花境。第十届中国花卉博览会，不仅在评奖办法中设置了室外展园花境奖项，还将举办首届中国花境国际大赛，展示国内外花境发展的新趋势、新材料、新水平，以期进一步推动花境在我国的推广应用。

由此可见，花境需要推广，而竞赛是非常重要的推动手段之一。

世园会、花博会等大型展览是植物应用形式的风向标，大型专业展览组织的专项竞赛，扩大了花境的影响，促进了花境的推广。

图3　2017年第九届中国花卉博览会室外展园花境（1）

图4　2017年第九届中国花卉博览会室外展园花境（2）

图5　2019年北京世界园艺博览会室外展园花境（1）

仅靠大型专业展览来推广还是不够的，组织全国性或区域性或专题性的竞赛，是花境推广的又一有效手段。上海市能持续保持引领国内花境发展的地位，得益于坚持了10余年的城市公园系统的花境竞赛。合肥市三年打造1000个花境，得益于"用绣花功夫"组织的花境竞赛。成都、沈阳等城市也正在组织相关竞赛，以推动花境在本区域的发展与提高。

竞赛，不仅促进了花境设计、营造技艺的提高，也倒逼了专门技能人才的成长，倒逼了花境植物材料的发展乃至我国花卉产业结构的调整。

竞赛对花境推广的作用大小，还取决于竞赛的导向和组织。竞赛需要衡量的指标，对照指标才能

图6　2019年北京世界园艺博览会室外展园花境（2）

赛出个结果来。制订指标，其实就是在确定本次竞赛的方向、竞赛的目标。参与竞赛，就是在对照指标找差距、补差距，尽量向指标靠近。这就是竞赛的引领作用，或者叫做指挥棒作用，花境竞赛也不例外。

2017年中国园艺学会球宿根花卉分会主办了第一届中国花境大赛，至今已经连续主办了4届（图7至图9）。中国花境大赛成长为本领域系统性全国大赛，对引导花境健康发展，促进花境从业者成长，发挥了积极的作用。当年，设计中国花境大赛赛制和制订评审标准的时候，国内大多数地区花境刚刚起步，东西南北之间的差异悬殊。大赛既要让沿海地区的领先优势得以充分发挥，又要保护中西部地区的参赛积极性，看到发展的前景。因此，把统一对花境的认知，明晰花境评判项目、内容与标准，

图7 2017年第一届中国花境大赛获奖作品

图8 2018年第二届中国花境大赛获奖作品

图9 2019年第三届中国花境大赛获奖作品

规范参赛文件，作为设置赛制和制订评审标准的指导原则。

首先，针对花境设计无统一规范标准，大赛制订了从作品名称、立意与表达方式、平面图（含植物种植图）、季相图、效果图，到植物配置与更换表等一系列文件要求，作为花境参赛作品设计方案的"标配"，并细化了评审标准。

其次，对参赛设计方案的资料提出了统一要求，如季相图至少要有春、夏、秋三季；效果图至少要包含平视和俯视两种形式；植物配置与更换表至少应包含植物中文名、拉丁名、花期、花色等基本信息等。

第三，针对"通讯评审"方式，对参赛花境作品现场照片的视角、景深、像素和季节等提出了统一的要求。

对以上这些要求，由于参赛者从事花境的经历、对花境的了解程度、接受专业教育的背景以及工作岗位等方面差异，导致第一届大赛参赛资料"五花八门"。随着花境的推广和大赛的反复强调，参赛作品本身和参赛资料的质量都有了明显的提高。中国花境大赛的部分评审标准已经成为国际花境大赛的标准。

为倡导花境的长效性，鼓励重视对已建花境的养护管理，以及引导更多人关注中国花境大赛和正确认知花境景观，第四届中国花境大赛允许往届参赛作品继续参赛，以记录长效花境的成长过程，引领花境回归长效的本质。在前三届奖项设置的基础上，第四届大赛还增设了"最佳设计奖""最佳施工奖""最佳养护奖""最美视觉奖""最佳组织奖"和"最佳网络人气奖"等单项奖。特别是"最佳网络人气奖"得到了众多网友响应，展示网站访问人次超过 50 万，投票超过 21 万张，11 个作品得票数超过 1 万，单个作品最高得票数超过 1.7 万。

组织花境竞赛的目的，除了展示行业发展水平和创新能力以外，还要分析在花境植物材料、设计理念、营造技艺及养护管理等方面目前存在的主要问题，并围绕这些问题制订竞赛规则和衡量指标，以期通过竞赛能部分解决目前存在的问题。

2020 年在上海崇明举办的"源怡杯"首届花境设计大赛（图 10、图 11），把提升设计师认知植物与应用植物能力，以及指导设计方案落地和作品养护能力作为主要目标。围绕这个目标，制订了竞赛方案、评审指标及各项指标的权重。

首先，此次竞赛不设置参赛作品的植物清单，让设计师根据作品落地区域的气候条件以及植物商品化程度选择植物。倒逼设计师尽快补上对植物认知不深、应用不活和对市场行情不熟悉的短板。为寻找到合适可用的植物材料，多数设计师亲自跑苗圃和花卉市场。"十佳入围设计方案"提出的近 200 种（含品种）植物，华东地区花卉苗木市场能提供的商品比率达到 95%，半年内表现良好（植物生长正常，能基本体现设计意图，近期内无需更换）的植物达到 90% 以上。

其次，要求设计师现场指导方案落地，在检验设计方案的可行性的同时，倒逼设计师提升现场指挥与方案调整能力即二次创作能力。指导自己的设计方案落地，对于那些平时不重视作品落地实践或没有机会落地实践的设计师而言，指导方案落地是一个不小的挑战。有位年轻设计师事后感慨道：指导一个作品落地，胜读半年书。

第三，要求设计师为参赛作品量身定制近三个月的《养护技术指导书》（或称养护技术交底），倒逼设计师在尊重植物习性的基础上，提出及时、适度、有效的园艺技术，指导现场养护人员实施养护措施。在指派具有系统专业教育背景和一定实际操作能力的专人根据《养护技术指导书》对落地作品养护一个月后，养护人员对《养护技术指导书》点评如下：某作品《养护技术指导书》内容不仅包括了日常的肥水、修剪，还提供病虫害防治意见。同时，考虑到崇明地区夏季有台风，也提出防台风措施，整体操作性强。某作品《养护技术指导书》类似一份小论文，前面大篇幅内容与后期养护无关，后面针对每种植物的养护又过于简单，实际操作性不强。《养护技术指导书》针对性、实用性之间的差异，从一个侧面反映了设计师之间职业素养的差异。

评审项目的权重是体现竞赛导向的又一个重要手段。参赛设计师对权重较大的评审项目予以更多关注，这是人之常情。园艺技术是保证设计方案落地效果和景观可持续性的重要条件。但多数设计师限于专业背景或从业经历，重书面设计技巧、轻实现设计意图的园艺技能。为倒逼设计师在补自身短板的基础上，提升对施工和养护的技术指导能力，"源怡杯"首届花境设计大赛落地作品评审将"园艺技术"的权重设定为 0.3，从微地形营造、容器苗脱盆及其根系处理、植物栽植的密度与深度、养护措施是否及时、适度与有效、植株个体生长健康程度与群体和谐程度等方面予以评审。参赛的设计师说，这个导向也是给自己提了个醒，假如再不重视"园艺技术"这一块，再好的设计方案也出不了好效果，拿不到好成绩。

组织花境竞赛的目的是为了推广与提高。竞赛的效果取决于竞赛的目的与导向。只有经过精心设计与策划的竞赛，才有可能取得预期的效果。

图 10　2020 年"源怡杯"首届花境设计大赛"十佳设计方案"落地作品（1）

图 11　2020 年"源怡杯"首届花境设计大赛"十佳设计方案"落地作品（2）

# 花境的借鉴与创新

在我国的花境推广实践中，经常会遇到借鉴与创新的问题。

花境进入中国的时间不长，推广的时间更短。借鉴，成为中国花境成长与推广的第一个阶梯。

我国花境推广实践中借鉴的对象往往是英国花境。英国是花境的发源地，但英国的花境也不是一天成熟起来的。近200年来，英国花境在理论与实践方面，也一直在发展。用当今的语言说：英国花境"创新在路上"。

从花境植物材料上看，英国花境经历了从纯草本到与灌木、小乔木等的混合。英国皇家园艺学会出版的《园艺百科全书》（2012年4月最新修订版）根据植物材料将花境分为草本花境与混合花境。草本花境，顾名思义是用草本植物营建的花境。混合花境，则是指用草本植物（包括多年生花卉与一二生花卉）与灌木、小乔木、观赏草，抑或还有蕨类、苔藓等植物营建的花境。混合花境是在草本花境的基础上，根据自然条件、园艺水平与养护成本等因素，不断实践而发展起来的。

从花境所处的环境及栽植床的形状看，经典概念中花境是沿着林缘而呈带状，多供一侧观赏，抑或还强调前面有开阔的草坪。在英国的公园里，确实经常看到这种符合经典概念的花境（如威斯利花园的花境），但也看到处于草坪中央的呈长条形或岛状、四面可以观赏的花境，如海德庄园内的岛状花境（图1、图2）。

图1 英国海德庄园岛状花境（1）

图2 英国海德庄园岛状花境（2）

从植物组团的平面形状上看，经典概念中花境平面呈不规则自然斑块状。但花境顶级大师格特鲁德·杰基尔留存的花境中，多数都是飘带状的。英国邱园的"花境大道"至今仍保留着飘带状斑块的平面布置形式（图3、图4）。至于点植是否属于花境的植物配置方式，业界也是见仁见智。其实，有些自然斑块，本身就是由大株植物点植或点植后植株长大形成的。

图3　英国邱园"花境大道"（1）

图4　英国邱园"花境大道"（2）

由此可见，我们借鉴的对象是千姿百态、不断变化的。我们的借鉴也不能一成不变。事实上，中国的花境推广在借鉴基础上的理论研究和实践探索也正在深入。

从植物材料的选择与配置来看，我国既具有花境景观特质又具有明显区域特点的花境正在形成。以北京为代表的北方地区选用耐寒花灌木和小型针叶类植物作为花境的骨架，以保证冬季仍然是个"有型的"花境。以上海为代表的华东地区以开花花灌木、株型挺拔的观赏草和适生宿根花卉作为骨架，以延长花境的观赏期（图5）。以广州为代表的华南地区，以彩叶草等色彩鲜艳的多年生花卉为主体，以保持终年不凋的花境景观（图6）。以成都为代表的西南地区，以观赏草和宿根花卉为主体，体现花境鲜明而有序的季相变化（图7）。

图5　上海静安中环绿地花境

图6　广东鸿业陈村基地花境

图7　成都柒村花境

从平面构图来看，自然斑块是目前通行的做法，但点植或混植在某些植物种类（含品种）数量达到几百甚至上千的花境工程中，或是在面积较大、强调生态效益优先的绿化工程中也常有使用，如贵州云漫湖秘密花园花境（图8）。

从色彩调配来看，多数花境设计师把丰富植物景观色彩作为营建花境的首要目的之一，这也是花境景观受到广大市民欢迎的主要原因之一。公共空间的绚丽浓烈，私密空间的清新素雅；盛花期的五彩缤纷，秋冬季的枝叶本色，已经成为花境设计、营造的通用手法。更有先行者将不同文化背景、不同年龄、不同职业、不同性别等对色彩的不同喜好，作为花境色彩的研究对象。

花境推广确实还面临着许多问题，这些问题有待在继续推广的实践中去逐步解决。其中一个重要问题是概念与推广之间的关系问题。

是坚持概念优先，先规范再推广？还是坚持实践优先，边推广边规范？从近几年我国花境推广的实践看，在方兴未艾的花境热中，我们无法控制所有花境实践者们在既定概念的范围内去营建花境，而只能边科普、边总结、边引导，鼓励从业者在遵循花境景观特质及植物配置手法的基础上，于实践中探索选择适合本地的花境植物材料及其配置方式、施工方法与养护措施，甚至形成具有区域特色的花境风格。专家、学者们有义务及时发现和凝练实践者们的创新思想与行动亮点，检验并升华相关的概念与理论。

理论与实践是相辅相成的，我们无法想象没有理论的指导，花境如何开展实践。我们也无法想象，等到理论完全成熟后才开始实践，花境推广还要等多少年。花境发展需要理论指导，花境发展的实践倒过来又要求理论自身的升华。

在花境推广初期，借鉴是必要的。但要真正形成区域特色、中国特色，探索和创新更是必须的。

**图8 贵州云漫湖秘密花园花境**

# 选对植物，花境成功了一半

在花境从业者内有这样一句流行语：选对植物，花境成功了一半。细想起来，这句话很有道理。

花境是以多年生草本花卉为主，搭配灌木、小乔木、观赏草、一二生草本花卉、蕨类等植物材料，设计、营建而成的植物景观。植物的合适与否，直接影响到花境作品主题的表达、花境景观的丰富度、花境植物群落的稳定性与景观的可持续性、花境日常维护的难易程度与维护成本，甚至影响到花境这一植物景观在生态文明和美丽中国建设中的作用与地位的发挥。由此足见植物选择对于花境成败的重要性。

选对植物于花境的重要性，至少体现在以下几个方面：

一是植物影响到花境作品主题的表达。花境作品的主题主要借助植物的形、色、质、韵等植物语言来表达的。菊花的野、莲花的洁、梅花的骨、海棠的韵，是古老中华文化的重要组成部分。在中国传统文化语境下的植物造景，不仅可以为观赏者带来丰富的视觉体验，还可以传承优秀的中国传统文化。大多数植物都有其自身的文化内涵，而不同地区的文化差异又丰富了区域植物景观的意境。一个好的花境作品，其主题的表达，需要设计师对植物语言的正确认知、选择与演绎。

二是植物影响到花境景观的丰富度。花境景观的丰富度包括色彩、层次、质感、节奏、韵律以及季相等等，其中色彩是花境景观的首要观赏元素。花境景观的色彩主要来自植物的花、叶、果、枝等器官的颜色及其变化。花境景观高低错落的立面效果、粗糙与细腻的质感对比、富有韵律的节奏变化等，也主要来自于植物的观赏特征。

三是植物影响到花境植物群落的和谐与稳定。植物群落的和谐与稳定，主要取决于植物个体习性及其相互间的关系。植物个体的适生性、群体的和谐稳定性，直接影响到花境景观的可持续性。植物个体健康是群落健康的基础，只有植物个体生长发育良好，才有可能形成和谐稳定的植物群落。同一花境作品中，既要挑选生态习性相近而观赏特征各异的植物，以营建花境景观的饱满度，还应处理好不同植物之间的"相生相克"，以构建和谐稳定的植物群落。

四是植物影响到花境景观的维护成本。花境植物合适与否决定了景观维护的难易程度，继而直接影响到日常维护的成本。花境推广中出现的景观养护难、养护成本高等现象，问题发生在养护阶段，而根源还是在植物选择阶段。有些设计与营建标准不低的花境项目，过不了一年半载就满目疮痍，多数是植物选择不当所致。

五是植物选择是对花境设计师的挑战。根据上海的经验数据，与同等规模的花坛相比，花境选用的植物种类（含品种）是花坛的 5~8 倍。花境植物材料的丰富性是景观丰富性的基础，但也增加了选择的难度。认知植物的生态习性与观赏特征，因地制宜挑选合适的植物并进行合理的配置，是花境从业者应该具备的专业素养。

选择花境植物应遵循哪些原则呢？

首先应该是适生性原则。因为只有适生，才能给景观呈现提供基础。花境景观是建立在植物健壮生长的基础上的，没有植物个体的健壮生长，就没有和谐稳定的植物群落，就没有景观的可持续性，也就没有低维护的物质基础。乡土植物是花境的首选，因为乡土植物具有适生性好、抗性强等特点。

花境设计师在选择植物的时候，首先眼睛要向下，要充分认知本区域的植物资源及其商品化程度。

其次是植物的观赏性原则。自然而丰富的花境景观，是由植物的观赏特征所决定的。植物花朵的色彩与形态，叶片的形状、质地及颜色（包括叶片的季节性变色），植株的形状与体量等等，都决定了花境景观的观赏性。其中最为重要的是花，花朵的色彩与形状、开花的季节与花期的长短、或一年内能否多次开花，都是花境选择植物的重要依据。叶片是花境景观的"基色"，叶片的季节性色变，是花境景观季相变化的基础。。

再次是植物之间的相互协调性原则。几十种植物甚至上百种植物组合在一起，其相互之间的协调显得尤为重要。第一，所选植物材料之间的生态习性要相近，以减少土壤改良及养护期间因植物个性化要求而增加的养护成本。第二，植物之间的观赏特征要相得益彰，如植株高矮、叶片大小、质地、颜色等之间的对比与统一。第三，不同植物之间没有恶性竞争甚至相克的关系。

最后是经济性原则。花境植物材料的经济性与其商品化程度密切相关，"只有样品，没有商品"，无论从数量上还是价格上都制约了花境的发展。

尽管花境建成后，随着时间的推移，根据植物的个体表现和整体景观的要求，还可以对植物进行删、换、补等措施，但这根本不能成为花境建造之初降低对植物选择要求的理由。这犹如"三分种，七分管"，在强调养护管理的同时，并没有降低对种植的要求是一样的道理。因此，把选对植物材料视为花境成功的一半，是恰如其分的。

北京世界园艺博览会许多花境作品都佐证了"选对植物，花境成功了一半"的道理。国际大师园的"新丝绸之路"花境（图1、图2）和园艺小镇的花境（图3、图4），更是为我们提供了"选对植物，花境成功了一半"的可资借鉴的范例。

在花境推广实践中，设计师对植物的认知水平和运用能力严重制约了设计方案主题的表达、方案的落地效果，增加了景观维护成本的不可控性，影响了花境景观的可持续性。因此提升对植物认知和运用能力，已经成为花境设计师绕不过去的坎。

花境成功的另一半因素，当属于科学的配置、艺术的设计、合理的种植与有效的管养了。

图1　北京世界园艺博览会国际大师园——新丝绸之路花境（1）

图 2　北京世界园艺博览会国际大师园——新丝绸之路花境（2）

图 3　北京世界园艺博览会园艺小镇花境（1）

图 4　北京世界园艺博览会园艺小镇花境（2）

# 也说长效花境与展示花境

在我国花境推广的现阶段，花境的长效性已经摆到了我们面前。继而也出现了关于长效花境与非长效花境（也称展示花境）的讨论。尽管这种讨论尚处于开始阶段，还没有形成比较一致的意见，但这种讨论对于花境推广是很有意义的。

什么是长效花境？业内比较一致的看法是花境骨架植物稳定，焦点植物季相鲜明而变化有序，景观观赏期在 3 年及以上的花境。

什么是展示花境？一般指为某些临时性展示（包括展示植物新种类、新品种，植物应用新形式与新技巧等）而建、景观观赏期不超过一个生长季的花境。业内也有人将展示花境称之为应景花境或临时花境。

长效花境与展示花境的主要区别在哪儿呢？

1. 在植物材料选择方面，长效花境以适生性为第一原则，以保证植株个体生长健壮和群落稳定。展示花境则以观赏性为第一原则，重点关注植物个体色彩、形态等的特殊性，以及景观对特定环境氛围的渲染作用。

2. 在栽植方法方面，长效花境控制栽植密度，为植物的生长预留生长空间，以植物充分生长的个体美构成整个花境的群体美，并降低养护频度而节约成本。展示花境则以"黄土不见天"为栽植密度标准，业内称之为"堆景"。

3. 在景观呈现方面，长效花境的景观渐入佳境。建成初期，由于植物需要一个恢复生长的时间，再加上栽植密度较低，花境景观的饱满度不够。但随着植物恢复生长，植株枝叶舒展，体量增大，孕蕾开花，无论是平面还是立面景观逐渐接近设计预期，甚至超出预期的景观效果。然后借助"及时、适度、有效"的养护管理措施，将景观维持在一个较高的水平。展示花境栽植当时或栽植后短时间内为最佳观赏期，随着时间推移，因植株个体生长不良而景观衰败。即使施以精致的管理，也常常因为养护成本等问题而难以持久。

4. 在主题演绎方面，长效花境以植物语言为主阐述花境的主题与意境。展示花境则常常以非植物材料的构架或园林摆件来阐述作品的主题，极端情况下植物甚至退居为配角。

长效花境是花境推广的主流追求。因为只有长效，才能体现花境应有的观赏价值、经济价值和生态价值。只要在场地基础、植物选择与配置、景观养护管理等方面遵循花境营建的基本法则，长效花境的目的是能够实现的。第一届中国花境大赛最高奖——特别大奖作品上海闸北公园内的"气象万千"花境（图 1）、金奖作品清涧公园花境（图 2）等，建设至今均已超过 10 年，依然生机盎然，景观丰富而和谐，成为市民打卡的公共景观，也成为众多花境从业者和专家学者研究长效花境的样本。

这两个长效花境的共同特点是：

1. 从花境所处位置来看，这两个花境都是林缘花境。其中"气象万千"花境的林缘花境前面还有 58m² 的岛状花境，岛状花境与林缘花境相互呼应，成为一体。乔木和大灌木为其提供背景，平整的草坪为其正面提供了较为开阔的视野。

2. 从植物种类结构来看，这两个花境都是以小乔木和花灌木（如蓝冰柏、枫树、金叶榆、小丑火

图1　上海闸北公园内的长效花境——"气象万千"　　　　　图2　上海清涧公园内的长效花境

棘、彩叶杞柳、喷雪花、六道木、金边胡颓子、紫叶风箱果、穗花牡荆、红千层等）为骨架植物构成中、后景，以宿根花卉（如墨西哥鼠尾草、千屈菜、五色梅、毛地黄、柳叶马鞭草、毛地黄钓钟柳、紫娇花、山桃草、美人蕉、玉簪、薰衣草、醉蝶花等）、观赏草（金叶薹草、花叶芒、矮蒲苇等）为焦点植物构成了花境的中、前景，再配以适量的一二年生草花构成的混合花境。

3. 从景观维护措施上来看，这两个花境都在建植后的最初几年，根据植物的表现和景观的需要，对植物进行了较大比例的调整。主要调整内容是增加适生性强、性状相对稳定、观赏价值较高的花灌木，替代了部分表现欠佳的草本花卉。此后，则以稳定景观为主要目标进行常规的养护管理。目前，木本植物、多年生植物与一二年生植物之比约为3:6:1。

4. 从养护技术力量上看，这两个花境都有相对稳定的养护人员，甚至做到"专人专管"（如"气象万千"花境）。让术有专攻的花境师专职养护，既保证了花境景观的可持续性，也提高了专职养护人员的技能水平。

5. 从目前存在的主要问题看，这两个花境都面临着"忍痛割爱做减法"的痛苦选择。虽然每年，甚至每季都在对某些生长速度超出预期效果的植物进行疏剪、回缩甚至移除，但整体上还是显得通风透光不良，导致部分植物生长瘦弱，易感病害，影响了群落质量和景观效果。容忍甚至接受"外科手术式修剪"对景观带来的暂时影响，以换取可持续的花境景观，是可取的选择。

尽管业内有"不长效，非花境"的说法，但从花境的实际应用来看，不长效的展示花境也存在于花境推广实践中。

展示花境，也可以称之为临时花境。一般应用于短期展出，或用于较低等级的花境竞赛，或用于营造短期的环境氛围等。英国的切尔西花展，其花园部分的植物景观配置方式几乎都采用展示花境手法，尤其是欧式花园内（图3）。国内举办的世界花园大会和花园集等专业赛事，也基本上借用了切尔西的模式（图4、图5）。这类花境在活动结束后随着花园一起撤展，室外的展示时间一般不超过半年，室内展示时间甚至不超过一周。有些以测量从业者某项基本技能的比赛，也以展示花境作为考题。如某省住建系统举办园林绿化职业技能竞赛——花境的设计与营建，要求"应做到至少保持20天的观赏效果"，无论是竞赛指南还是参赛选手的关注点都是即时效果而不是长效（图6）。这类展示花境的意义，除了满足了短期展示的需要，也锻炼了参赛者认知与运用植物的能力，还展示了植物应用形式的多元化和市场前景。

从花境景观的本质特征及其观赏性、经济性和生态性出发，长效花境是花境推广的主流形式，必须坚持。展示花境作为花境推广的一种补充形式，也应该允许其存在，并为其量身定制一套评价标准，以引导其健康发展。

图3　英国切尔西花展中的展示花境

图4　在海宁举办的世界花园大会上的展示花境

图5　在上海举办的花园集活动上的展示花境

图6　某技能大赛上的展示花境

# 从花境技能型人才，看花卉行业技能提升的紧迫性

技能型人才是我国人才队伍的重要组成部分。技能型人才对于花卉产业的持续健康发展、对于花卉企业的市场竞争力、对于花卉从业人员的就业质量，其意义无需赘述。

花卉行业正在由规模扩张型向质量效益型转变，高质量发展更加需要高素质人才队伍的支撑，而技能型人才是高素质人才队伍建设的重中之重。目前，我国花卉行业技能型人才队伍的整体状况如何，不敢轻易下结论。但从近几年兴起的花境景观对技能型人才的供求情况看，提升从业者的职业素养和技能水平显得十分迫切。

2016 年唐山世界园艺博览会开启了花境在我国推广的序幕，2019 年北京世界园艺博览会和即将举办的第十届中国花卉博览会，既是对我国近几年花境推广成效的检阅更是对花境水平提升的促进。可以预见，花境这一特殊的植物景观在生态文明、美丽中国和宜居家园建设中，将扮演不可或缺的角色。

花境的快速发展，拉动了对技能型专门人才的需求。由于花境相对于花坛、花海等植物景观而言，具有植物种类多、营建过程复杂、景观持续时间长等特点，因此对专门技能型人才的要求也更高。由于总体而言花境推广尚处于起步阶段，参与推广的企业或个人，极大多数来自于园林绿化、苗木生产与营销、市政工程等传统岗位，其原有的技能及其与之相匹配的知识都难以满足花境设计、营建与景观维护的需要。目前存在的"花境花坛化"或"花境园林小品化"等现象，均与转行过来的花境从业者的惯性理念与原有技能相关。

花境从业者，或称花境师，应该具备哪些职业岗位能力呢？通过对相关企业和从业者的调研与分析，我们认为花境师应具备以下岗位能力：植物材料认知与应用能力、花境方案设计能力、花境方案落地施工能力、花境景观维护能力和继续学习与创新能力。根据从业者掌握与运用这些能力的熟练程度，可将技能分为若干个等级。

对照上述岗位能力要求，转行过来的花境从业者存在的差距是非常明显的。就植物材料的认知与应用能力而言，转行过来的花境从业者（包括设计师、现场施工人员与景观养护人员），因原岗位工作内容所限，一般对乔木和大灌木的认知与应用能力较强，而对草本花卉，尤其是对多年生花卉的认知与应用能力较弱。即使是对一部分多年生花卉的认识，也是停留在认识植物名称、花色与花期等层面，而对植物的生态习性、生长发育过程、季相变化、通过园艺措施改变花期或促使二次开花、植物群落等知识的了解与技能的掌握则甚少。因此，在花境植物配置时，只注重当季的景观效果（即静态景观效果），而无法预见以后几个季节甚至几年的景观效果（即动态景观效果）。植物认知与应用能力成为花境从业者的"卡脖子"能力，更成为年轻植物景观设计师的"短板"。再以花境景观养护能力为例，由于花境使用的植物种类（或品种）较市政绿化工程或节日花坛要多得多（一般是花坛的 5~8 倍），而这些植物又是根据景观要求进行了复杂多变的配置，再加上一经栽植要使用多年（一般为 3~5 年，甚至 10 年以上），所以对从业者的景观养护能力提出了更高的要求。目前阶段，花境景观无法实现长效的原因，除了所用植物的适生性问题以外，便是养护跟不上。养护跟不上的原因除了认识上的偏差（譬如把花境的"低维护"误解为"不需要维护"），还有就是养护人员的园艺操作能力跟不上。面对几十种甚至上百种植物组成的植物群落，大绿化工程的色块养护经验或以更换为主要维护手段的花坛养

护经验则显得"隔墙打虎"而有力使不上。技能型专门人才的缺乏已经成为影响花境健康持续发展的瓶颈因素。因此，花境从业人员的技能提升成为亟待解决的问题。顺应这一需求，中国园艺学会球宿根花卉分会自 2017 年开始组织实施花境师职业技能培训与鉴定工作。至今已经举办花境师职业技能研修班 26 期，培训与鉴定花境师 1142 人，其中一级花境师 58 人，二级花境师 636 人，三级花境师 448 人。花境师职业技能培训与鉴定工作得到了行业的好评和社会的认可，成为中国园艺学会球宿根花卉分会推进产学研结合、服务产业发展的重要抓手和亮丽名片。

但在具体实施花境从业者技能提升过程中，也遇到了许多问题与困扰，主要包括以下四个方面：

1. 对花境师这种《中华人民共和国职业分类大典》（以下简称《职业分类大典》）里没有，但社会活动中事实存在、行业发展迫切需要的职业或工种，是否可以开展职业技能培训与鉴定？

2. 依据什么来开展职业技能培训与鉴定？

3. 由谁来实施职业技能培训与鉴定？

4. 通过培训与鉴定取得的技能等级证书有效用吗？

其实，上述问题都可以在政府文件、政府职能部分负责人答记者问和社会实践中找到答案，主要体现在以下 4 个原则：

1. "相邻相近"原则。2020 年 11 月 13 日人力资源和社会保障部负责同志在答记者问（以下简称"答记者问"）中指出，对《职业分类大典》未列入但企业生产经营中实际存在的技能岗位，可按照相邻相近原则对应到职业分类大典内职业（工种）实施评价。

2. "参照标准"原则。答记者问指出：可根据相应的国家职业技能标准，结合企业工种（岗位）特殊要求，对职业功能、工作内容、技能要求和申报条件等进行适当调整，原则上不低于国家职业技能标准要求。无相应国家职业技能标准的，企业可参照《国家职业技能标准编制技术规程》，自主开发制定企业评价规范。坚持需求导向，服务经济社会发展，适应人民群众就业创业需要。

3. "主体自主"原则 2018 年 5 月 3 日国务院（国发〔2018〕11 号）《关于推行终身职业技能培训制度的意见》（以下简称《意见》）中指出："充分发挥企业主体作用，全面加强企业职工岗位职能提升培训""建立职业技能培训市场化社会化发展机制。"答记者问指出：骨干企业和社会培训、评价机构是实施主体。企业拥有开展技能人才评价工作的自主权，包括自主确定评价范围、自主设置职业技能等级、依托企业开发评价标准规范、自主运用评价方法、开展职业技能竞赛评价、贯通企业技能人才职业发展等。鼓励支持社会培训和评价机构开展职业技能培训和评价工作。

4. "价值激励"原则。《意见》指出：建立技能提升多渠道激励机制，支持劳动者凭技能提升待遇，建立健全技能人才培养、评价、使用、待遇相统一的激励机制。答记者问指出：加快推动建立以市场为导向、以企业等用人单位为主体、以职业技能等级认定为主要方式的技能人才评价制度。实施主体可以自主开发评价标准规范。

上有政策了，相关企业和从业人员对花境职业技能提升的需求与态度怎样呢？随着花境的推广，花境这一特殊的植物景观在公共绿地、小区美化和庭院景观中的应用越来越广泛，技能型专门人才的短缺现象越来越凸显，花境从业者（包括准备从业者）对提升技能的要求越来越迫切。从以往 26 期研修班学员组成来看，企业对职业技能提升的积极性最高，来自企业的学员占总数的 80%，这说明了处于市场竞争最前沿的企业对行业发展趋势的敏感和对人才是第一竞争要素的理解。20% 的学员来自政府职能部门和科研院校，这也从一个侧面反映了政府对推广花境的关注和教育面向产业发展的服务方向。研修班学员的出勤率接近 100%，听课和参与实践的积极性高，对待考试考核的态度认真，都反映出他们对提升职业技能的迫切需求（图1至图6）。许多获证学员已经成为本单位甚至本地区花境推广的骨干力量，也为自身的职业发展奠定了坚实的基础。最近，广东深圳率先将球宿根花卉分会颁发的《花境师职业技能等级证书》和广东园林学会颁发的《花境营造师证书》作为园林绿化工程评标加分项目，体现了鲜明的激励导向。

2019年5月18日国务院办公厅发布《关于印发职业技能提升行动方案（2019—2021年）的通知》（国办发〔2019〕24号），明确提出了"到2021年底技能劳动者占就业人员总量的比例达到25%以上，高技能人才占技能劳动者的比例达到30%以上"的目标任务。离实现这个目标的时间只剩不到一年了，花卉行业离这个目标还有多远？我们又能为此做点什么？

图1　花境师职业技能研修班学员现场认知花境植物（1）

图2　花境师职业技能研修班学员现场认知花境植物（2）

图3 花境师职业技能研修班理论课

图4 花境师职业技能研修班学员花境方案设计实操

图5 花境师职业技能研修班学员花境方案落地施工实操

图6 花境师职业技能研修班学员现场听取花境养护人员的介绍